高等职业教育系列教材

PPT设计与制作实战教程
（PowerPoint 2016/2019/365）

朱　琳　刘万辉　主编
宋祥宇　司艳丽　参编

机械工业出版社

本书以商务 PPT 的制作为主线，以“提升实战技能”为目的，通过实例的形式，采用入门、提高、技巧、案例相结合的方式，循序渐进地讲解 PowerPoint 软件的使用方法。本书知识实用精巧，案例丰富多样，每章都安排有知识讲解、实战案例、拓展训练等环节，内容安排由易到难，循序渐进。

本书共 11 章，以 PowerPoint 365 版本为操作平台，以 PPT 的设计制作流程为主线，内容包括 PPT 概述、PPT 美学基础、PPT 策划、PPT 基础与文字、PPT 模板、PPT 图像、PPT 图表、PPT 动画、PPT 影音、PPT 演示 10 个专题和综合实战。每个专题都以“知识点+实战案例”的模式进行展开，充分考虑知识与技能的学习规律，通过拓展训练完成知识与技能的迁移。

本书简明扼要，结构清晰；实例丰富，强调实践；图文并茂，直观明了；以提高商务 PPT 制作能力为目标，以实际案例引领知识、技能和素养，帮助读者在完成实例的过程中学习相关的知识，培养相关技能，提升自身的综合职业素养和能力。

本书可作为各大中专院校及各类计算机培训班的 PowerPoint 教材使用，同时也适合希望掌握快速设计各类演示文稿方法的初、中级用户，包括办公人员、文秘、财务人员、公务员、家庭用户等。

本书配有书中 58 个案例和拓展训练的素材和源文件、授课电子课件，需要的教师可登录 www.cmpedu.com 免费注册、审核通过后下载，或联系编辑索取（微信：15910938545，电话：010-88379739）。

图书在版编目（CIP）数据

PPT 设计与制作实战教程：PowerPoint 2016/2019/365 / 朱琳，刘万辉主编.
—北京：机械工业出版社，2021.8（2024.7 重印）
高等职业教育系列教材
ISBN 978-7-111-67977-6

Ⅰ. ①P… Ⅱ. ①朱… ②刘… Ⅲ. ①图形软件-高等职业教育-教材
Ⅳ. ①TP391.41

中国版本图书馆 CIP 数据核字（2021）第 062581 号

机械工业出版社（北京市百万庄大街 22 号 邮政编码 100037）
策划编辑：王海霞 责任编辑：王海霞
责任校对：张艳霞 责任印制：张 博

北京建宏印刷有限公司印刷

2024 年 7 月 • 第 1 版 • 第 4 次印刷
184mm×260mm • 15 印张 • 370 千字
标准书号：ISBN 978-7-111-67977-6
定价：59.00 元

电话服务
客服电话：010-88361066
010-88379833
010-68326294

网络服务
机 工 官 网：www.cmpbook.com
机 工 官 博：weibo.com/cmp1952
金 书 网：www.golden-book.com
机工教育服务网：www.cmpedu.com

前　言

近年来，随着职业教育改革的不断发展，特别是信息技术和网络技术的迅速发展和广泛应用，许多企事业单位对工作人员的演示文稿的制作能力提出了越来越高的要求。其中，PowerPoint 作为演示文稿制作软件，功能强大、操作简便。

本书以商务 PPT 的制作为主线，以“提升实战技能”为目的，通过实例的形式，采用入门、提高、技巧、案例相结合的方式，循序渐进地讲解 PowerPoint 365 的使用方法。本书知识实用精巧，案例丰富多样，每章都安排有知识讲解、实战案例、拓展训练等环节。

1．本书内容与结构

本书共分为 11 章，以 PPT 的设计制作流程为主线，内容包括 PPT 概述、PPT 美学基础、PPT 策划、PPT 基础与文字、PPT 模板、PPT 图像、PPT 图表、PPT 动画、PPT 影音、PPT 演示 10 个专题和综合实战。每个专题按“知识点+实战案例”的模式进行讲解，并且充分考虑知识学习与技能提高的规律，通过拓展训练完成知识与技能的迁移。在最后一章综合实战中以两个完整的课件制作案例为载体，从文本的分析、策划、技术分析、模板实现、动画设计、拓展应用等方面进行了深度解析，同时针对综合案例录制了详尽的讲解视频。

2．本书特色

本书有以下三大特色。

第一，专业的设计理念。

本书帮助读者提高审美能力，了解优秀的 PPT；总结实战经验与制作技巧，帮助读者快速掌握专业制作 PPT 的要领，少走弯路。

第二，高效的 PPT 编辑技法。

本书分专题介绍 PPT 中的文字、模板、图像、图表、动画、影音等应用技巧，快速实现想要的效果。

第三，丰富的案例和配套资源。

本书以大量专业策划与设计的模板为例，通过大量完整的 PPT 设计与制作案例，结合微课视频和素材等配套资源，方便教学。

3．教学资源

本书配有书中 58 个案例和拓展训练的素材和源文件、授课电子课件，同时配了 66 个高质量微课视频。

本书由朱琳、刘万辉主编，宋祥宇、司艳丽参编。具体编写分工为：朱琳编写第 1、2、3 章，司艳丽编写第 4、5、6 章，宋祥宇编写第 7、8 章，刘万辉编写第 9、10、11 章。

由于编者水平有限，错误与不足之处在所难免，敬请广大读者朋友批评指正。

编　者

目　录

第1章　PPT概述

1.1　PPT介绍

PowerPoint是当今使用率较高的一款办公软件，简称PPT。一个优秀的PPT可以直观地表达演示者的观点，让观众容易接受演示者要表达的内容。

1.1.1　PPT简介

据统计，每天有几亿人在看PPT，美国社会科学家Rich Moran曾说过：PPT是21世纪新的世界语言。

PowerPoint最初是美国伯克利大学Robert Gaskins博士研发的，后来微软公司将PowerPoint收购，并将其推向市场。

PPT是Microsoft Office PowerPoint软件的简称，使用该软件制作的文件叫演示文稿。由于文件命名的时候遵循了微软公司当时的后缀名命名原则，即后缀名不能超过3个字母，因此就有了PPT=**P**ower**P**oin**t**。从PowerPoint 2007版本以后，PPT的后缀名变为了pptx。PPT可以保存为pdf、图片等格式。PowerPoint 2010及以上版本可将演示文稿保存为mp4、wmv等视频格式。演示文稿中的每一页称为幻灯片，每张幻灯片都是演示文稿中既相互独立又相互联系的内容。

常用的PowerPoint版本有PowerPoint 2003、PowerPoint 2007、PowerPoint 2010、PowerPoint 2013、PowerPoint 2016、PowerPoint 2019和PowerPoint 365等。学习PowerPoint推荐使用PowerPoint 2013及以上版本。PowerPoint 365版本已经比较成熟，为演示文稿带来更多活力和视觉冲击。PowerPoint 2016、PowerPoint 2019与PowerPoint 365在功能上稍有差异，本书以PowerPoint 365版本为载体进行讲解。

1.1.2　PPT的主要用途

一套完整的PPT文件由片头、动画、PPT封面、前言、目录、过渡页（或转场页）、图表页、图片页、文字页、封底、片尾动画等组成。采用的素材包括文字、图片、图表、动画、声音、影片等。PowerPoint可以轻松、高效地制作出图文并茂、声形兼备、变化效果丰富多彩的多媒体演示文稿。

使用PPT的目的在于有效沟通。通常情况下，为了介绍工作计划、做报告或演示作品等，需要事先准备一些带有文字、图片、图表的幻灯片，然后在播放幻灯片的同时配以丰富翔实的讲解。PPT能很好地完成此类工作。目前，PPT广泛应用于工作汇报、企业宣传、产品推介、婚礼庆典、项目竞标、管理咨询和教育培训等方面。其主要用途可以分为专业用途和非专业用途。

专业用途：用于公开演讲、商务沟通、产品推广、营销分析、工作汇报、培训课件、文化宣传等正式工作场合。

非专业用途：用于个人相册、人生理想、生活日记、高效动画等娱乐休闲场合。

1-1 百变课件多样类型

1.1.3 PPT 的分类

幻灯片用途广泛，很难一一具体分类，本书简单地介绍几种职场上常用的幻灯片。

1. 按演示文稿的特点分类

按不同演示文稿的特点，可以将 PPT 简单地分为文本型、图片型、图解型及图表型。

图 1-1 所示为按演示文稿的特点进行分类的说明。

a)

b)

c)

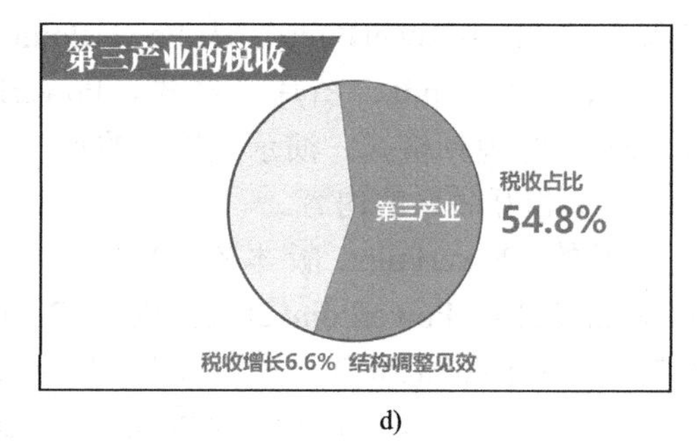

d)

图 1-1 按演示文稿的特点进行分类

a) 文本型 b) 图片型 c) 图解型 d) 图表型

2. 按功能应用分类

通常情况下，有的 PPT 图片多，有的文字多。所以按这种特点对 PPT 分类，PPT 大致可以分为商业演示型与阅读型。

图 1-2 所示为一个商业演示型 PPT，它的特点是图多字少。图 1-3 所示为一个阅读型 PPT，它的特点是图少字多。

3. 按页面风格分类

通常情况下，根据讲述内容的不同，PPT 的风格也有所不同，常见的风格有两种：全图型 PPT 与半图型 PPT。

如图 1-4 所示的两个页面都为全图型 PPT。全图型 PPT 是指整个页面由一张图片作为背景，配有少量文字或不配文字，这是 PPT 设计大师 Garr Renolds 极力推荐的一种风格。

图 1-5 所示为半图型 PPT。

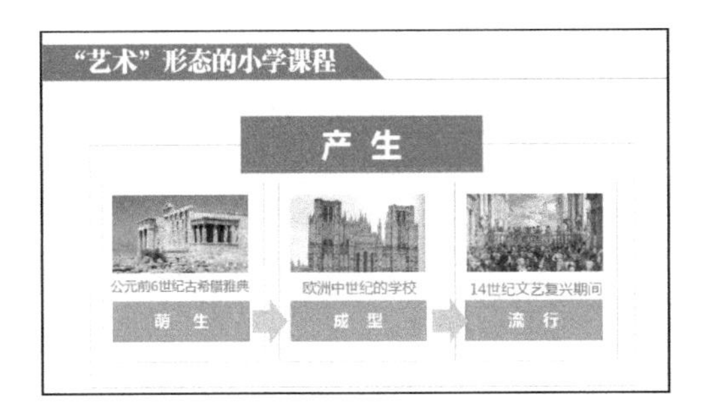

图 1-2　商业演示型 PPT 样例

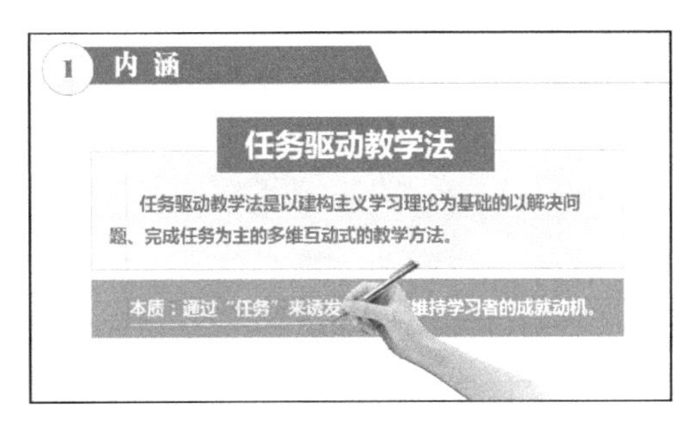

图 1-3　阅读型 PPT 样例

a)

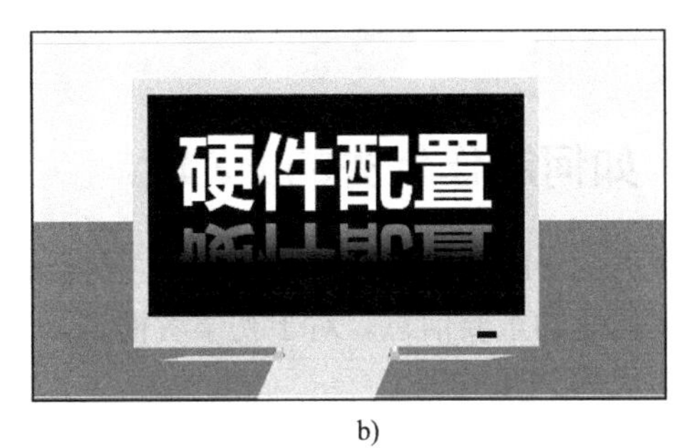

b)

图 1-4　全图型 PPT 样例

a) 全图型 PPT 封面　b) 全图型 PPT 内容介绍

a)

b)

图 1-5　半图型 PPT 样例

a) 半图型 PPT 内容页 1　b) 半图型 PPT 内容页 2

1.1.4　做 PPT 的根本目的

经常会有人问：为什么职业场合适合用 PPT 呢？因为客户永远是缺乏耐心的，所以他们不会花很长时间看长篇大论的文字。因为听众永远是喜新厌旧的，所以他们不会喜欢满是项目符号和文字的页面。所以，大家应该思考这样的问题：能抓住眼球的 PPT 不一定是好的 PPT，但连眼球都抓不住的 PPT 肯定不是好的 PPT；如果听众很难理解 PPT 的内容，那么他们也不会有效理解演讲者的意图。如图 1-6 所示的两个页面为修改前后的 PPT 页面效果。

a)

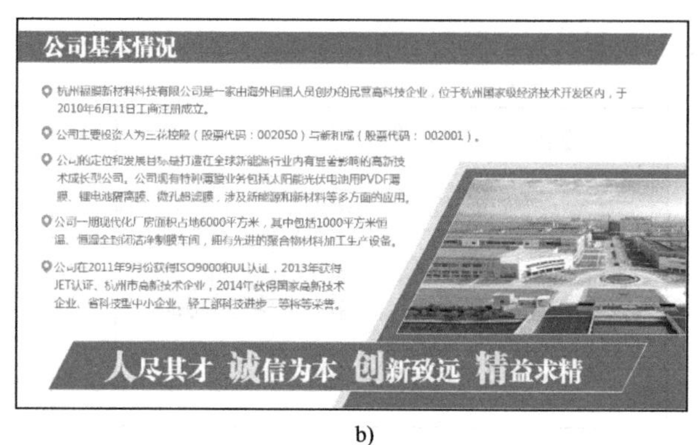

b)

图 1-6　修改前后的 PPT 页面

a) 修改前的页面　b) 修改后的页面

1.2　如何制作优秀的 PPT

优秀的 PPT 制作者在制作 PPT 之前会站在观众的角度去考虑 PPT 展示效果，并且明白 PPT 要传达的重要信息。对于初学者而言，需要学习所有好的 PPT 作品，这样才能做出属于自己的优秀 PPT 作品。

1.2.1　PPT 的设计原则

制作 PPT 时需要把握以下几个基本原则。

1．要站在观众的角度设计 PPT

PPT 切忌文字过多，过多的文字会给观众造成“看”的负担，反而影响“听”的效果，所以较少文字比大量文字的 PPT 更能够让观众有效地掌握和吸收内容。

样例：私家车到底有多少？

2015 年，全国以个人名义登记的小型载客汽车（私家车）超 1.24 亿辆，比 2014 年增加了 1877 万辆。全国平均每百户家庭拥有 31 辆私家车，北京、成都、深圳等大城市每百户家庭拥有私家车超过 60 辆。

站在观众的角度设计 PPT，应该使 PPT 一目了然，易于掌握，如图 1-7 所示。

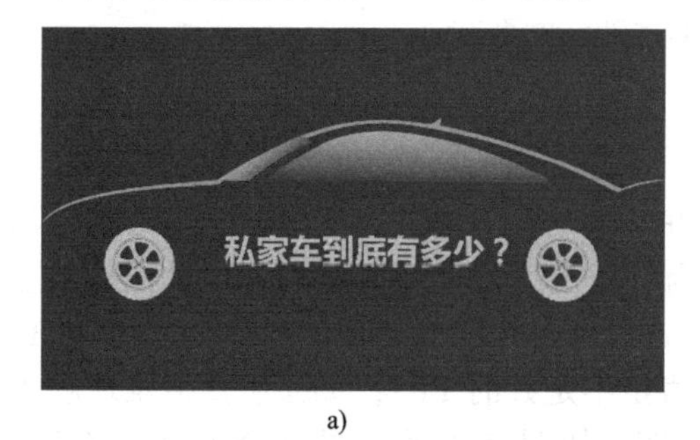

a)

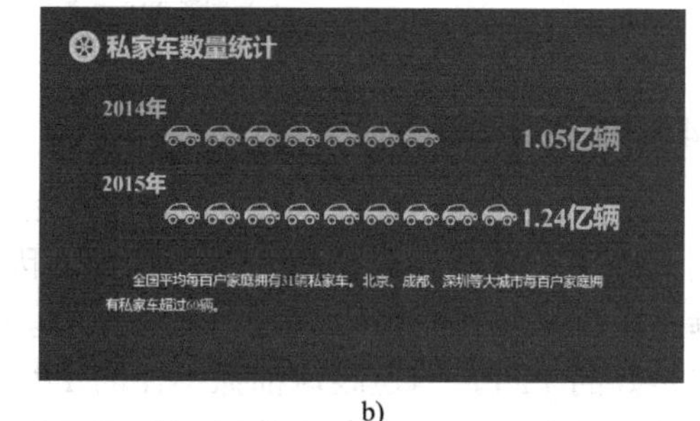

b)

图 1-7　清晰明了的 PPT 页面

a) 标题页面　b) 内容页面

所以，制作者制作文字较多的 PPT 时，须思考以下几点建议。

➢ 单页幻灯片中的信息量越大，观众记住的信息量就越少。
➢ 要把观众希望看到、听到的内容放在第一位，而不是演讲者要讲的内容放在第一位。
➢ 要在内容提炼上下功夫，PPT 不是演讲者的提示器。

2．精炼 PPT 要传递的内容

内容精炼对 PPT 设计非常重要，PPT 切忌过于复杂。通常境况下，复杂对听众的理解能力是一种挑战，简洁对制作者的提炼能力是一种挑战。

如图 1-8a 所示的 PPT，受众一看就会感到传递的信息太多，而无法掌握重点。

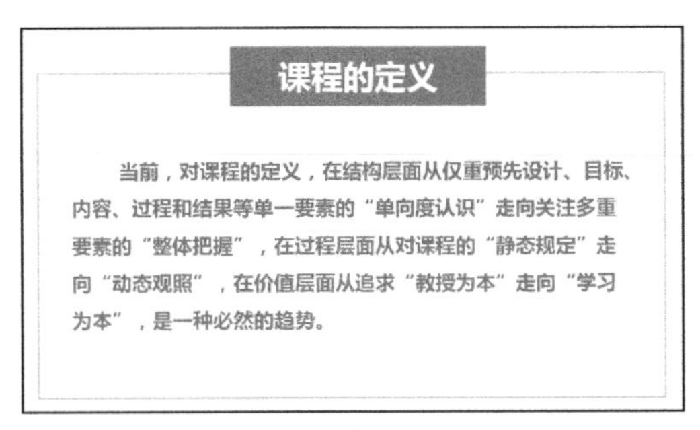

a)

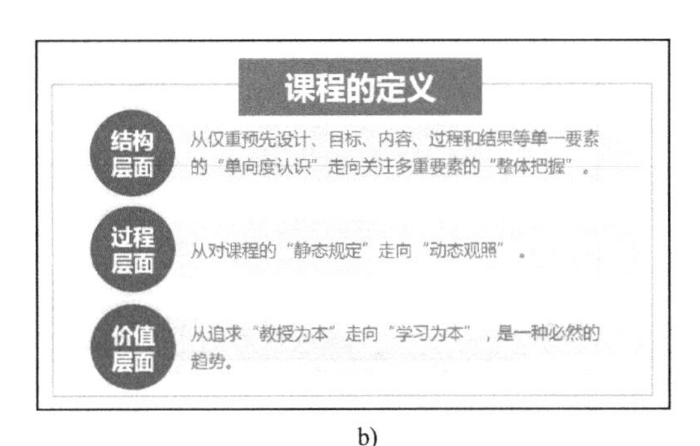

b)

图 1-8　内容过多的 PPT 页面

a) 原始页面　b) 提炼后的页面

如果制作者的思路不明确，就会在制作幻灯片时将文字、图形、图表罗列在一起，没有明确的中心主旨，使幻灯片看起来杂乱无章。

所以，在制作内容复杂的 PPT 时需要注意以下几个问题。

➢ 人们偏爱简洁。
➢ 如果演讲者提供的信息量过大，听众就会失去继续聆听的兴趣。
➢ 不仅需要思考受众看到的是什么，还要思考受众看到后是否可以产生与演讲者一致的理解。

3．页面设计要清晰、美观、有条理

基于认知学，人们对那些“视觉化”的事物往往能增强表象、记忆与思维等方面的反应强度，更加容易接受。所以，个性的图片、简洁的文字、专业清晰的模板都能使 PPT 会说话，对观众更具有吸引力。同时，清晰的条理性和层次性，使 PPT 便于接受和记忆。逻辑化的 PPT 就像讲故事一样，便于受众接受。

在学习制作 PPT 的过程中，可能会遇到以下问题。

➢ Word 文件的搬家。
➢ 滥用模板，或者用错模板。
➢ 滥用图表，或者图表看起来很业余。
➢ 滥用图片，或者图片质量低劣。
➢ 排版不规范，页面乱七八糟。
➢ 页面五颜六色，色彩冲突。

1.2.2 制作优秀 PPT 的基本技巧和方法

对于新手而言，要想做出优秀的 PPT，必须掌握一些基本的技巧和方法。

1. PPT 中切忌使用大段文字

制作 PPT 的主要目的在于可视化，就是要把原来看不见、摸不着、晦涩难懂的抽象文字转化为由图表、图片、动画及声音构成的生动场景，使其通俗易懂，栩栩如生。

图 1-9 所示为修改前后的两个 PPT 页面。

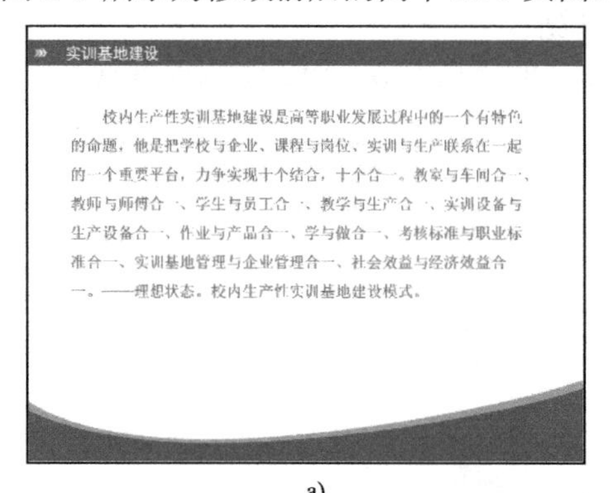

a)

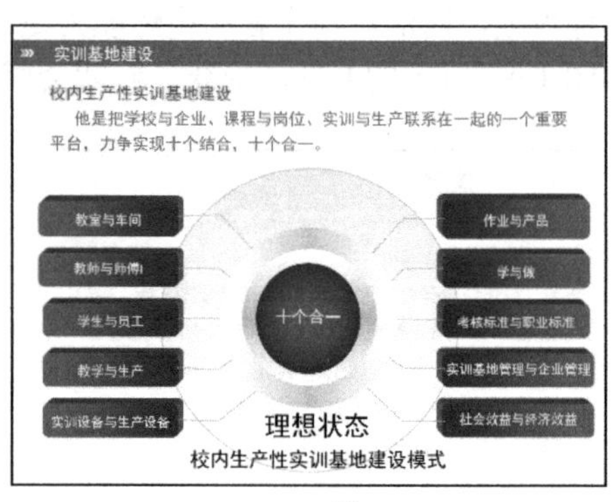

b)

图 1-9 内容精炼前后的 PPT 页面

a) 原文字页面 b) 修改后的文字页面

图 1-9a 所示的 PPT 页面只能让人记住这是一大段文字，图 1-9b 所示的 PPT 页面通过图解使人记住十个合一的具体内容。

2. 要简短，而不是简陋

简短的要求，需要 PPT 制作者了解观众最关心的事情，即了解哪些内容是非讲不可的，哪些内容是可以省去的，这是一个反复推敲的过程，但标准只有一个，即不但不让观众感到枯燥，反而感觉意犹未尽，回味无穷。

图 1-10 所示为修改前后的两个 PPT 页面。

图 1-10a 所示的页面虽然字很少，但是整体给人单调的感觉。经过简单的修饰后，字仍然很少，但看起来却不简陋了。

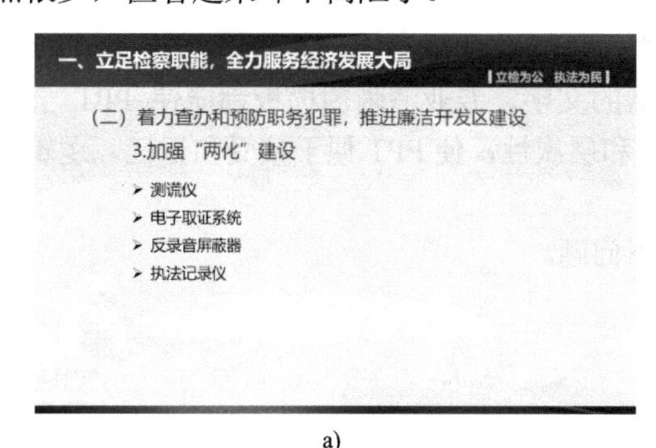

a)

b)

图 1-10 修饰前后的 PPT 页面

a) 原文字页面 b) 修改后的文字页面

3. 设计是 PPT 卓越之本

人们通常把 PPT 软件归类为办公处理类的工具，随着大众审美标准的提高，简单排版已经不能满足当下的要求了，特别是对外 PPT 正成为企业形象识别系统的重要组成部分，代表了一个企业的形象。设计正成为 PPT 核心技能之一，也是 PPT 水准高低的基本标准。

优秀的设计并非一日之功，但读者可以掌握一些技巧。

首先要善用专业素材，如专业的 PPT 模板、专业的 PPT 图表、专业的数字图像资源。

其次要掌握排版的基本原则：一个中心、合理对齐、画面统一、强烈对比、层次分明。

最后就是要多看精美的 PPT 案例，多向优秀的作品学习，多记笔记，吸取精华，积累经验。

俗话说，“巧妇难为无米之炊”，是否拥有一个“好又多”的素材库决定了能否快速制作一个赏心悦目 PPT。这些素材可以通过互联网获得并积累。

4．动画是 PPT 的灵魂

PPT 中常用的动画从类型上分主要包括以下 5 种，分别是进入动画（从无到有）、强调动画（用特殊方式强调重要内容）、退出动画（从有到无）、动作路径动画（元素的移动）、页面切换动画（PPT 的转场效果）。

PPT 中常用的动画从功能上分主要包括以下 5 种，分别是片头动画（抓住观众眼球）、逻辑动画（逻辑分析）、强调动画（用特殊方式强调重要内容）、片尾动画（衔接自然）、情景动画（小故事）。

下面通过一个简单的例子演示一下 PPT 片头动画的效果，如图 1-11 所示。

图 1-11　PPT 片头动画效果演示

5．图表是 PPT 的利器

图表是 PPT 不可或缺的组成元素，最早出现图表形式有柱形图、饼图、线图、雷达图等。

通过 PPT 图表，文字和数据可以像图画一样精美、形象、栩栩如生。

示例文本：2015 年，全国有 40 个城市的汽车保有量超百万辆，其中北京、成都、深圳、上海、重庆、天津、苏州、郑州、杭州、广州、西安 11 个城市的汽车保有量超过 200 万辆。

表格表达与图表表达的效果是不同的，图 1-12a 所示为表格表达，图 1-12b 所示为图表表达。显然，柱状数据图图表的表达方式更加直观、形象。

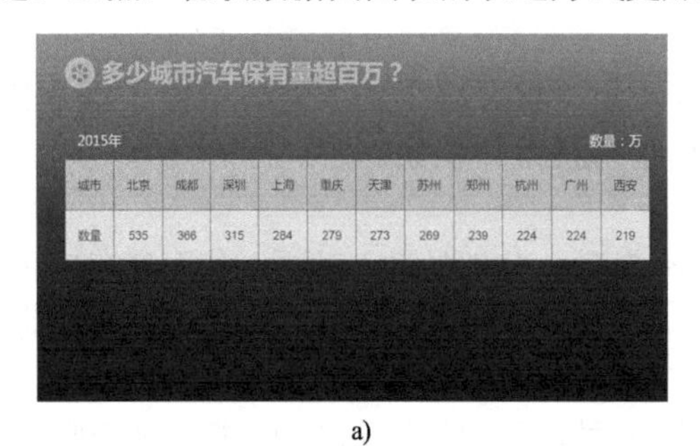

城市	北京	成都	深圳	上海	重庆	天津	苏州	郑州	杭州	广州	西安
数量	535	366	315	284	279	273	269	239	224	224	219

a)

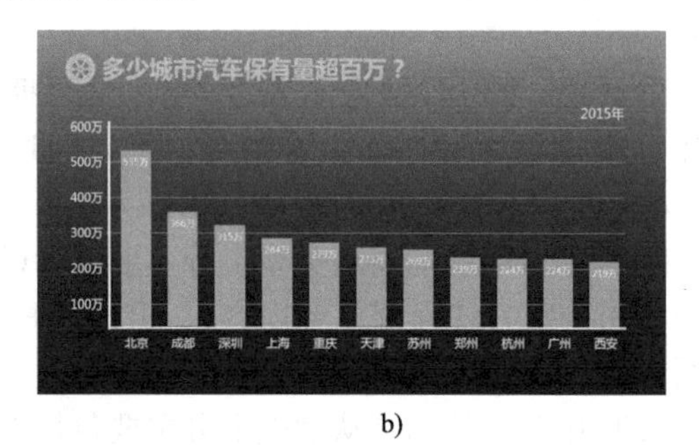

b)

图 1-12　表格表达与图表表达的 PPT 页面

a) 表格表达　b) 图表表达

下面通过一个简单的例子看一下如何使用 PPT 中的图表进行信息展示。

示例文本：2015 年，我国共有男性驾驶员 2.4 亿人，女性驾驶员 8415 万人。

图 1-13 所示为将上述文本转化为图表后的两种页面效果。

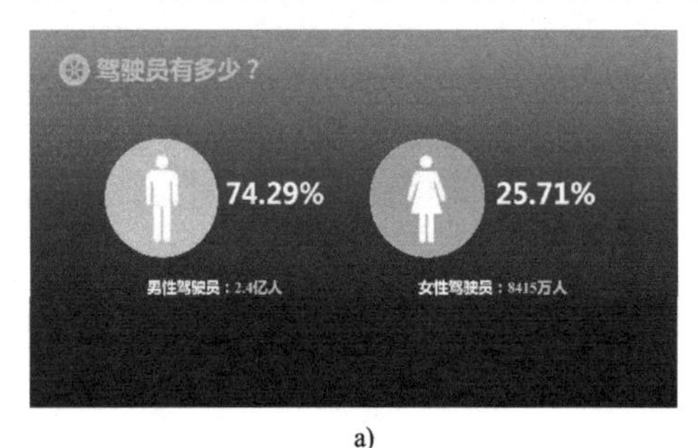

a)

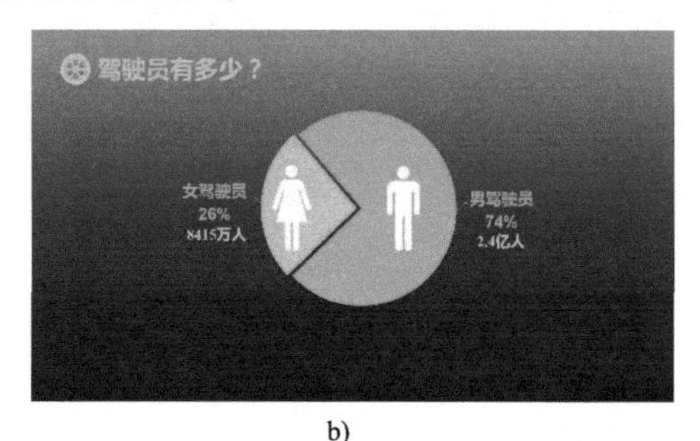

b)

图 1-13　图表表达的 PPT 页面

a) 图表表达方式 1　b) 图表表达方式 2

1-2　学习优秀的 PPT 作品

1.2.3　向优秀的作品学习提高技能的方法

要想做出优秀的 PPT，不仅要学习 PPT 的专业技巧，还应该向一些优秀的广告等作品学习。

1．学习优秀的 PPT 作品

图 1-14a 是演界网上“夏影 PPT 工作室作品”㊀的一个动态高端定制级企业演示汇报类商务 PPT 模板。它的特点是简单大气，文字与图片搭配合理，整体画面感很强。读者可以以

㊀ 夏影 PPT 工作室作品网址：http://xiayingppt.yanj.cn/goods-47271.html。

此模板为参考制作新的 PPT 封面，如图 1-14b 所示。

a)

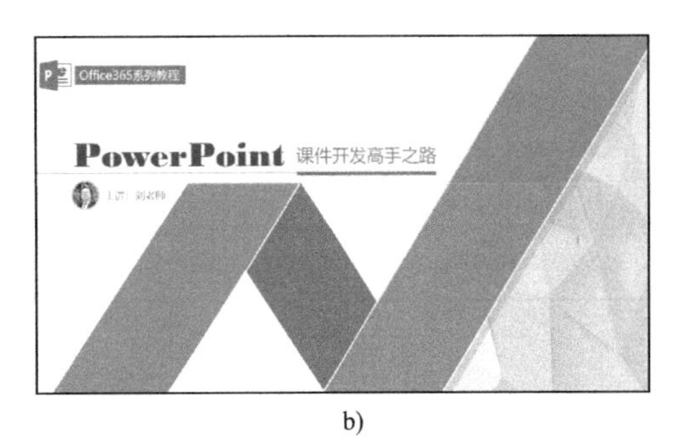

b)

图 1-14　优秀的 PPT 封面

a) 参考封面　b) 新的 PPT 封面

2. 学习优秀的民间艺术作品

在制作 PPT 时，可以适当借鉴优秀的民间艺术作品，作为 PPT 的背景图片或相关素材，从而增加 PPT 的画面厚重感。

图 1-15 所示为中国传统剪纸，它不仅仅代表传统的剪纸艺术，更代表了中国的传统文化。

图 1-16 所示为利用了民间剪纸图片作为素材制作的 PPT，完美地贴合了 PPT 要传达的信息，将浓郁的文化气息与现代 PPT 应用结合在一起，生动形象。

图 1-15　优秀的民间剪纸艺术

图 1-16　借鉴剪纸艺术制作的 PPT 页面

在婚庆 PPT 制作中，也可以将民间剪纸、对联等艺术图片作为素材，版面虽简洁，但可以传达出制作者的美好祝福。

3. 学习优秀的现代数字作品

也可以借鉴或使用一些优秀的现代风格的数字作品来修饰 PPT。

图 1-17a 所示为借鉴时尚铁艺作品制作的 PPT。铁艺作品的特点是质感很强，具有较好的视觉效果，将其应用到 PPT 中会使 PPT 具有很好的美感。

图 1-17b 所示为借鉴色彩绚丽的设计作品制作的 PPT。它能很好地展示出色彩带给人们的视觉冲击。

4. 学习优秀的印刷品

图 1-18 所示为 NYP 学院的宣传图册封面图片，整个图册富有时代感。

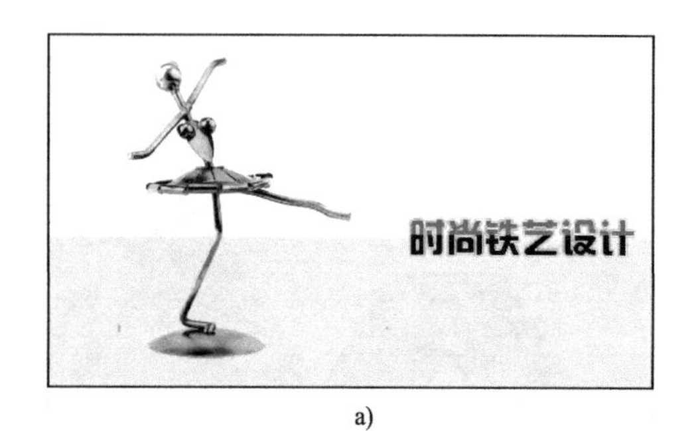

a)

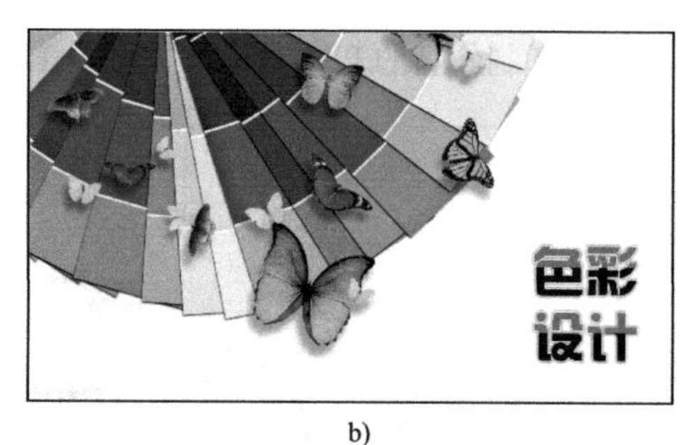

b)

图 1-17　借鉴现代数字产品制作的 PPT 页面

a) 时尚铁艺作品页面　b) 色彩设计作品页面

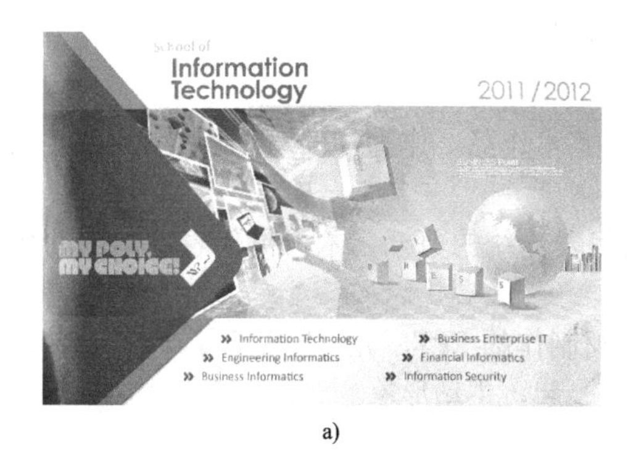

a)

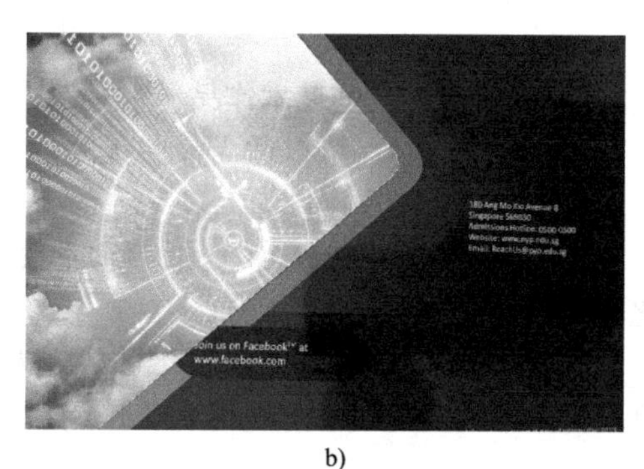

b)

图 1-18　优秀的印刷品

a) 图册封面图片　b) 图册封底图片

借鉴图 1-18 完成的 PPT 页面如图 1-19 所示。

a)

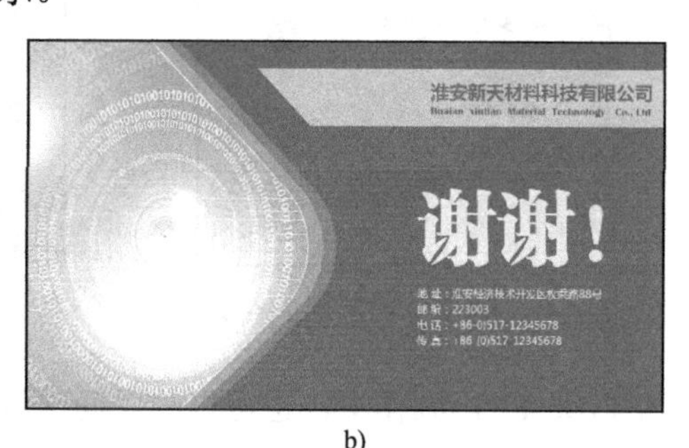

b)

图 1-19　借鉴图册的 PPT 页面

a) PPT 封面　b) PPT 封底

1-3　从教案到课件的转变

5．学习优秀的网站页面

图 1-20a 所示为某企业的网站页面，图 1-20b 则为借鉴此网站页面的 PPT 页面。

1.2.4　制作 PPT 的流程

PPT 演示文稿的制作过程一般可以分为 4 个阶段，下面分别对这几个阶段进行介绍。

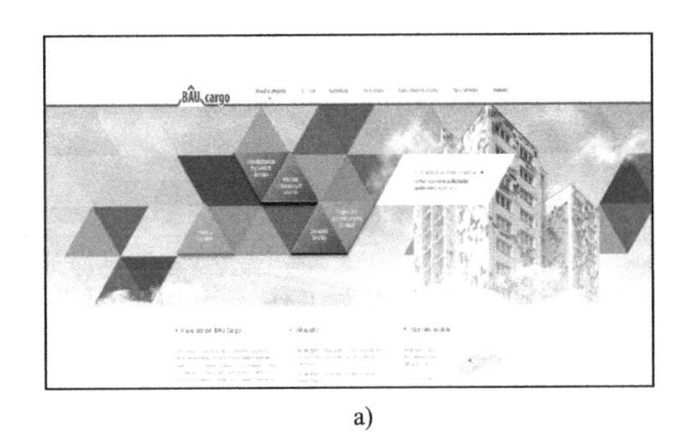

a)

b)

图 1-20　借鉴网站页面的 PPT 页面

a) 网站页面　b) PPT 页面

1．设计优先，完成逻辑设计

逻辑是 PPT 的主线，所以要先归纳与总结，找出一条清晰的逻辑主线，构建 PPT 的整体框架。开始制作时，要先总结提纲，最好能简单地画出逻辑结构图。然后打开 PPT，不要用任何模板，将所列出的提纲按标题一页一页地整理出来。有了提纲挈领的 PPT，就可以查资料了。将内容整理出来后，推敲文字，提炼要点。如果在查阅资料的过程中需要加入提纲以外的内容，则可以进行调整，在合适的位置增加新的页面。

2．PPT 内容的制作与页面美化

完成 PPT 逻辑设计后，需要对其页面进行美化，如制作或选择合适的母版、选择字体、选择图标、选择图表等，使 PPT 更具有观赏性。

选用合适的母版，根据所要表达的内容选用不同的色彩搭配，如果觉得 Office 自带的母版不合适，可以在母版视图中进行调整，增加背景图、Logo、装饰图等，也可以根据需要自己设计制作母版。确定母版之后，根据 PPT 中的内容确定哪些内容可以用图表示。如果其中带有数字或流程、因果、障碍、趋势、时间、并列、顺序等关系的，应考虑用图的方式来表现。如果内容过多以致用图无法表现，可以使用表格。最后才考虑用文字说明。所以，以上元素的优先级顺序是：图>表>字。其中图首先要表达准确，其次是美观。根据母版的色调，将图进行美化，调整颜色、阴影、立体、线条，美化表格、突出文字等。注意整个 PPT 页面中的颜色色系不要超过 3 个。

3．添加动画和声音等效果

动画是引导观众的重要手段，它使整个页面显得生动活泼且富有感染力；添加声音则使观众更有参与感。本阶段中除了完成对元素的动画设计外，还需要制作自然的页面切换，所以，首先要根据 PPT 的使用场合考虑是否使用动画，而后选择动画的形式，保证每个动画都有存在的理由。

4．打包测试，放映演示 PPT

PPT 制作完毕后，需要在 PPT 放映状态下通读一遍，如果有不合适或不满意的地方，可返回普通视图进行修改。

要想获得较好的演示效果，必须熟悉 PPT 的内容，记清动画的先后顺序，做好充分准备。演示者可以在每一页幻灯片的备注中添加详细讲稿，然后多次排练、计时、修改讲稿，直到讲解自然为止。此外，还需要注意演讲时的态度、声音、语调，提醒自己克服身体的晃动、摇摆，以及其他不得体的行为，设想可能的突发情况并预先想好应对的方法。

1.3 PPT 资源的收集与整理

1.3.1 收集视频、音频、图片资源的方法

要制作较好的 PowerPoint 商务简报，收集与积累素材是一项基本工作。可以通过分析优秀的 PPT 作品以及相关评价来积累素材，同时提高自己的专业素养。优秀 PPT 的收集与整理方法如下。

1. 优秀 PPT 的收集方式

优秀 PPT 的收集方式通常有以下几种。

1）常用的 PPT 资源如表 1-1 所示。

表 1-1 常用的 PPT 资源

网站名称	网址
演界网	http://www.yanj.cn/
觅识网	https://www.51miz.com/
上海锐普	http://www.rapidbbs.cn/
站长网 PPT 资源	http://sc.chinaz.com/ppt/
站长网高清图片	http://sc.chinaz.com/tupian/
千图网	http://www.58pic.com/
68design 网页设计联盟网	http://www.68design.net/

2）PPT 设计企业的典型案例。例如在百度搜索引擎中检索关键词“PPT 设计”，就可以搜索很多专门从事 PPT 定制的企业，可以借鉴其典型案例。

3）购买收集优秀 PPT 书籍，收集免费资源。

2. 归类整理

搜索完成后，要注意对资源的归类与整理，归类的方法是根据搜集的素材类型创建不同的文件夹，将素材分类进行存放，如图 1-21 所示。

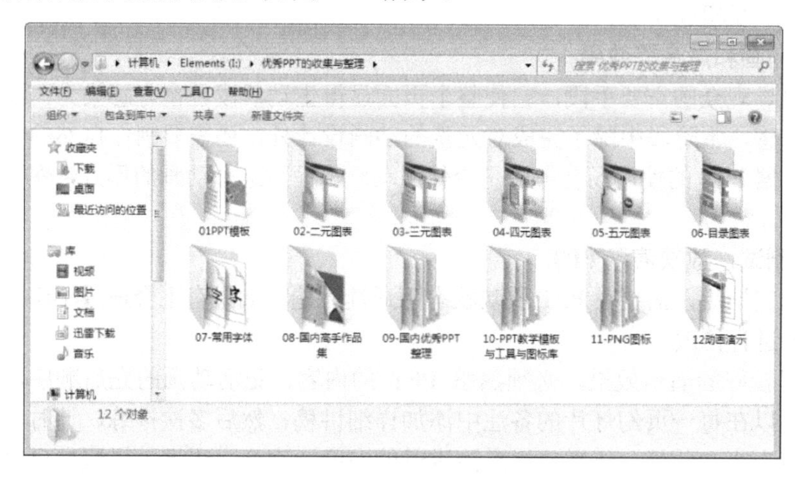

图 1-21 PPT 资源的分类与积累

1.3.2 获取PPT中视频、音频、图片的方法

使用 PowerPoint 365 版本制作的 PPT 文件的扩展名为 pptx。这是一种压缩格式的文件，比以前使用的 PPT 格式文件相对要小很多，原因是 PowerPoint 软件将一些图像进行了压缩并单独保存。如果想快速提取 pptx 文件中的图像文件，只需要将 pptx 后缀名改为 rar。例如，将"汽车保险与理赔.pptx"修改为"汽车保险与理赔.rar"然后进行解压缩就可以了，如图 1-22 所示，在"重命名"提示对话框中单击"是"按钮即可。

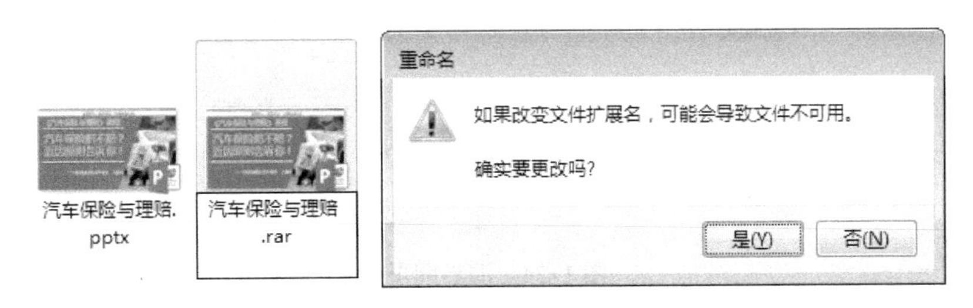

图 1-22 更改文件后缀名

双击"汽车保险与理赔.rar"，使用压缩软件打开文件，在"文件名\ppt\media"文件夹中找到原 PPT 文件中所有图片，如有音频、视频等资源，也可以在此文件夹中找到，如图 1-23 所示。

图 1-23 图片与其他资源存放路径

1.4 拓展训练

1）使用百度搜索引擎搜索 5 个适合环保企业使用的 PPT 模板。

2）建立素材资源文件夹，然后搜索蓝色调、绿色调 PPT 模板各 10 个。

3）依据图 1-21 中的文件夹进行分类搜索，每类资源搜索 2 项。

4）打开演界网（http://www.yanj.cn），如图 1-24 所示，单击"注册"超链接注册用户，然后登录网站，进入"免费演品"栏目，搜索 5 个适合现代信息产业企业使用的 PPT 模板，搜索 5 个适合医疗与环保行业使用的 PPT 模板。

演界网
首页
演示模板
VIP会员专区
Meettings NEW
PPT模版
开通VIP会员
登录
警告：病毒退散
兄弟们 快跑！
追啊！将病毒一网打尽！
永绝后患，不要手软！
全民出击
众志成城 共抗疫情
热门场景
工作汇报 毕业答辩 计划总结
求职简历 年会颁奖 节日庆典
商业计划 企业介绍 产品发布
热门行业
咨询 广告 烟草 建筑 医疗
汽车 金融 摄影 科技 党政
家具 信息 旅游 教育 IT
热门风格
扁平风 中国风 商务风 INS风
杂志风 小清新 卡通风 欧美风
微立体 简约风 复古风 IOS风

图 1-24 演界网页面

第 2 章　PPT 美学基础

2.1　PPT 的风格定位

演示文稿通常包含多张幻灯片，如果每张幻灯片风格各异，就会给观众留下杂乱无章的感受。因此，一个演示文稿中的幻灯片应具有统一的风格。在制作幻灯片时，制作者可以按照图 2-1 所示的风格定位流程来进行。

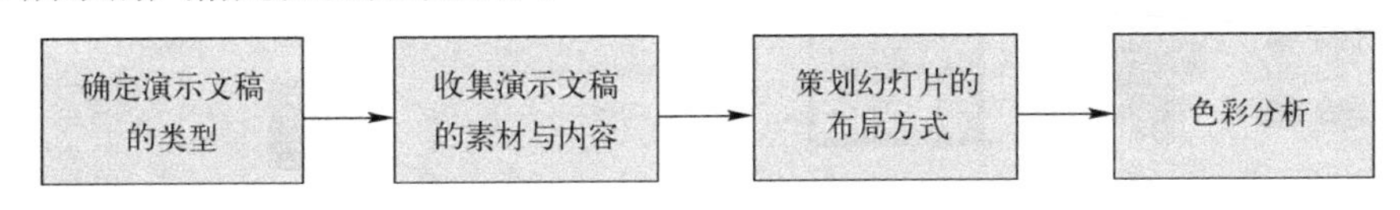

图 2-1　演示文稿的风格定位流程

2.1.1　确定演示文稿的类型

在制作演示文稿之前，需要确定演示文稿的类型。一般来讲，演示文稿主要分为调查报告、演讲、产品展示、课件、相册等类型。演示文稿的类型由它所在领域或者面向对象（客户）的范围所确定，同时，演示文稿的类型也体现出它所具有的特点和主题风格。

因此，应该根据演示文稿的类型来制作，否则容易偏离演示文稿制作的目的，达不到预期的演示效果。

主题是演示文稿所要表述的主要内容。演示文稿主题的，不仅要和该幻灯片的具体内容相契合，还要突出反映演示文稿涉及领域的特色。一个成功的演示文稿必须在内容方面紧扣主题。

例如，在图 2-2 所示的演示文稿中，作为政府行政部门的发展规划暨工作计划，该演示文稿主要包括工作规划、工作计划两部分内容，色彩以蓝色为主，体现了庄重、严肃的主题需要。

该演示文稿的首页以深蓝色作为主色调，搭配检察院徽标和白色的 PPT 标题，使整个画面显得庄严。其他页面也采用了深蓝色主色调，整体风格统一。

2.1.2　收集演示文稿的素材和内容

在确定了演示文稿的类型，即主题与配色方案之后，就需要进行演示文稿的素材收集和内容编辑了。演示文稿的素材和内容要与演示文稿的主题、类型以及为其设定的幻灯片内容有关。通常，一个完整的演示文稿需要准备文本、图片、音频、视频等素材。

1．幻灯片内容的文本素材

文本素材的充分准备便于在幻灯片制作过程中输入文字。

制作幻灯片时，如果逐字输入文档内容，将影响到幻灯片制作的速度和文本内容的准确性。使用电子文档，只须将文档中的内容复制并粘贴到幻灯片中即可，从而节省了大量的时间和精力。

a)

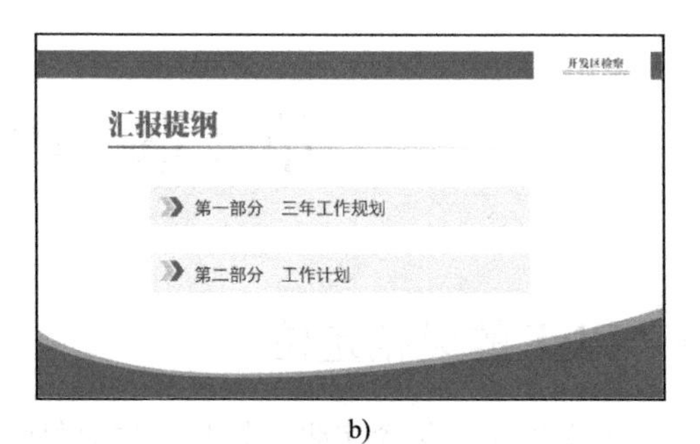

b)

c)

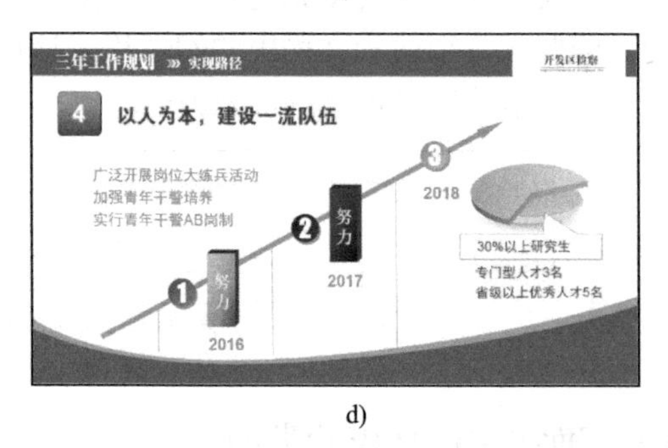

d)

图 2-2 政府行政部门领域的 PPT 效果页面

a) 封面 b) 目录 2 c) 内容页面 1 d) 内容页面 2

2．制作幻灯片的图片素材

图片是幻灯片的重要组成元素之一，也是幻灯片内容的表述方式之一。幻灯片中的文字和图片是相辅相成、互为补充的。例如，从图 2-3 所示的幻灯片中可以看到，文字内容只有在图片的衬托下，才能显示出幻灯片的丰富性和活泼性。

a)

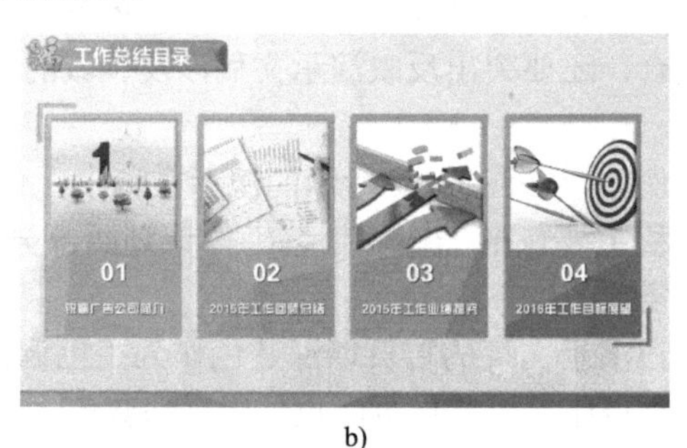

b)

图 2-3 幻灯片中的图片素材

a) 红色主题封面 b) 红色主题页面

如果幻灯片中只有文本内容而没有图片作为辅助，那么幻灯片将显得枯燥、死板，缺少吸引力，因此，制作幻灯片需要大量且适当的图片素材。

3．音频和视频素材

在幻灯片中添加音频、视频等多媒体文件，可以制作出绘声绘色的幻灯片，使幻灯片具有更好的演示效果。

例如，在图 2-4a 中插入了音频片头音乐，烘托了整个幻灯片的氛围；在图 2-4b 中，通过视频向浏览者详细演示了金华佛手盆景的嫁接过程。

a)

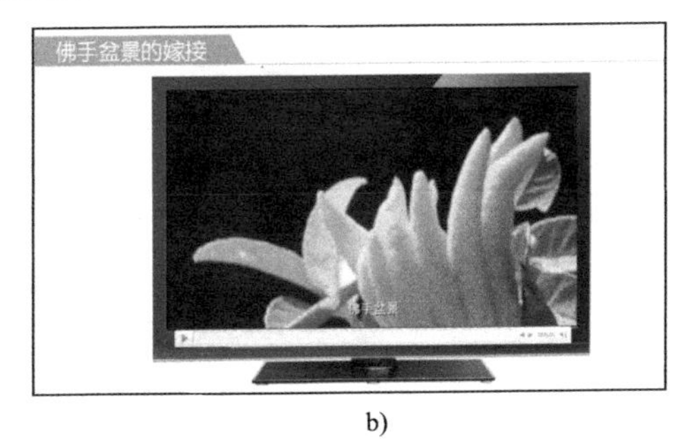

b)

图 2-4　幻灯片中的音频、视频素材

a) 音频的使用页面　b) 视频的使用页面

2.1.3　策划幻灯片的布局方式

幻灯片的布局方式即整个幻灯片内容的排列方式。一般情况下，演示文稿的布局可以分为封面设计和内容版式安排两部分。

1．封面设计

通常情况下，演示文稿都使用“标题幻灯片”版式作为封面。演示文稿的封面通常可以包含如下 4 个元素，如图 2-5 所示。

- **单位名称：** 幻灯片左上角的单位名称表明该演示文稿的来源。
- **标题文本：** 分别在标题占位符和副标题占位符中输入文字来说明演示文稿的主题和目的。标题和一些主题性的文字应该置于醒目位置。
- **页面背景：** 页面背景作为衬托，避免了版面的单调，使幻灯片具有层次感。
- **作者姓名：** 表明汇报演示的人。

图 2-5　封面布局方式

2．内容版式

内容和封面作为一个整体，内容幻灯片的版面设计必须和封面的设计相呼应。幻灯片内容版式安排合理，能够使演示文稿更好地吸引观众的注意力。

通常，一页幻灯片分为标题和内容两部分，其中，标题部分主要表明本页幻灯片的主题，起到导航与提示的作用；内容部分多采用图文混排的方式展示信息，如图 2-6 所示。

图 2-6　幻灯片的内容版式

提示：一般情况下，幻灯片背景可以根据用户讲解的内容，或者幻灯片的主题和风格来确定。

2.1.4　色彩分析

色彩是展现幻灯片风格的重要手段之一。学习色彩选用，需要了解黑白灰色调，以及色彩的应用。

1．色彩的鲜明性

制作幻灯片时，采用的色彩要鲜明，幻灯片才更容易引人注目。例如，在图 2-7 的幻灯片中，背景色为土黄色与前景的深蓝色形成强烈对比，所要表达的内容在背景的衬托下更加富有层次感，更加引人注目。

2．色彩的独特性

幻灯片需要有与众不同的色彩，才能使观众对该幻灯片的印象更加深刻。例如，在图 2-8 的幻灯片中，采用了一张由上下两端向中间渐变的深褐色背景，配合书法作品，展示了整体的独特性，并且符合幻灯片的“书法赏析”主题。

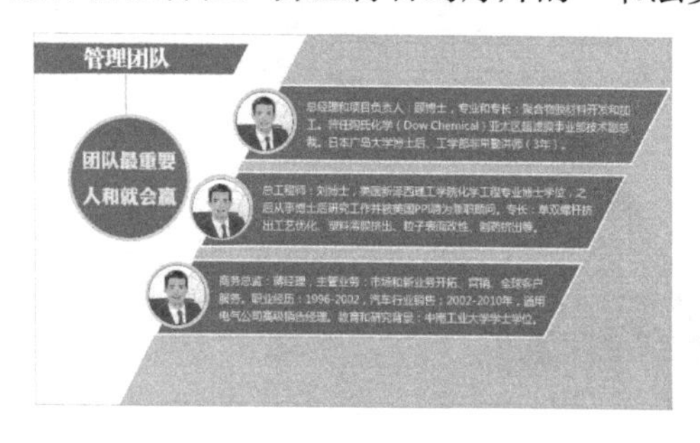

图 2-7　色彩的鲜明性效果

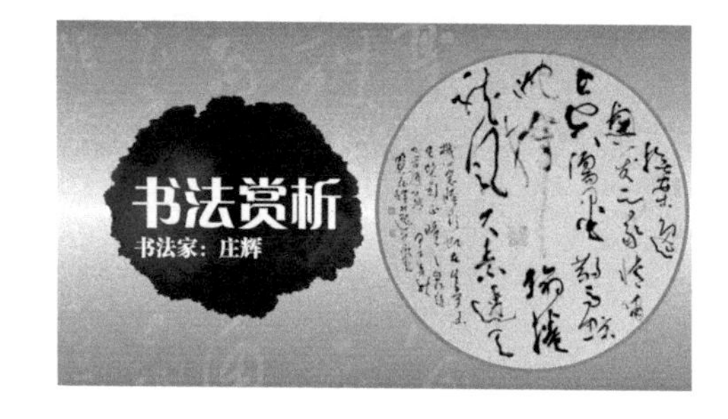

图 2-8　色彩的独特性效果

3．色彩的合适性

色彩的合适性是指色彩和幻灯片内容所表达的气氛相适合。例如，在图 2-9 的幻灯片中，用粉色体现情人节的浪漫与温馨。

4．色彩的联想性

不同的色彩会使人产生不同的联想，蓝色使人想到天空，黑色使人想到黑夜，红色使人想到欢庆等。因此，选择色彩要和幻灯片要体现的内涵相关联。例如，在图 2-10 的幻灯片中，蓝色背景与黑色芯片的搭配就会使浏览者联想到科技。

图 2-9　色彩的合适性效果

图 2-10　色彩的联想性效果

2.2　PPT 的布局结构

幻灯片主要包含文字、图片或形状等元素，各种元素的布局也是非常重要的。只有合理地进行布局，才能制作出完美的演示文稿。

在制作演示文稿的过程中，制作者首先要考虑幻灯片的页面布局简洁明了、重点突出、条理分明，其次要考虑页面结构的均衡、美观，使幻灯片能够给人以美的感受。PowerPoint 提供了各种不同的幻灯片布局结构。

2.2.1　上下布局结构

该布局结构是一种简单的幻灯片布局形式。这种布局结构比较适合内容少、结构简单的幻灯片。如图 2-11 所示的幻灯片就采用了这种布局结构。

a)

b)

图 2-11　上下布局结构

a) 文字在上图片在下布局　b) 图片在上文字在下布局

上下布局结构的幻灯片通常可以分为标题内容和正文信息内容两部分。从整体形式上，这种布局结构层次分明，制作相对比较简单。

2.2.2　左右布局结构

左右布局结构的幻灯片与上下布局结构的幻灯片类似，只是在结构上稍显不同。但是从视觉上，左右布局结构比上下布局结构的幻灯片更具个性，也能够更加突出幻灯片的设计风格。

如图 2-12 所示的幻灯片采用了“两栏内容”版式，即左右结构的布局方式。制作者可以将标题置于幻灯片的上方，并将内容信息以两栏的形式置于幻灯片中。

a)

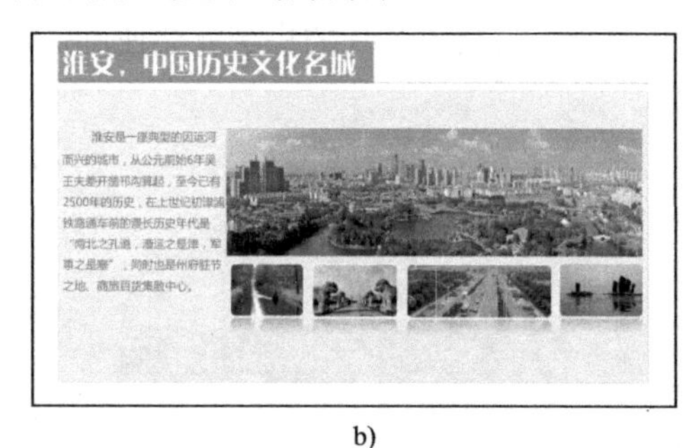

b)

图 2-12　左右布局结构

a) 图片在左，文字在右　b) 文字在左，图片在右

2.2.3　竖排布局结构

以竖排方式显示文本的布局结构，打破了幻灯片文本横向显示的常规，使制作出的幻灯片更加新颖、别具一格。

如果需要制作仅文本内容竖排显示的幻灯片，可以应用“标题和竖排文字”版式。例如，图 2-13 所示的幻灯片就采用了这种布局结构。这种布局结构可使文本内容纵向显示，而标题文字依然保持横向显示。

如果希望标题和文本内容均纵向显示，可以应用“垂直排列标题与文本”版式。图 2-14 所示的幻灯片采用的就是这种布局方式，分别在右边的标题占位符中输入标题内容，在左边的文本占位符中输入文本内容。

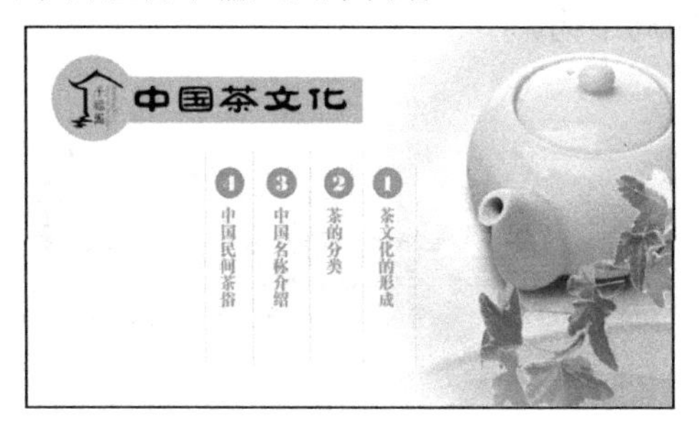

图 2-13　竖排布局结构 1

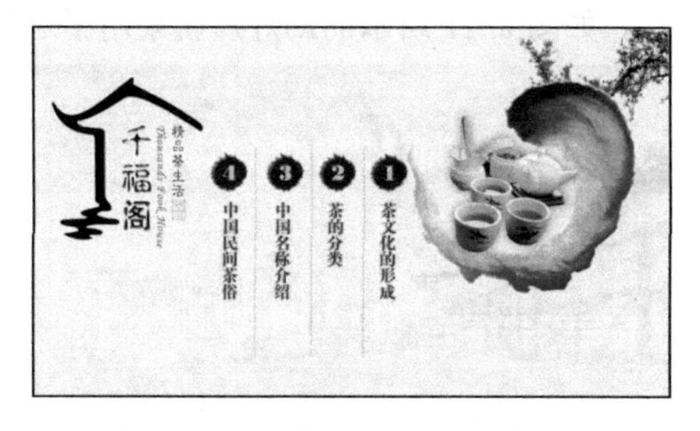

图 2-14　竖排布局结构 2

2.3　PPT 的形式美

自然界中各种事物的形态特征被人的感官所感知，使人产生美感，并引起人们的想象和某种情感活动，就成了人的审美对象。人们把事物的形态特征称为美的形式。

形式美是许多美的形式的概括，是美的形式的某种规律或共同特征。形式美主要体现在比例、均衡、对称、富有变化等方面。在幻灯片的设计过程中，制作者需要研究、掌握这些方面的规律，并主动地、有意识地将其应用于幻灯片设计的具体问题，才能制作出完美的幻灯片。

2.3.1 统一与变化

制作者在设计幻灯片时应处理好版面统一与变化的关系。统一为主，变化为辅。统一强化了版面的整体感，变化突破了版面的单调刻板。但是，过分地追求变化，则可能造成版面杂乱无章，失去整体感。

1．统一

统一是指构成版面的视觉元素间的内在联系。主要表现形式有以下几个方面：在线条方面，以直线或曲线为主；在编排文字方面，以单栏或多栏为主；在版面色彩方面，以冷色调或暖色调为主调；在表达情调方面，以幽雅或强悍为主；在布局疏密方面，以繁密或疏朗为主。如图 2-15 所示，目录页面整体统一。

2．变化

变化是指构成版面的视觉元素间的差异。变化可使版面生动活泼，丰富而有层次感。如图 2-16 所示，过渡页面由于变化产生了对比。

图 2-15　幻灯片的统一效果

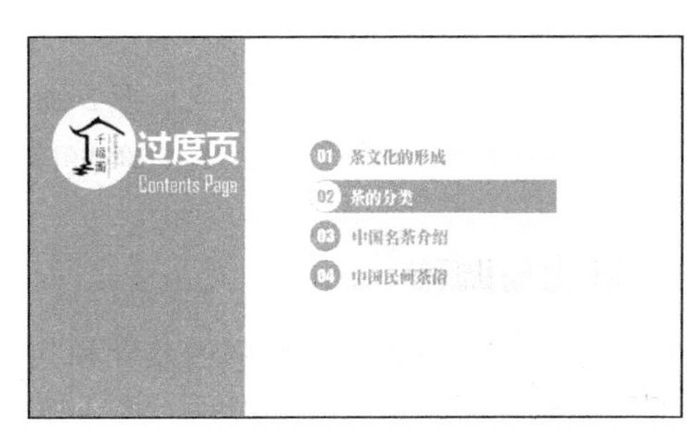

图 2-16　目录内容的变化

2.3.2 对称与平衡

对称与平衡符合人们朴素、古典的审美规范，使观看者的心理得到慰藉，感到舒适与安全，所以，对称与均衡被视为一切美学原理的基础。

1．对称

对称是指图形和形态能够被点、线平分为相等的部分。平面构成中的对称图形是等形等量的配置关系，最容易得到统一。

图 2-17a 所示的幻灯片中建筑属于对称结构，四合院、故宫、凯旋门等建筑也属于对称结构。对称的图形能够给人以庄重、可靠、稳定的感觉。图 2-17b 所示的幻灯片也充分展示了对称的原理。采用对称法则布局的幻灯片，给人以庄严、稳重、典雅的感觉。

a)

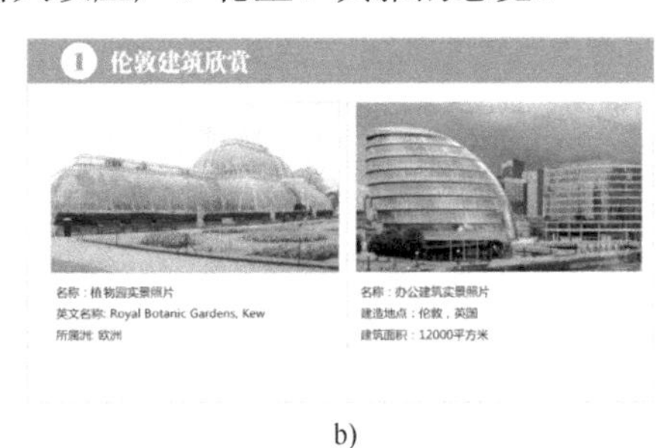

b)

图 2-17　对称的应用

a) 封面中对称的使用　b) 内容页对称的应用

2．平衡

平衡是指将组成整体的构成要素，运用大小、色彩、形体以及位置等差异来形成视觉上的平衡感受。

与对称相比，平衡的图像在视觉上显得更加灵活，使整体达到动中有静、单一与丰富并存的效果。例如，传统的阴阳太极图构成了不对称中的平衡，如图 2-18a 所示。图 2-18b 中，其合理的布局使页面满足了人们视觉上整体的平衡感，使幻灯片更加生动、灵活。

a)

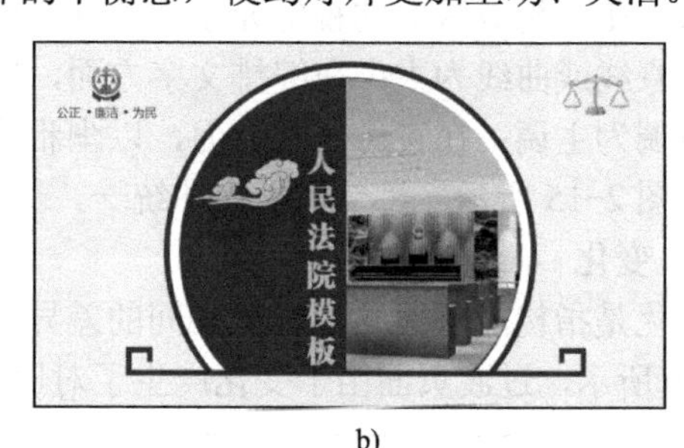

b)

图 2-18　平衡的应用

a) 传统的阴阳太极图　b) 平衡的应用

2.3.3　对比与调和

对比和调和是在要素之间强调差异和共性来达到变化和统一的形式美法则。当要素的共性在量的关系中达到相等或接近时，形成调和关系，而当量的差别较大时，形成对比关系。

1．对比

对比又称对照，能够把视觉反差很大的两个视觉要素成功地排列在一起，使人既有鲜明和对比强烈的感觉又具有统一感。它能使主题更加鲜明，视觉效果更加活跃。

对比关系主要通过视觉形成对立关系来实现，如色调的明暗、冷暖，色彩的饱和与不饱和，色相的迥异，形状的大小、粗细、长短、曲直、高矮、凹凸、宽窄、厚薄，方向的垂直、水平、倾斜，数量的多少，排列的疏密，位置的上下、左右、高低、远近，形态的虚实、黑白、轻重、动静、隐现、软硬、干湿等。

在如图 2-19a 所示的幻灯片中，圆形的人物图案形成了大小上的对比，不同大小的圆圈在颜色与大小上也构成了对比，图 2-19b 中目标的设定在高矮、颜色与立方体的厚薄方面形成了对比。

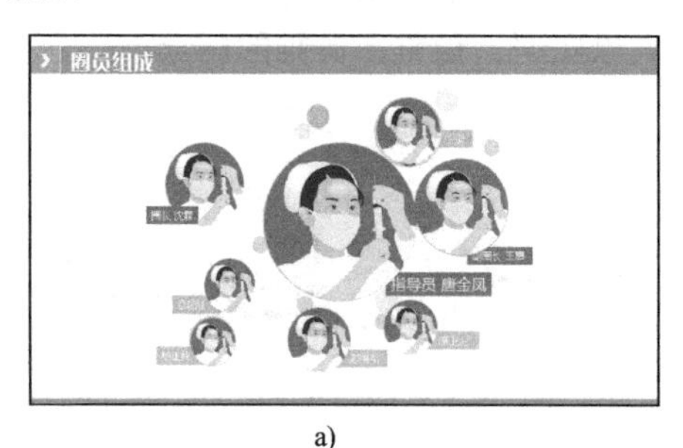

a)

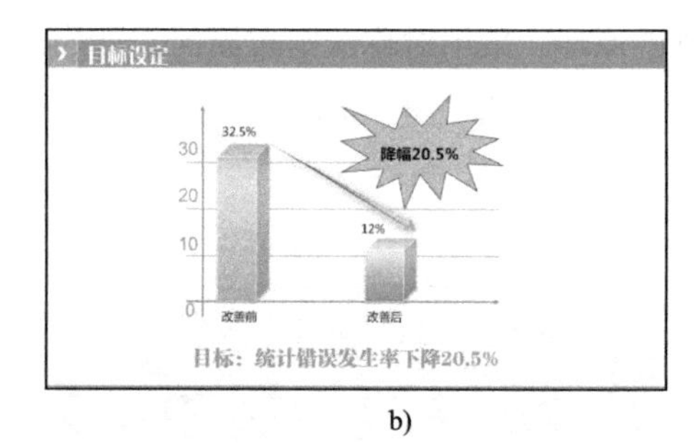

b)

图 2-19　对比的应用

a) 圆圈的大小与颜色的对比　b) 立方体的颜色与高低构成了对比

对比法则广泛应用在现代设计中，具有很大的实用效果。

2．调和

调和是取得统一的手段，通过强调共性，加强同质要素间的联系，使对象具有和谐统一的艺术效果。

在如图 2-20a 所示的幻灯片中，通过前景彩色的汽车图像和浅灰色背景实现了整体的统一和调和，起到了和谐的艺术效果。

2.3.4 节奏与韵律

在构成中，节奏与韵律是指同一形象在一定规律中重复出现产生的运动感。节奏必须具有规律且重复、连续。节奏容易使人产生单调感，经过有律动的变化就产生韵律。

1．节奏

节奏是一种条理性、重复性、连续性的律动形式，反映条理美、秩序美，如图 2-20a 所示。图 2-20b 所示为借用此节奏制作的 PPT 页面效果。

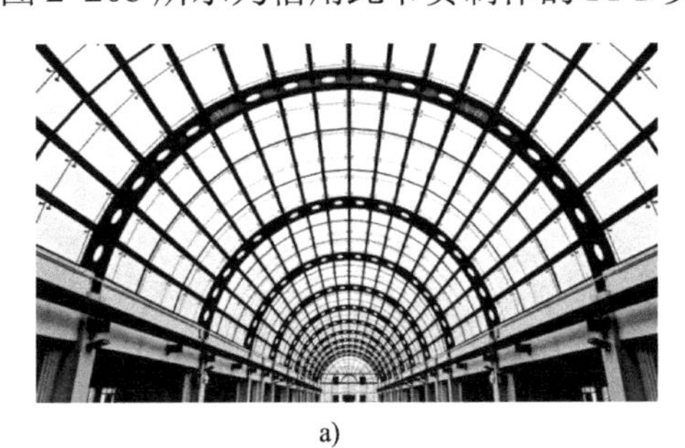

a)

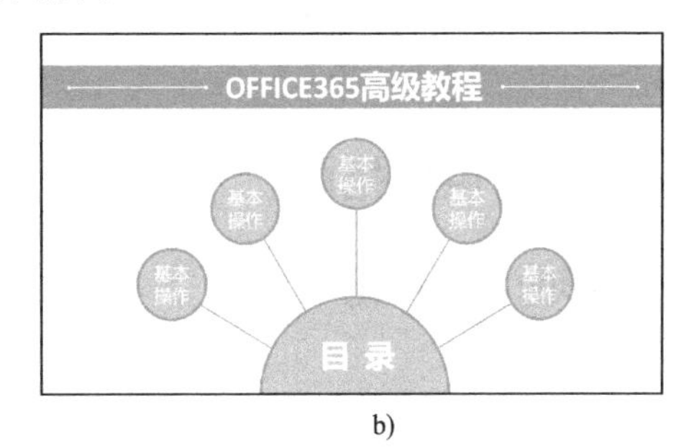

b)

图 2-20　图像的节奏

a) 图像的节奏　b) 目录页中节奏的应用

2．韵律

以节奏为前提，有规律的重复，有组织的变化，将情调倾注于节奏之中，使节奏强弱起伏、悠扬、缓急，即形成了韵律。

例如，如图 2-21 所示的目录页面，线条与色块构成了一定的韵律。

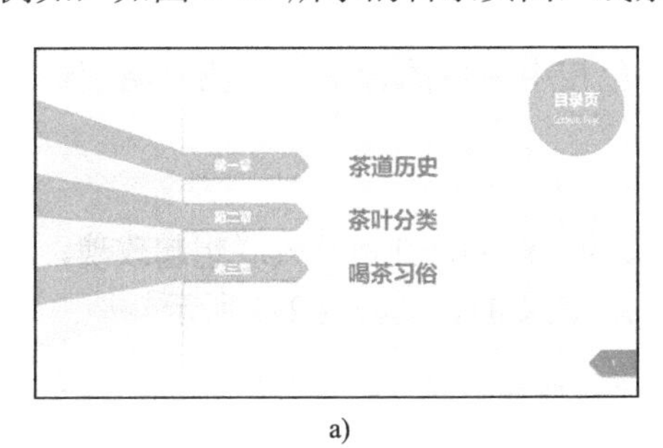

a)

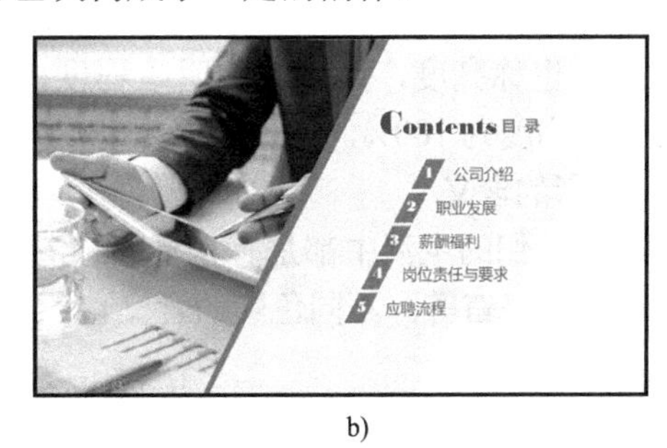

b)

图 2-21　图像的韵律

a) 目录页中韵律的应用 1　b) 目录页中韵律的应用 2

2.3.5 视觉重心

画面的中心点，就是视觉的重心点。画面图像的轮廓变化，图形的聚散，色彩或者明暗的分布都可对视觉重心产生影响。

例如，如图 2-22 所示的中心位置就是人的视觉重心。在平面构图中，任何形体的重心位置都和视觉重心有密切的关系。人的视觉重心与造型的形式美的关系比较复杂。人的视线接触画面，视线常常迅速由左上角到左下角，再通过中心部分至右上角到右下角，然后回到画面最吸引视线的中心视圈停留下来。

例如，如图 2-23 所示的幻灯片，其视觉重心是右侧的图像，而不是幻灯片的中心位置。人的视线首先会被图像吸引，然后再移至左侧的文字上。

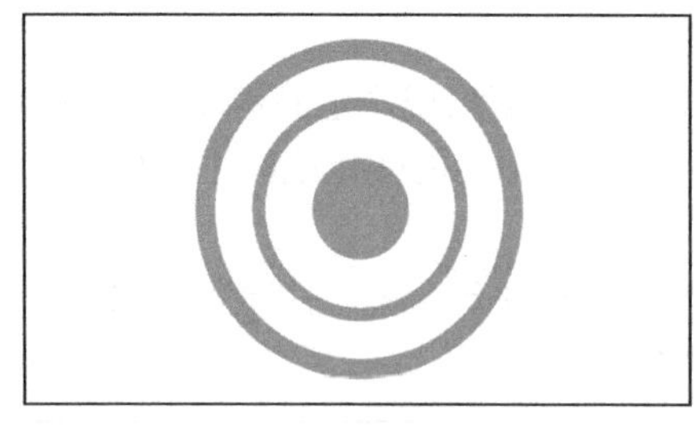

图 2-22　视觉重心

图 2-23　视觉重心的应用

2.4　PPT 的色彩搭配

2.4.1　色彩的基本理论

1．色彩概述

（1）RGB 颜色

PPT 的颜色主要由红（Red）、绿（Green）、蓝（Blue）3 种基本颜色组成，其他的颜色是由这 3 种颜色调和而成的。

（2）颜色的三要素

色相：即色彩的相貌，如红色、橙色、黄色、绿色等。

纯度：也称饱和度或彩度，是指颜色的鲜艳程度，即颜色的色素含量。如果纯度高，则色彩艳丽，否则颜色淡灰。正红色、正黄色、正蓝色等都是纯度极高的颜色，而灰色则是纯度最低的颜色。

明度：也称亮度，是颜色的明暗程度，是各色相中白色的含量。白色是明度最高的色相，白色的明度为 100%，黑色的明度为 0。

2．色彩的含义

色彩在人们的生活中都是有丰富的感情和含义的。例如，红色让人联想起玫瑰，联想到喜庆，联想到兴奋等。不同色彩的含义也各不相同。色彩的含义如表 2-1 所示。

表 2-1　色彩的含义一览表

色　彩	含　义	具 体 表 现	抽 象 表 现
红色	一种对视觉器官产生强烈刺激的颜色，在视觉上容易引起注意，在心理上容易引起情绪高昂，能使人产生冲动、愤怒、热情、活力的感觉	火、血、心、苹果、夕阳、婚礼、春节等	热烈、喜庆、危险、革命等
橙色	一种对视觉器官产生强烈刺激的颜色，由红色和黄色组成，比红色多些明亮的感觉，容易引起注意	橙子、柿子、橘子、橘子、秋叶、砖头、面包等	快乐、温情、积极、活力、欢欣、热烈、温馨、时尚等

（续）

色　彩	含　义	具体表现	抽象表现
黄色	一种对视觉产生明显刺激的颜色，容易引起注意	香蕉、柠檬、黄金、蛋黄、帝王等	光明、快乐、豪华、注意、活力、希望、智慧等
绿色	对视觉器官的刺激较弱，介于冷暖两种色调的中间，显示出和睦、宁静、健康、安全的感觉	草、植物、竹子、森林、公园、地球、安全信号	新鲜、春天、有生命力、和平、安全、年轻、清爽、环保等
蓝色	对视觉器官的刺激较弱，在光线不足的情况下不易辨认，具有缓和情绪的作用	水、海洋、天空、游泳池	稳重、理智、高科技、清爽、凉快、自由等
紫色	由蓝色和红色组成，对视觉器官的刺激综合强度适中，形成中性色彩	葡萄、茄子、紫菜、紫罗兰、紫丁香等	神秘、优雅、女性化、浪漫、忧郁等
褐色	在橙色中加入了一定比例的蓝色或黑色所形成的暗色，对视觉器官刺激较弱	麻布、树干、木材、皮革、咖啡、茶叶等	原始、古老、古典、稳重、男性化等
白色	自然日光是由多种有色光组成的，白色是光明的颜色	光、白云、雪、兔子、棉花、护士、新娘等	纯洁、干净、善良、空白、光明、寒冷等
黑色	为无色相、无纯度之色，对视觉器官的刺激最弱	夜晚、头发、木炭、墨、煤等	罪恶、污点、黑暗、恐怖、神秘、稳重、科技、高贵、不安全、深沉、悲哀等
灰色	由白色与黑色组成，对视觉器官刺激微弱	金属、水泥、砂石、阴天、乌云、老鼠等	柔和、科技、年老、沉闷、暗淡、空虚、中性和高雅等

2.4.2 确定 PPT 色彩的基本方法

1．选取PPT主色和 PPT 辅助色

PPT 设计中都存在主色和辅助色之分。

PPT 主色：视觉的冲击中心点，整个画面的重心点，它的明度、大小、饱和度都直接影响到辅助色的存在形式以及整体的视觉效果。

PPT 辅助色：在整体的画面中应该起到平衡主色的冲击效果和减轻其对观看者产生的视觉疲劳度，起到一定量的视觉分散的效果。

如图 2-24 所示的幻灯片中蓝色为主色，黄色是辅助色。

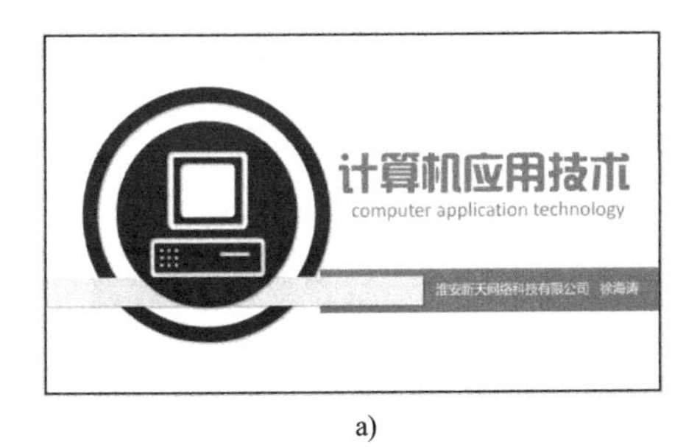

a)

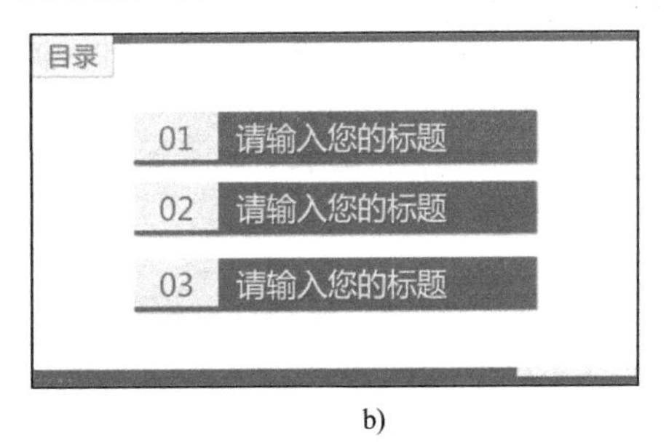

b)

图 2-24　PPT 主色与辅色演示

a) 封面页中主辅色　b) 目录页中主辅色

值得强调的是，在制作 PPT 时如果有两种或多种对比强烈的色彩为主色，必须找到平衡它们之间关系的一种色彩，比如说黑色、灰色、白色等，但需要注意色彩的亮度、对比度和占据的空间比例的大小，在此基础上再选择 PPT 的辅助色。

2．确定 PPT 页面的颜色基调

相同色相的颜色无论是变淡、变深、变灰，总体上都必须有一种色调，是偏蓝或偏红，是偏暖或偏冷等。如果没有一个统一的色调，PPT 页面就会显得杂乱无章。以色调为基础的搭配可以简单分为同一色调搭配、类似色调搭配和对比色调搭配。

（1）同一色调搭配

同一色调搭配是指将相同的色调搭配在一起，形成统一的色调群。

如图 2-25 所示，左侧色环中的两种不同颜色为同一色调。

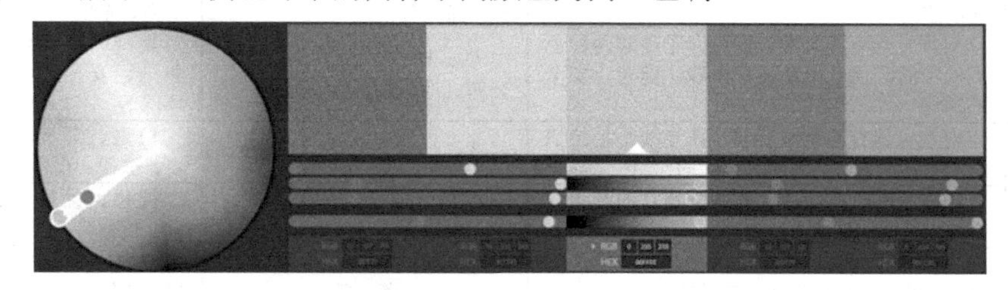

图 2-25　同一色调

（2）类似色调搭配

类似色调搭配是指将色调配置中相邻或相近的两个或两个以上的色调搭配在一起的配色。类似色调的特征在于色调与色调之间有微小的差异，较同一色调有变化，不易产生呆滞感。

如图 2-26 所示，左侧色环中的 5 种不同颜色为类似色调（45° 邻近色关系）。

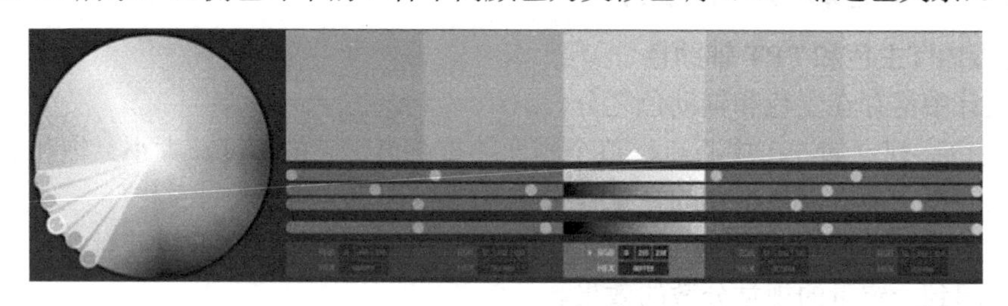

图 2-26　类似色调（45° 邻近色关系）

如图 2-27 所示，左侧色环中的 5 种不同颜色为类似色调（90° 邻近色关系）。

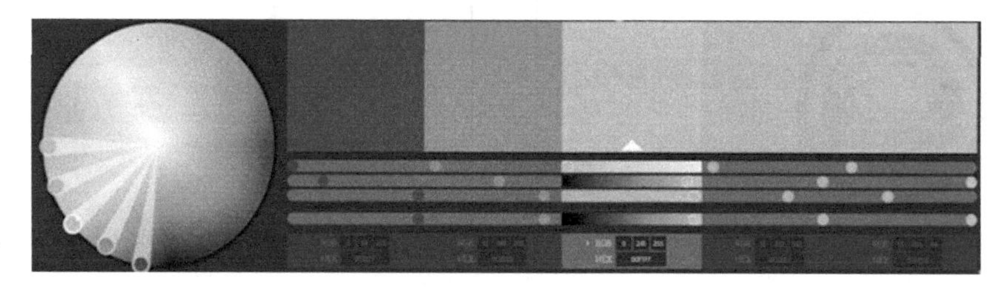

图 2-27　类似色调（90° 邻近色关系）

（3）对比色调搭配

对比色调搭配是指将相隔较远的两个或两个以上的色调搭配在一起的配色。对比色调因色彩的特性差异，造成鲜明的视觉对比，有一种相映或相拒的力量使之平衡，因而产生对比调和感。

如图 2-28 所示，左侧色环中的两种不同颜色为对比色调。

3. 添加黑、白、灰辅助色

在 PPT 配色中，无论什么色彩间的过渡，黑、灰、白色都能起到很好的过渡作用。黑、白色大多是间断式过渡色，灰度则是比较平缓的过渡色，但它们往往并不是最好的过渡色。在利用它们作为PPT辅助色的同时，不要忽略了它们过于稳定性对整个画面所带来的影响。在运用黑、白辅助色的同时，由于自身的特性使它们在视觉的辨别中比其他色彩更容易成为视觉的中心。

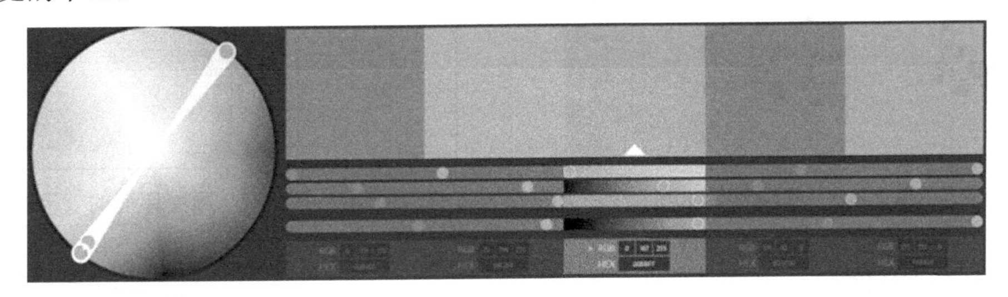

图 2-28　对比色调

简单来说，PPT 配色不外乎色彩的对比、色彩的辅助、色彩的平衡以及色彩的混合。配色道理很简单，读者需要多浏览、多实践、多交流，充分提高自身的综合能力。

2.5　PPT的平面构成

在制作幻灯片的过程中，经常要利用点、线、面、体这几个要素的视觉特性和构成方法来完成幻灯片的设计。

2.5.1　PPT中的点

点在几何学中是不具有大小只具有位置的，但在平面构成中，一个标记点是有大小、形状、位置和面积的。一个物体在不同的环境条件下会产生不同的感觉。

1．点与位置

在一个正方形的平面上，一个黑色圆点放在平面正中，点给人的感觉是稳定和平静；如果这个圆点向上移动，就可以产生力学下落的感觉；如果将多个大小相同的点近距离地设置，会有线的感觉；如果将多个点放在不同的位置，则会使人产生三角形、四边形或者五边形的感觉，如图 2-29 所示。

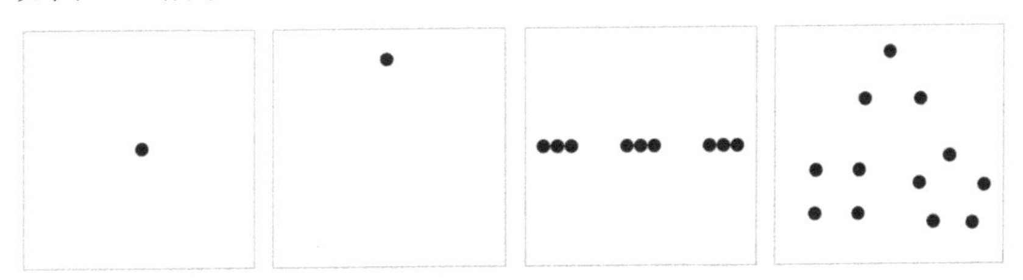

图 2-29　点与位置

2．点与周围环境

点会由周围环境的变化而使人产生不同的感觉。如果周围的点小，中间点就会显得更大；如果周围的点大，则中间的点就会显得更小；上下两个同样大的点，上方的点显得大于下方的点，如图 2-30 的幻灯片所示。如图 2-31 所示的 PPT 中，三个泪滴形状可以被看作是三个点。当上下分布大小相同的形状时，可以看到上方的形状显得大于下方的形状。

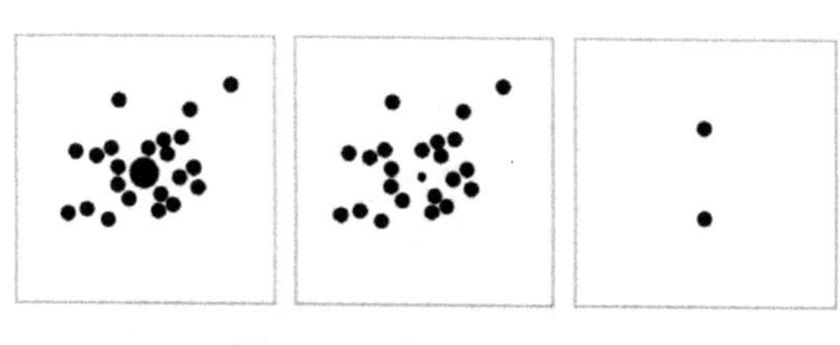

图 2-30　点与周围环境

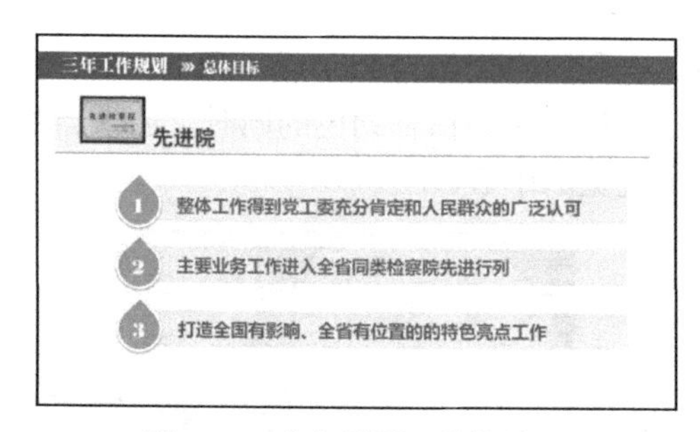

图 2-31　点与周围环境的效果图

2.5.2　PPT 中的线

线是具有位置、方向和长度的一种几何体，可以把它理解为点运动后形成的。与点强调位置与聚集不同，线更强调方向与外形。

线大体上可以分为直线（如平行线、折线、交叉线、发射线、斜线）、曲线（弧线、抛物线、旋涡线、波浪线、自由曲线）、虚线以及锯齿线 4 种类型，如图 2-32 所示。

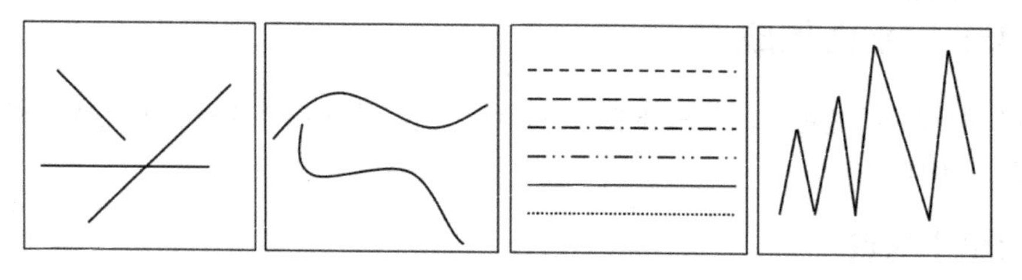

图 2-32　线的类型

各种形态的线具有各自不同的特性。

- 直线：明快、简洁、力量、通畅，有速度感和紧张感。
- 曲线：感性、轻快、优雅、流动、柔和、跳跃，节奏感强。
- 细线：纤细、锐利、微弱，有直线的紧张感。
- 粗线：厚重、锐利、粗犷，严密中有强烈的紧张感。
- 长线：具有持续的连续性、速度性的运动感。
- 短线：具有停顿性、刺激性、较迟缓的运动感。
- 绘图直线：干净、单纯、明快、整齐。
- 铅笔线和毛笔线：自如、随意、舒展。
- 水平线：安定、左右延续、平静、稳重、广阔、无限。
- 垂直线：下落、上升的强烈运动力，明确、直接、紧张、干脆。
- 斜线：具有倾斜、不安定、动势、上升下降的运动感，有朝气。

斜线与水平线、垂直线相比，有在不安定感中表现出生动的视觉效果。

不同粗细的线、直线与细线搭配使用幻灯片中，使幻灯片更具层次感和秩序感，如图 2-33 和图 2-34 所示。

2.5.3　PPT 中的面

点的密集或者扩大，线的聚集或者闭合都会生出面。面是构成各种可视形态的最基本的形。在平面构成中，面是具有长度、宽度和形状的实体。它在轮廓线的闭合内，给人以明确、突出的感觉。

图 2-33　不同粗细线的应用　　图 2-34　直线与细线的混合使用

面体现了充实、厚重、整体、稳定的视觉效果。面的构成形式可以分为以下几种。

1. 几何图形

几何图形的面是表现规则、平稳的视觉效果较为理想的图形。它又可分为直线形（如矩形、三角形和梯形）和曲线形（如椭圆和圆形）两种。

在幻灯片中绘制的除线条以外的任意一种形状，都可以被看作一个面。例如，在图 2-35 所示的幻灯片中，其中的“矩形”形状即可看作一个几何图形的面。

2. 自然图形

不同外形的物体以面的形式出现后，给人以更为生动、厚实的感觉。自然图形是具体的、客观的视觉表征形象，例如人、鸟、花草、山水等，在如图 2-36 所示的图中，人的外形可被看作自然图形的面。

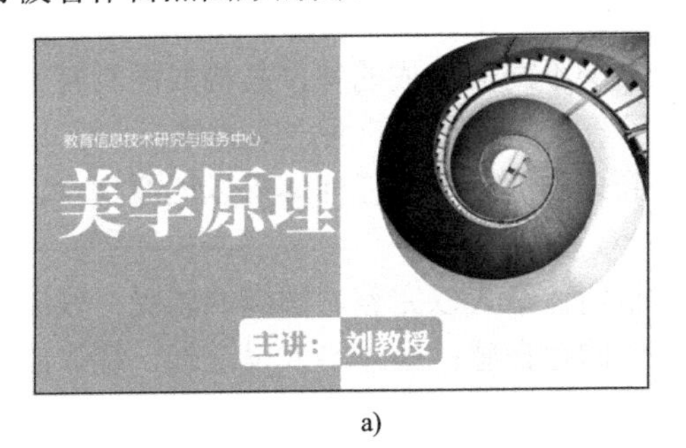

a)

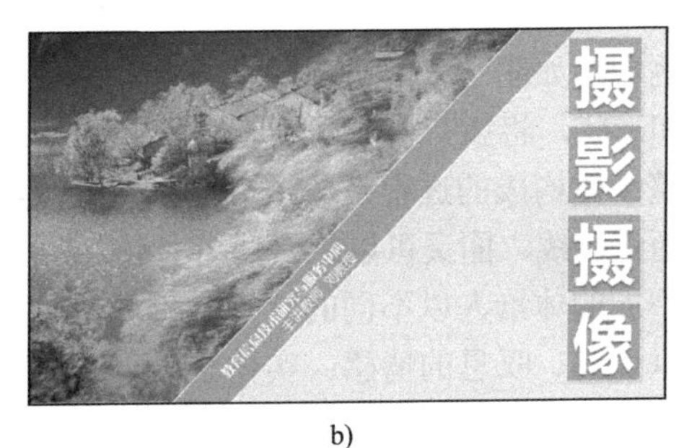

b)

图 2-35　几何图形的应用

a) 矩形、圆角矩形等几何形状的应用　b) 梯形、正方形、平行四边形的应用

3. 人造图形

人造图形的面本身具有较为理性的人文特点，它是设计师有意识地创造出来的效果，在如图 2-37 所示的图中，背景中的绿色形状则构成曲线柔和、形态自然的人造图形。

4. 偶然图形

偶然图形是偶然形成的形状，如摔碎墨瓶时墨水的喷溅、油漆流淌的痕迹等，如图 2-38 所示。偶然图形的面自由、活泼而富有弹性，在如图 2-38b 所示图中，墨迹背景衬托得荷花更有意境。

图 2-36　自然图形的应用

图 2-37　人造图形的应用

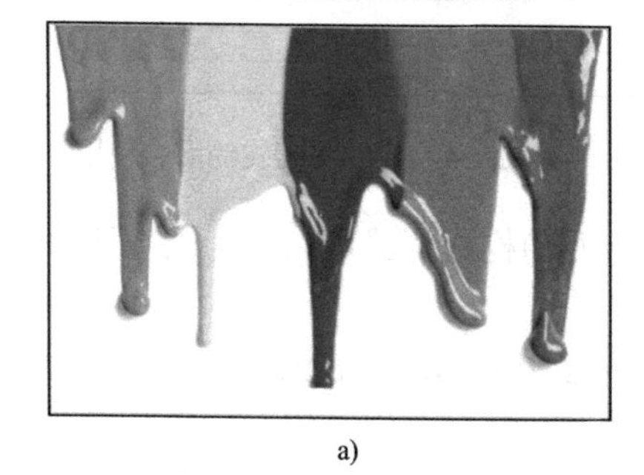

a)

b)

图 2-38　偶然图形的应用

a) 油漆流淌的偶然图形　b) 墨迹偶然图形

2.5.4　幻灯片中的体

完全依赖点、线、面所表达出的形象，就构成了体。体的特征来自于点、线、面的综合，因为出现在平面上的体本身是一个幻象，而不是一个真实的存在。

例如，如图 2-39 所示的立方体就是一个由多个不同面构成的体，其构成面具有一定的大小和形状，将所有构成面组合在一起，就形成了一个更具厚度的面，即为体。

整个体构成的过程是一个分割到组合或组合到分割的过程。任何体可以还原到点、线、面，而点、线、面又可以组合成各种体。

不同的体给人以不同的感受。例如，一个完整的体给人以完整、圆满的感受；残缺的体给人以遗憾、叹息的情感；实体给人以真实、可信的存在感；虚体给人以空幻、缥缈的虚无感；大的体给人以量的压抑；小的体给人以紧密的收缩感；几何体给人以严谨感；自由体给人以轻松感；抽象体给人以科幻的超越感，迷幻的神秘感、奇异感。

在如图 2-40 所示的幻灯片中，通过图形绘制与颜色调整，形成多个实体的组合，给人以真实、严谨的感受。

图 2-39　幻灯片中的体

图 2-40　幻灯片中的体的应用

2.6 PPT 制作中的图像处理技巧

2-1 Photoshop CC 的操作界面

2.6.1 认识 Photoshop CC 的操作界面

Photoshop 是一个功能强大的图形图像处理软件。Photoshop CC 的操作界面主要由菜单栏、工具属性栏、工具箱、面板栏、文档窗口和状态栏等组成，如图 2-41 所示。下面介绍这些功能项的含义。

图 2-41 Photoshop 的操作界面

菜单栏：菜单栏是软件各种应用命令的集合处，从左至右依次为文件、编辑、图像、图层、选择、滤镜、分析、视窗、窗口、帮助等菜单，这些菜单集合了 Photoshop 的上百个命令。

工具箱：工具箱中集合了图像处理过程中使用最为频繁的工具，使用它们可以绘制图像、修饰图像、创建选区以及调整图像显示比例等活动。它的默认位置在工作界面左侧，拖动其顶部可以将它拖放到工作界面的任意位置。工具箱顶部有个折叠按钮，单击该按钮可以将工具箱中的工具排列紧凑。

工具属性栏：在工具箱中选择某个工具后，菜单栏下方的属性栏就会显示当前工具对应的属性和参数，用户可以通过设置参数来调整工具的属性。

面板栏：面板栏是 Photoshop 中进行颜色选择、图层编辑、路径编辑等的主要功能面板。单击面板栏左上角的扩展按钮，可打开隐藏的控制面板组。如果想尽可能显示工具区，单击面板栏右上角的折叠按钮可以最简洁的方式显示面板栏。

文档窗口：文档窗口是对图像进行浏览和编辑的主要场所。文档窗口标题栏主要显示当前图像文件的文件名及文件格式、显示比例及图像色彩模式等信息。

状态栏：状态栏位于窗口的底部，最左端显示当前文档窗口的图像显示比例，在其中输入数值后按〈Enter〉键可以改变图像的显示比例；中间显示当前图像文件的大小；右端显示当前所选工具及正在进行的操作的功能。

2.6.2 通过 Photoshop 抠图获取 PNG 图片

2-2　入门基本操作

PNG 是目前较流行的图像文件存储格式，同时具有 GIF 和 TIFF 文件格式的优点。

大家会经常看到 PPT 中有漂亮清晰的图片，然而在前期拍摄的图片中通常会存在一些不足，这就需要通过 Photoshop 进行后期的处理。本案例通过对所拍摄笔记本计算机的图片进行调整、装饰，以实现更好的效果，案例效果如图 2-42 所示。

图 2-42　幻灯片中的 PNG 图片效果

下面使用 Photoshop 软件来完成透明的 PNG 图片的抠取，操作步骤如下。

1）打开 Photoshop，执行“文件”→“打开”菜单命令，在弹出的对话框中找到“笔记本计算机.jpg”并打开，如图 2-43 所示。

2）选择魔棒工具，单击图片中的绿色区域，这时所有绿色区域将会被选中，如图 2-44 所示。

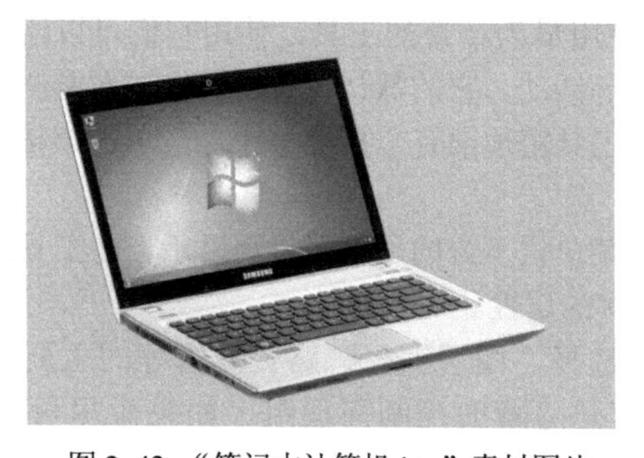

图 2-43　“笔记本计算机.jpg”素材图片

图 2-44　使用“魔棒工具”选择绿色背景

3）执行“选择”→“反向”菜单命令（快捷键〈Ctrl+Shift+I〉）选中笔记本计算机，如图 2-45 所示，然后执行“编辑”→“拷贝”菜单命令（快捷键〈Ctrl+C〉），复制被选中的笔记本计算机图片。

4）执行“文件”→“新建”命令（快捷键〈Ctrl+N〉），在弹出的“新建”对话框中，“颜色模式”选择“RGB 颜色”，“背景内容”选择“透明”，单击“确定”按钮，如图 2-46 所示。

图 2-45　执行“反向”命令

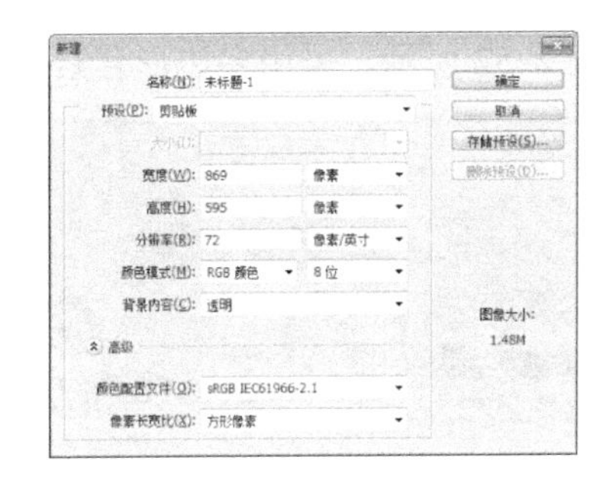

图 2-46　新建背景透明的图片

5）执行“编辑”→“粘贴”菜单命令（快捷键〈Ctrl+V〉），在新建的文件中粘贴图片，执行“文件”→“保存”菜单命令（快捷键〈Ctrl+S〉）保存图像文件，如图 2-47 所示，选择保存格式为 PNG 格式，如图 2-48 所示。

图 2-47　粘贴图片

图 2-48　保存图片

6）打开 PowerPoint 365 软件，插入刚刚保存的图片就可了，如图 2-42 所示。

2.6.3　使用 Photoshop 多边形套索工具获取 PNG 图片

2-3　图像抠图综合提高

“多边形套索工具”可以制作折线轮廓的多边形选区，使用时先将鼠标移到图像中单击以确定折线的起点，然后再陆续单击其他折点来确定每一条折线的位置。最终当折线回到起点时，光标会出现一个小圆圈，表示选择区域已经封闭，这时再单击鼠标即可完成选区操作。

如图 2-49 所示，使用“多边形套索工具”抠取图像后，将图像插入 PPT 后的效果如图 2-50 所示。

图 2-49　“汽车.jpg”素材图片

图 2-50　插入 PNG 图像后的 PPT 效果

如图 2-52 所示，采用多边形套索工具将汽车抠取出来，如图 2-51 所示。

a)

b)

图 2-51　多边形套索工具抠取图像

a) 绘制选区　b) 抠取的图像效果

技巧：在图像抠取过程中，如果图像超出窗口时，可以按住键盘上的空格键切换到“抓手工具”，对图像进行移动，松开空格键后恢复至多边形套索工具继续操作。按一次〈Delete〉键，可以删除最近所画的所有选区的一个选择点，根据需要删除几个点就按几次〈Delete〉键，直到剩下想要保留的部分，松开〈Delete〉键即可。

2.6.4　从 PSD 文件中获取 PNG 图片

通常，PSD 格式的文件中都有很多图层，如果想提取某一图层的图像，首先要下载 PSD 格式的图片，例如到网上下载优秀的 PSD 格式的图片，例如登录“网页设计师联盟——国内网页设计综合门户”的模板频道（http://sc.68design.net/mb），即可下载各类 PSD 格式的图片。

从 PSD 文件中获取 PNG 图片的方法如下。

1）打开下载的 PSD 文件，单击图层旁边的眼睛图标，如图 2-52 所示，仅显示要提取的图像所在的图层（例如，左侧的“阿克苏纸皮核桃 500g”），并单击眼睛图标右侧的图层；按快捷键〈Ctrl+A〉全选图像，然后按快捷键〈Ctrl+C〉复制。

2）执行“文件”→“新建”菜单命令（快捷键〈Ctrl+N〉），在弹出的“新建”对话框中，“颜色模式”选择“RGB 颜色”，“背景内容”选择“透明”，单击“确定”按钮，结果如图 2-53 所示。执行“编辑”→“粘贴”菜单命令（快捷键〈Ctrl+V〉）在新建的文件中粘贴图片，执行“文件”→“保存”菜单命令（快捷键〈Ctrl+S〉）保存图像文件，选择保存格式为 PNG 格式。

图 2-52　从 PSD 文件中提取图片

图 2-53　提取的 PNG 图片

3）用同样的方法提取大枣、葡萄干等图片，打开 PowerPoint 365 软件，插入上述图片就可以了，如图 2-54 所示。

图 2-54　插入 PNG 图片后的 PPT 页面效果

2.6.5　从矢量素材中导出 PNG 图片

对于从网络上下载的一些矢量素材，提取素材并保存为 PNG 格式，同样可以用于 PPT 的制作，具体方法如下。

1）安装 Adobe Illustrator 软件，下载 AI、EPS 等格式的矢量图形，使用 Adobe Illustrator 软件打开下载的矢量素材，选择需要导出的部分，如图 2-55 所示，按快捷键〈Ctrl+C〉复制。

2）按快捷键〈Ctrl+N〉新建一个文件，然后按快捷键〈Ctrl+V〉粘贴，如图 2-56 所示。

图 2-55　从 EPS 矢量文件中提取图片

图 2-56　提取的 PNG 图片

3）执行“文件”→“导出”菜单命令，如图 2-57 所示，在弹出的“导出”对话框（如图 2-58 所示）中，在“保存类型”下拉列表框中选择“PNG（*.PNG）”类型，单击“保存”按钮，弹出“PNG 选项”对话框，单击“确定”按钮即可完成图片的提取，如图 2-59 所示。

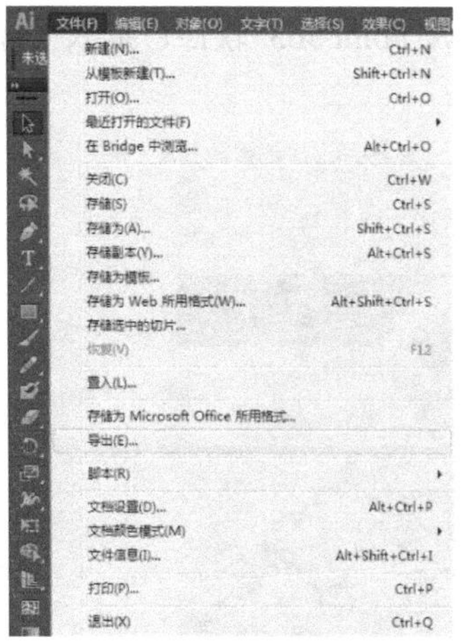

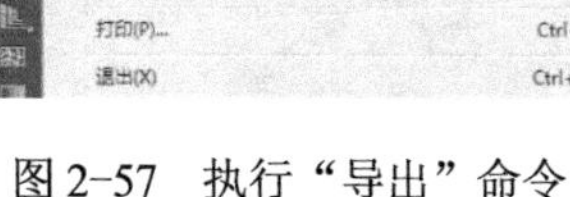

图 2-57　执行“导出”命令　　　　图 2-58　设置文件保存类型

4）打开 PowerPoint 365 软件，插入刚刚保存的图片就可以了，如图 2-60 所示。

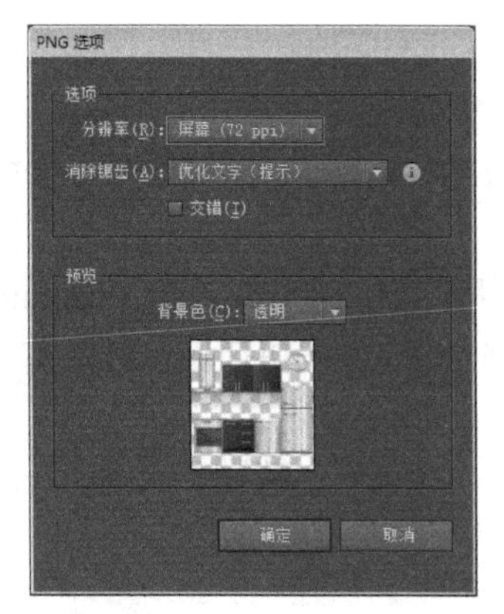

图 2-59　设置 PNG 选项

图 2-60　插入 PNG 图片后的 PPT 页面效果

2.7　拓展训练

1）浅谈 PPT 的风格定位流程。

2）举例说明封面设计中的基本要素。

3）使用百度浏览器，搜索 5 个上下布局结构的 PPT 模板。

4）登录演界网，搜索 5 个适合现代信息产业企业使用的左右布局结构的 PPT 模板。

5）登录 68design 网站（http://www.68design.net），进入“素材”栏，搜索 5 个 PSD 格式的文件并提取 PNG 图片。

第3章　PPT策划

3.1　需求分析

需求分析是指对要解决的问题进行详细的分析，弄清楚问题的要求，如需要输入什么数据，要得到什么结果，最后应输出什么结果。幻灯片设计过程中的需求分析就是确定幻灯片的类型，以及想要达到的效果。

3.1.1　定位分析

微软公司的PowerPoint主要用来设计、制作和展示的电子演示文稿软件，它使演示文稿的制作更加容易和直观。PowerPoint已经成为人们在日常生活、工作、学习中使用最多、最广泛的演示文稿软件。依据应用主体、内容、目的以及要求的不同，常用的演示文稿可以分为以下几种类型。

1．工作汇报类

工作汇报类PPT主要用于工作进度介绍、年终总结、项目总结、活动总结、学习总结。有工作，就需要总结；有总结，自然需要汇报演示。随着信息化的推进，工作汇报类PPT应用越来越广泛。图3-1所示为学校团委的年度工作汇报PPT。

2．企业宣传类

企业宣传类PPT主要用于企业形象展示与产品推介等场合。考虑到画册是平面的、静态的，缺乏时效性，难以营造整体氛围，视频宣传片成本高、缺乏互动。企业宣传类PPT正好弥补了以上两种宣传方式的不足。图3-2所示为企业宣传类PPT。

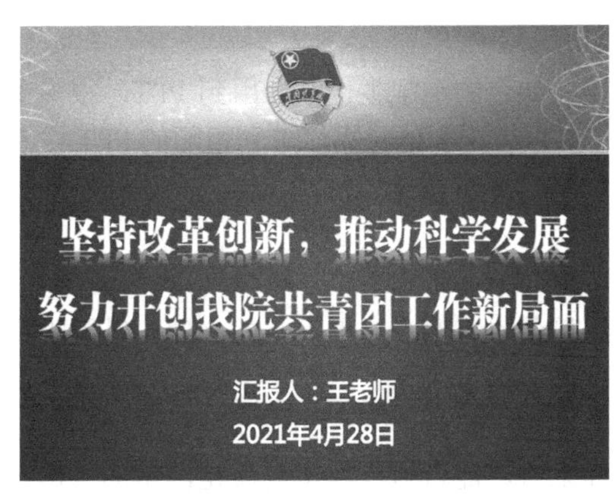

图3-1　工作汇报类PPT

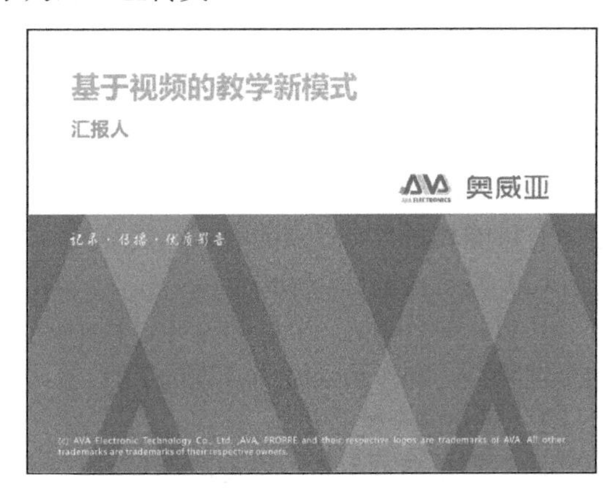

图3-2　企业宣传类PPT

3．教学课件类

教学课件类PPT可以帮助学生更好地融入课堂氛围，吸引学习者关注课堂教学知识，帮助学生增进对所学知识的理解，从而更好地实现教学目标。图 3-3 所示为“圆弧的圆心都去哪里了”的教学课件类 PPT。

4．项目答辩类

项目答辩类 PPT 是政府机关、企事业单位、高等学校、科研院进行项目答辩时选用的主要方式。演示者使用项目答辩类 PPT 可以向受众清晰地介绍项目背景、建设目标、建设内容、进度安排、经费预算等内容。图 3-4 所示为教学资源库项目申报的演示文稿。

图 3-3　教学课件类 PPT

图 3-4　项目答辩类 PPT

3.1.2　受众分析

一个优秀的 PPT 演示文稿，除了考虑项目的定位之外还要考虑演示文稿的受众人群。通常受众分析包括以下几点。

1．受众的心理分析

许多 PPT 初学者很容易满足于自己制作的演示文稿，并且期待着受众也能给予同样的赞许。事实上，绝大多数时候汇报者都得不到受众的赞许，主要有以下三点原因。

（1）演示有时是一项枯燥的工作

做演示是一项工作，听演示同样也是一项工作。观众需要了解专业的术语，需要分析复杂的数据，还要对汇报者的演示进行点评。就像对待许多其他工作一样，很多人都选择逃避。

（2）很多人对 PPT 司空见惯

PPT 演示被人们所熟知已经有十几年的时间了，如今的小学生也常会用到 PPT。很多受众听过各类汇报，看过各类演示，做过各类 PPT。汇报者绝不能有靠简单和粗陋的 PPT 蒙混过关的侥幸心理。汇报者完成了自己的 PPT 作品时，需要再修改、再完善。只有这样，汇报者才有可能真正得到受众的喝彩和赞许。

（3）没有控制好演示时间

所以，制作者在 PPT 的设计过程中要考虑到听众的感受，分析听众的心理，以及听众的个性特点，制作演示时间合理的 PPT。

2．受众的个性分析

由于受众参差不齐，当无法满足所有受众的需求时，能否抓住决策者就是演示的关键。以下是关于 PPT 制作的经验与总结，难免有偏颇之处，仅供读者参考。

不同年龄的受众的偏好分析如表 3-1 所示。

表 3-1　不同年龄的受众偏好分析

	年轻人	年长者
色彩	清淡	浓重
质感	简洁	立体
文字	少	多
结构	跳跃	连贯
画面	活泼	严谨
风格	多变	统一
速度	快	慢

不同职业背景的受众的偏好分析见表 3-2 所示。

表 3-2　不同职业背景的受众的偏好分析

	政府职员	国内企业职员	欧美企业职员	学校师生
色彩	浓重	浓重	清淡	浓重
质感	立体	立体	简洁	立体
文字	多	多	少	多
结构	连贯	连贯	连贯	跳跃
画面	严谨	严谨	活泼	活泼
风格	统一	统一	统一	多变
速度	慢	快	快	慢

不同知识背景的受众的偏好分析见表 3-3 所示。

表 3-3　不同知识背景的受众的偏好分析

	学历低	学历高
色彩	浓重	清淡
质感	立体	简洁
文字	多	少
结构	跳跃	连贯
画面	活泼	严谨
风格	多变	统一
速度	慢	快

不同地域文化背景的受众的偏好分析见表 3-4 所示。

表 3-4　不同地域文化背景的受众的偏好分析

	东方文化背景	西方文化背景
色彩	浓重	清淡
质感	立体	简洁
文字	多	少
结构	跳跃	连贯
画面	活泼	严谨
风格	多变	统一
速度	慢	快

3.1.3 环境分析

1. 计算机演示

计算机演示是指演示者通过计算机显示器针对少数受众的演示讲解。因为显示器尺寸较小，所以 PPT 背景不宜过分复杂，以简洁的浅色背景为宜，画面简洁、图表结合、重点突出，文字不宜过大。

2. 会场演示

会场演示是指演示者通过投影仪、大型数字屏幕等尺寸较大的显示设备以及话筒等声音设备面向受众的演示交流。考虑到投影幕自身不发光，而是依靠反光成像，演示文稿不宜使用纯色背景，因为观看时间一长观众就容易产生疲劳感。在会议室环境中，室内光线较亮，不宜使用纯黑等深色背景，幻灯片内容与背景之间的对比度要尽可能增大，以突出主题和内容。为了使距离较远的观众不受画面清晰度影响，要尽可能减少文字、放大字号。

3.2 内容策划

通常制作者拿到的文字材料篇幅较长，如果这些文字资料都通过 PPT 展现出来，演示文稿就会显得烦冗、逻辑混乱、缺乏重点。所以制作者有必要对文字材料及相关资料进行总结提炼，实际上这就是一个去粗取精、去伪存真、由表及里、由外及内的过程。

3.2.1 提炼核心观点

抓住了文字材料的核心观点，也就抓住了演示文稿的主旨。所以，演示文稿的内容策划的第一步就是对资料的取舍，删除与 PPT 主旨无关的内容。

提炼文字材料核心观点的步骤如图 3-5 所示。

图 3-5 核心观点的提炼方式

下面通过举例为读者演示几种提炼核心观点的具体方法。

1. 标题转换法

对于大部分的新闻、讲话、议论文来说，标题就是核心观点，主标题、副标题、各个子标题都可以转换为核心观点。下面举例说明。

---------- 案例文章 ----------

例：节选自《上海 28 家三级医院对口帮扶云南 28 家贫困县县级医院》[1]

中新网 上海 5 月 20 日电 20 日，上海三级医院对口帮扶云南贫困县县级医院正式在云南昆明签约，上海 28 家三级医院与云南 28 家贫困县县级医院签订合作协议。28 支医疗队 5 月底将全部到位。

这意味着，新一轮为期 5 年的卫生对口合作交流工作正式启动，上海市 28 支医疗队 5 月底前将全部到达对口帮扶医院。上海市卫生计生委主任邬惊雷、云南省卫生计生委主任李玛琳出席签约仪式。

[1] http://www.chinanews.com/gn/2016/5-20/7878168.shtml.

上海市卫生计生委20日表示，上海积极实施健康扶贫、精准扶贫工程，统筹申城优质资源，组织此间28家三级医院与云南省28家贫困县县级医院建立稳定持续的“组团式”对口帮扶机制，以助力保障农村贫困人口享有基本医疗卫生服务，努力防止因病返贫、因病致贫。

据悉，上海市卫生计生委积极打造援滇工作“精准版”，在覆盖面上更加注重广度：前两轮由上海24家医院对口支援，这次增加到28家三级医院，增添了部分专科医院参加；同时，上海在帮扶内涵上更加注重深度。据介绍，以前上海的帮扶主要是与云南省经济条件较好的县级医院和地市级医院结对，本次帮扶工作除了提高结对医院常见病、多发病、部分急危重症诊疗能力外，各医疗队还将向基层下沉，进一步做好建档立卡贫困户的医疗帮扶工作，在贫困人口流行病学调查、医疗卫生需求等方面开展摸底，采取巡回医疗、远程医疗等多种方式，有针对性地开展健康扶贫工作。

上海市28家三级医院已经主动与云南省的结对医院沟通，完成了调研报告、援建规划，以及援助责任书等前期对接。

-- 结束 --

解析：这是一篇普通的新闻稿，大标题就是核心观点。

2．段落提炼法

工作汇报的核心观点通常在开篇；科学论文的核心观点通常在摘要里；演讲报告的核心观点通常在报告的最后，演讲者一般会最后总结和陈述。下面举例说明。

-- 案例文章 --

例：节选自《中央城镇化工作会议的六大任务》[2]

第一，推进农业转移人口市民化。解决好人的问题是推进新型城镇化的关键。从目前我国城镇化发展要求来看，主要任务是解决已经转移到城镇就业的农业转移人口落户问题，努力提高农民工融入城镇的素质和能力。要根据城市资源禀赋，发展各具特色的城市产业体系，强化城市间专业化分工协作，增强中小城市产业承接能力，特别是要着力提高服务业比重，增强城市创新能力。全面放开建制镇和小城市落户限制，有序放开中等城市落户限制，合理确定大城市落户条件，严格控制特大城市人口规模。推进农业转移人口市民化要坚持自愿、分类、有序，充分尊重农民意愿，因地制宜制定具体办法，优先解决存量，有序引导增量。

第二，提高城镇建设用地利用效率。要按照严守底线、调整结构、深化改革的思路，严控增量，盘活存量，优化结构，提升效率，切实提高城镇建设用地集约化程度。耕地红线一定要守住，红线包括数量，也包括质量。城镇建设用地特别是优化开发的三大城市群地区，要以盘活存量为主，不能再无节制扩大建设用地，不是每个城镇都要长成巨人。按照促进生产空间集约高效、生活空间宜居适度、生态空间山清水秀的总体要求，形成生产、生活、生态空间的合理结构。减少工业用地，适当增加生活用地特别是居住用地，切实保护耕地、园地、菜地等农业空间，划定生态红线。按照守住底线、试点先行的原则稳步推进土地制度改革。

第三，建立多元可持续的资金保障机制。要完善地方税体系，逐步建立地方主体税种，建立财政转移支付同农业转移人口市民化挂钩机制。在完善法律法规和健全地方政府性债务管理制度基础上，建立健全地方债券发行管理制度。推进政策性金融机构改革，当前要发挥好现有政策性金融机构在城镇化中的重要作用，同时研究建立城市基础设施、住宅政策性金融机构。放宽市场准入，制定非公有制企业进入特许经营领域的办法，鼓励社会资本参与城市公用设施投资运营。处理好城市基础设施服务价格问题，既保护消费者利益，又让投资者有长期稳定收益。

---

[2] http://www.xinhuanet.com//photo/2013-12/14/c_125860074.htm.

第四，优化城镇化布局和形态。推进城镇化，既要优化宏观布局，也要搞好城市微观空间治理。全国主体功能区规划对城镇化总体布局做了安排，提出了“两横三纵”的城市化战略格局，要一张蓝图干到底。我国已经形成京津冀、长三角、珠三角三大城市群，同时要在中西部和东北有条件的地区，依靠市场力量和国家规划引导，逐步发展形成若干城市群，成为带动中西部和东北地区发展的重要增长极，推动国土空间均衡开发。根据区域自然条件，科学设置开发强度，尽快把每个城市特别是特大城市开发边界划定，把城市放在大自然中，把绿水青山保留给城市居民。

第五，提高城镇建设水平。城市建设水平，是城市生命力所在。城镇建设，要实事求是确定城市定位，科学规划和务实行动，避免走弯路；要体现尊重自然、顺应自然、天人合一的理念，依托现有山水脉络等独特风光，让城市融入大自然，让居民望得见山、看得见水、记得住乡愁；要融入现代元素，更要保护和弘扬传统优秀文化，延续城市历史文脉；要融入让群众生活更舒适的理念，体现在每一个细节中。建筑质量事关人民生命财产安全，事关城市未来和传承，要加强建筑质量管理制度建设，对导致建筑质量事故的不法行为，必须坚决依法打击和追究。在促进城乡一体化发展中，要注意保留村庄原始风貌，慎砍树、不填湖、少拆房，尽可能在原有村庄形态上改善居民生活条件。

第六，加强对城镇化的管理。要加强城镇化宏观管理，制定实施好国家新型城镇化规划，有关部门要加强重大政策统筹协调，各地区也要研究提出符合实际的推进城镇化发展意见。培养一批专家型的城市管理干部，用科学态度、先进理念、专业知识建设和管理城市。建立空间规划体系，推进规划体制改革，加快规划立法工作。城市规划要由扩张性规划逐步转向限定城市边界、优化空间结构的规划。城市规划要保持连续性，不能政府一换届、规划就换届。编制空间规划和城市规划要多听取群众意见、尊重专家意见，形成后要通过立法形式确定下来，使之具有法律权威性。

--- 结束 ---

解析：这是一篇新闻稿，每个段落阐述一个观点（任务），每段的开头第一句都是该段的中心句。在 PPT 演示中，只需将中心句提出来即可，论据需要演讲者进行阐述。

3. 关键字词提炼法

关键字词提炼法相比段落提炼法需要更精练的文字加以概括，提炼出的字词必须能够反映原段落或句子的主要内容，并且保持原文的中心思想不变。下面举例说明。

--- 案例文章 ---

例：某购物网站用户购买商品步骤

1. 登录网站。
2. 选择所在地。
3. 单击所需购买物品。
4. 拖拽物品到理想的位置。
5. 选择合适的物品尺寸。
6. 通过支付平台或者网银付款。
7. 确认收到物品，进行评价。

--- 结束 ---

解析：这是某电子商务公司对外宣传演示文稿，通过剖析句子可以得出关键字：登、选、点、拽、择、买、评，可以将上述关键字作为 PPT 演示内容，使听众抓住要点再加以阐述。

-- 案例文章 --

例：《微课教学设计的16条建议》

1. 时刻谨记你的教学对象是谁。
2. 一个微课程只说一个知识点。
3. 课程尽量控制在10分钟之内。
4. 不要轻易跳过教学步骤，即使是很简单、很容易的内容。
5. 要给学习者提示性信息。
6. 问题的设计：基本问题、单元问题、核心问题。
7. 对重要的基本概念，要说清楚是什么，还要说清楚不是什么。
8. 用文字补充微课程不容易说清楚的地方。
9. 在学习导航指导下看视频。
10. 把微课程与相关资源和活动联系起来。
11. 明确评价方法和考试方式。
12. 要介绍主讲老师本人的情况，让学生了解老师。
13. 要与其他教学活动相配合：在微课程中适当位置设置暂停，或者在后续中提示，便于学生浏览。
14. 要有一个简短的总结：概括要点，帮助学习者梳理思路、强调重点和难点。
15. 留心学习其他领域的设计经验、注意借鉴、模仿与创造。
16. 在细节方面注意：颜色搭配、速度、画面简洁、录制环境安静。

-- 结束 --

解析：通过对句子剖析，将上述建议归纳为四个字的词语：谨记对象，一个知识，控制时间，忽略步骤，提示信息，设计问题，说清概念，文字补充，受教观片，相互链接，明确方式，自我介绍，暂停提示，简短总结，借鉴模仿，注意细节。这些词语作为PPT要显示的内容，不仅高度凝练，使听众快速抓住重点，而且形式统一、对仗工整、简洁美观。在演示过程中，演讲者再对词语加以解释，听众会有更深刻认识。

3.2.2 寻找思维线索

寻找思维线索是对整个文字材料各个部分进行系统的把握，突出重点。根据演示文稿的类型，有以下几种寻找思维线索的方式。

（1）工作汇报的一般思路，如图3-6所示。

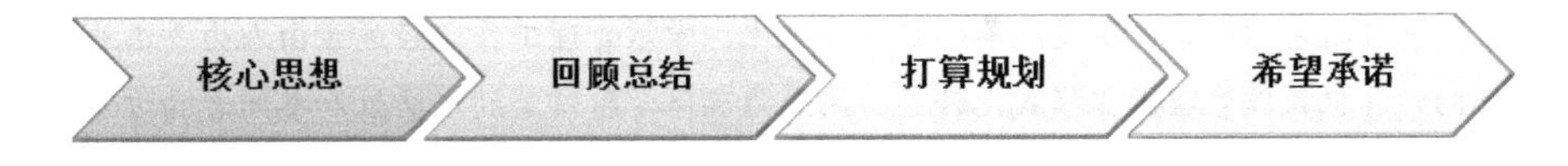

图3-6　工作汇报的一般思路

（2）企业宣传的一般思路，如图3-7所示。

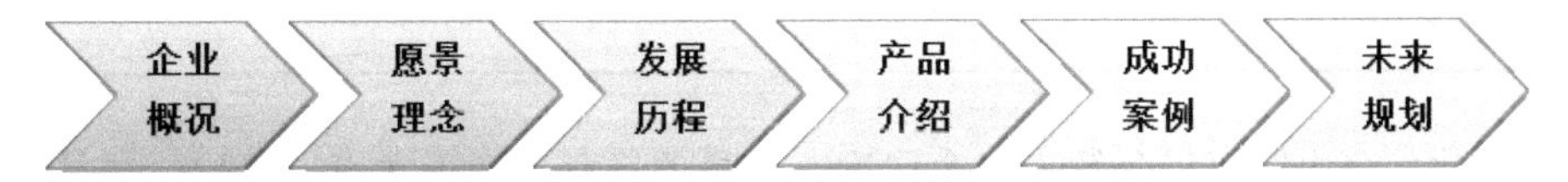

图3-7　企业宣传的一般思路

（3）教学课件的一般思路，如图 3-8 所示。

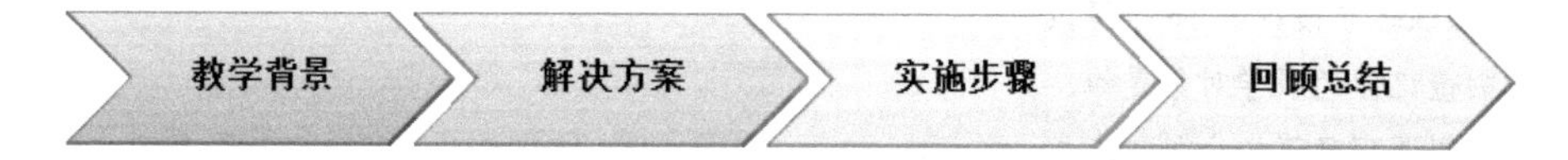

图 3-8　教学课件的一般思路

（4）项目答辩的一般思路，如图 3-9 所示。

图 3-9　项目答辩的一般思路

3.2.3　分析逻辑关系

分析逻辑关系是对各重点内容进行深入解析，确定 PPT 细节方面的取舍。主要任务是分析各细节内容的真实性、重要性，以及各主要线索之间的逻辑合理性。

-- 案例文章 --

例：节选自某项目立项申请书

研究的背景及意义

随着院校的扩招，学校的学生数量急剧增多，办学的规模也不断扩大，尤其是学分制的逐步推行，学籍异动情况日渐频繁，这就使得各类院校的学籍管理工作变得异常复杂，另外，学籍管理系统是学校管理的一个重要组成部分，是一项时间性强、工作量大、信息复杂、质量要求高且影响全局的工作，因此，设计并实现一个学籍管理系统具有较大的现实意义和使用价值。

一直以来，部分院校的教务人员使用传统人工管理方式进行学籍档案管理，这已经不能满足当下学校对学籍信息管理要求。传统的人工管理方式工作量大且效率低、保密性差，容易将产生的大量文件丢失或弄混，对数据的查找、更新和维护都带来了不少困难。另外，在学籍管理中，需要从大量的日常教学活动中提取相关信息，反映教学情况，目前的手工操作方式存在易发生数据丢失、统计错误、劳动强度高、速度慢等诸多问题。使用计算机可以高速、快捷地完成以上工作。在计算机联网后，数据在网上传递，可以实现数据共享，避免重复劳动，规范教学管理行为，从而提高了管理效率和水平。

针对以上情况，这就迫切需要有一套全新而且高效的信息管理系统，由计算机来代替手工完成学生信息资料的管理。并且随着学校管理制度改革的进一步深化，学籍管理工作已经逐步由人力手工业务操作管理模式填写管理向计算机软件管理操作模式化转变。因此为确保学籍信息的可靠性和参阅者的方便，设计和实现一个科学有效的计算机软件管理系统是学校管理系统改革发展的必然趋势。

另外，学籍管理系统能致力于给学籍管理员提供一个简单的操作管理界面，帮助学籍管理人员从传统繁重的人力手工业务操作管理模式中解脱出来，极大地提高工作效率和管理效率，降低管理成本，增强学校的综合竞争力和可持续发展活力，为学校的健康发展提供强有力的服务和支持。

-- 结束 --

解析：此部分内容可以分解为三个层次，一是项目背景（正文第 1 段）；二是存在问题（正文第 2 段）；三是项目意义（正文第 3、4 段）。

分析逻辑关系后，需要在 PPT 中演示的内容如下。

项目背景：学生数量急剧增多，办学规模不断扩大，学分制逐步推行，设计并实现一个学籍管理系统具有较大的现实意义和使用价值。

存在问题：速度慢、强度高、效率低、保密性差、易丢失。

项目意义：网络化、速度快、强度低、效率高、保密性强、不易丢失。

3.2.4 删除次要信息

删除与主题无关或者关系度不够紧密的内容，保留主要内容。

3-1 PPT 框架设计

3.3 PPT 框架设计

3.3.1 PPT 框架的设计方法

PPT 采用线性的逻辑方式表达内容，所以制作 PPT 就需要有清晰的框架结构。在正式制作 PPT 之前，制作者需要对内容进行梳理，并借助纸笔、办公软件、思维导图软件等工具构建 PPT 框架草图。PPT 框架草图完成的质量直接影响后面的工作效率。PPT 框架图的制作步骤如下。

1）初步梳理文稿内容，把要表达的内容想象成一张张的幻灯片，如图 3-10 所示。

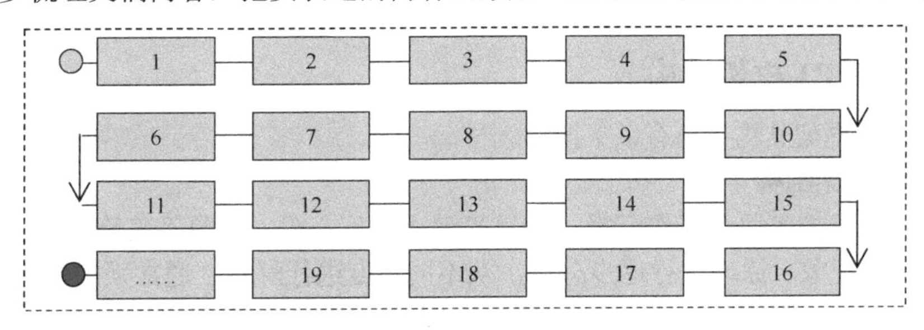

图 3-10 梳理文稿内容

2）梳理幻灯片的框架结构，用简单的线性结构图表示，如图 3-11 所示。

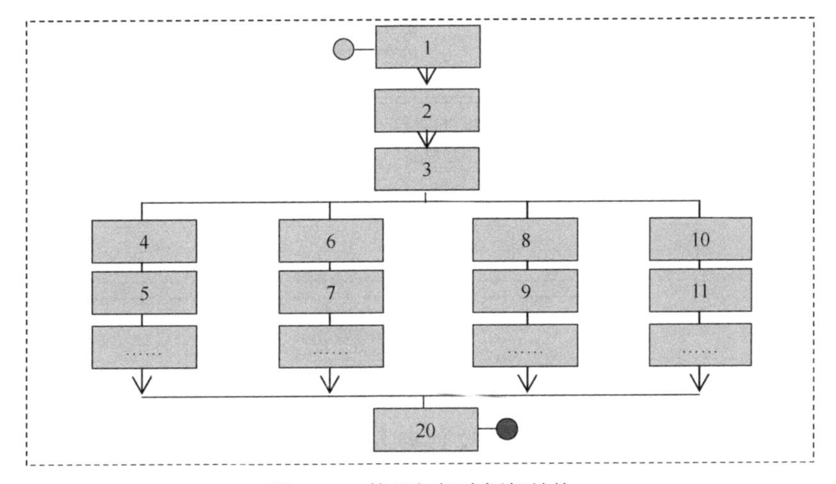

图 3-11 梳理幻灯片框架结构

3）按照上述逻辑结构，把内容填充到相应的幻灯片页面，如图 3-12 所示。

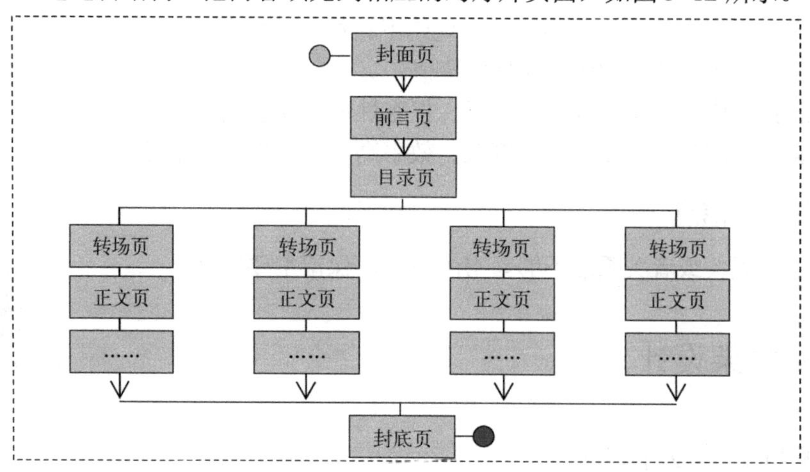

图 3-12　最终的框架结构

注意：通常情况下，页面设计时过渡页不宜超过 5 页，每页过渡页下面的正文页不宜超过 7 页，否则观众容易忘记，造成逻辑混乱。特殊情况下，如果内容比较复杂，可以在过渡页之后添加分目录，但分目录在形式上应该与主目录有明显的层次感，不宜过分抢眼。

3.3.2　常见的 PPT 框架结构

常用的 PPT 框架结构主要有以下四种。

1．说明式框架结构

说明式框架结构多用于工作汇报、项目答辩、产品介绍、课题研究等 PPT 演示，主要针对一个物品、现象、原理进行逐步分析，从不同角度进行解释。通常采用树状结构，其特点在于中规中矩、结构清晰。说明式结构框架结构图如图 3-13 所示。

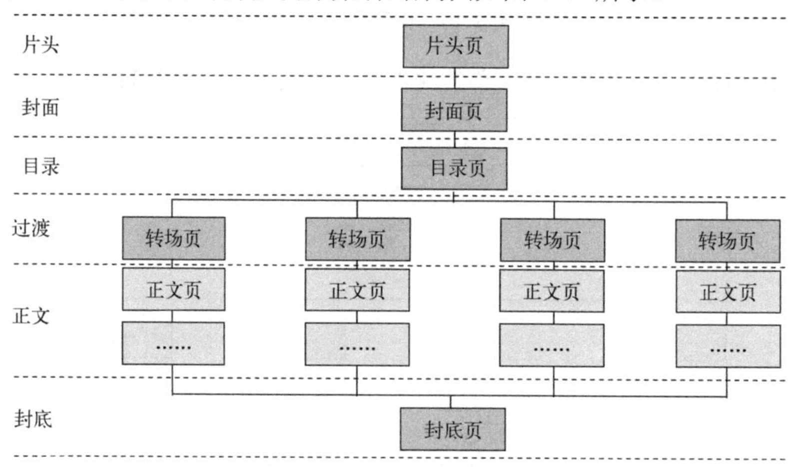

图 3-13　说明式框架结构图

样例参照配套资源“素材与源文件”文件夹下的“说明式框架结构.pptx”文件。

2．罗列式框架结构

罗列式框架结构主要用于成果展示、休闲娱乐等。通常，罗列式框架结构的演示文稿，内容比较单一，无需目录，在封面或序言后直接把内容按一定顺序（如时间、地点、重要性、关联性等）罗列出来即可。罗列式结构框架图如图 3-14 所示。

样例参照素材文件夹下的“罗列式框架结构.pptx”文件。

3．故事式框架结构

故事式框架结构主要适用于轻松、娱乐、煽情风格的 PPT 演示，多用于沙龙、晚会、聚会等场所，通常按照时间、地点、事件演变等要素或者演示者内心变化过程进行展开。

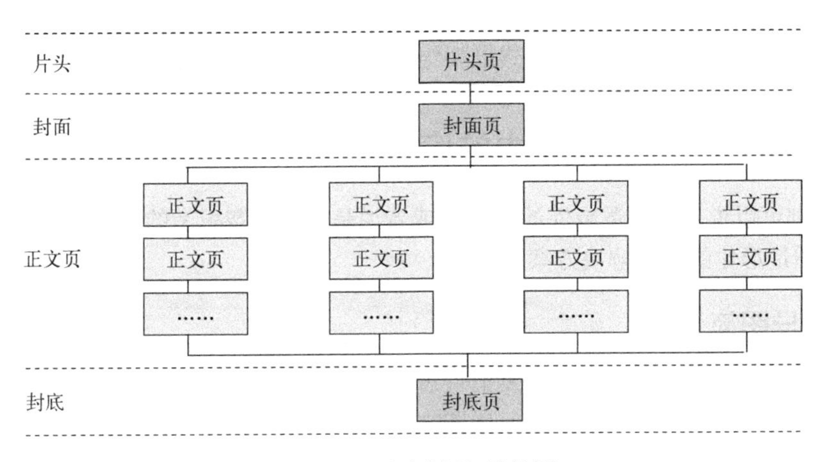

图 3-14　罗列式框架结构图

故事式框架结构主要特点是不拘泥于形式，可以通过过渡页或连续的故事讲述，也可以通过标题与解释性文字或只用图片不用文字表述。故事式结构框架图如图 3-15 所示。

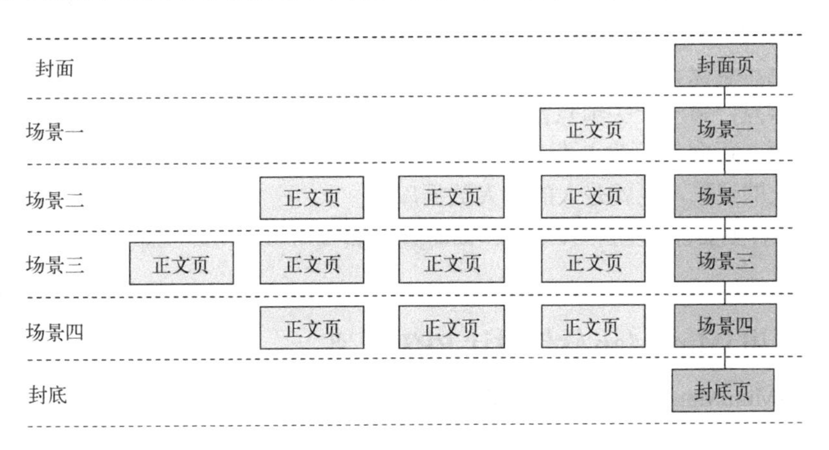

图 3-15　故事式框架结构图

样例参照素材文件夹下的“故事式框架结构.pptx”文件。

4．抒情式框架结构

抒情式框架结构形式更加灵活，一种形式是先描述事件，再发表个人看法；另一种形式是直接抒发个人感情。抒情式结构框架图如图 3-16 所示。

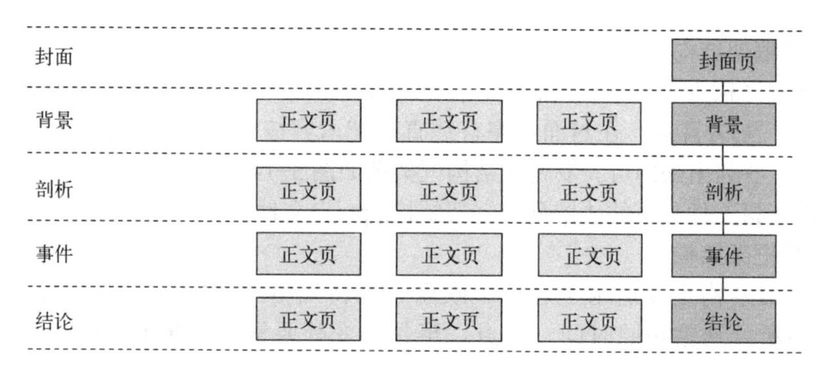

图 3-16　抒情式框架结构图

样例参照素材文件夹下的“抒情式框架结构.pptx”文件。

3.4　思维导图在 PPT 策划中的应用

PPT 策划可以说是一种逻辑性的思考，或者说是一种心智思考的过程，思维导图是能够将心智思维图是形化的一种解决方案。

3.4.1　思维导图简介

思维导图又叫心智导图，是表达发射性思维的有效图形思维工具，它简单却又很有效，是一种革命性的思维工具。思维导图运用图文并重的技巧，通过层级图将各级主题之间的隶属与相关关系表现出来，建立主题关键词与图像、颜色之间的记忆链接。思维导图充分运用左右脑的机能，利用记忆、阅读、思维的规律，协助人们在科学与艺术、逻辑与想象之间平衡发展。

思维导图是一种将放射性思考具体化的方法。放射性思考是人类大脑的自然思考方式，每一种进入大脑的资料，不论是感觉、记忆或是想法——包括文字、数字、符码、香气、食物、线条、颜色、意象、节奏、音符等，都可以成为一个思考中心，并由此中心向外发散出成千上万的关节点，每一个关节点都代表与中心主题的一个联结，而每一个联结又可以成为另一个中心主题，再向外发散出成千上万的关节点，呈现出放射性立体结构，而这些关节的联结可以视为人的记忆，也就是人的个人数据库。

思维导图软件主要有百度脑图、MindManager、NovaMind、iMindMap、XMIND 等。

3-2　iMindMap 静态图的绘制

3.4.2　目前运用 iMindMap 软件设计 PPT 框架

本例使用 iMindMap 7 软件设计 PPT 框架。

1）双击“iMindMap7”图标，打开 iMindMap 7 软件，进入软件初始界面，如图 3-17 所示。

2）单击图 3-17 中的“New Mind Map”按钮，创建一个新的 iMindMap 项目文件，同时会打开“Choose a Central Idea”对话框，如图 3-18 所示。

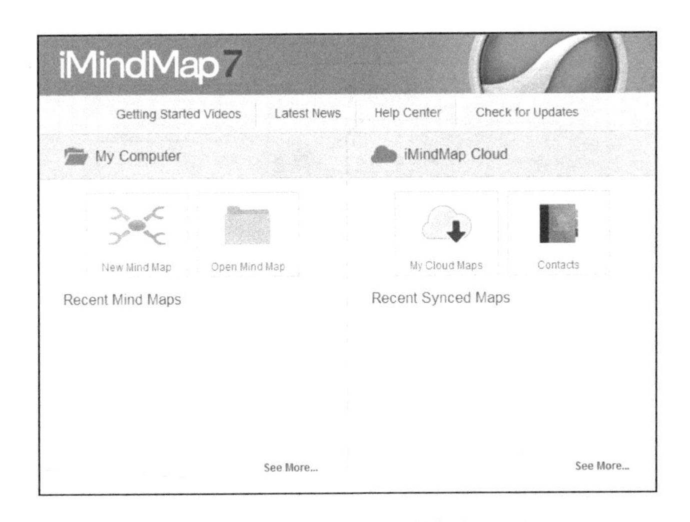

图 3-17　iMindMap 7 软件初始界面

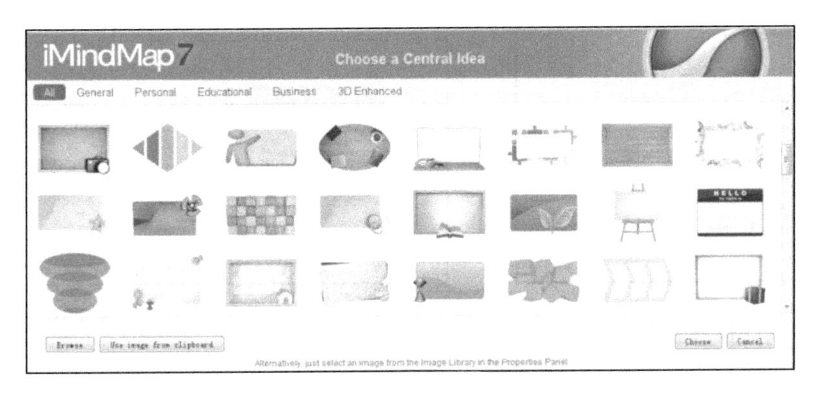

图 3-18　“Choose a Central Idea”对话框

3）选择自己喜欢的图标，单击“Choose”按钮，创建一个思维导图文件，如图 3-19 所示。双击图 3-19 中间的“Central Idea”文本，修改为“校园招聘宣讲会”，并且设置文本的字体与大小，如图 3-20 所示。

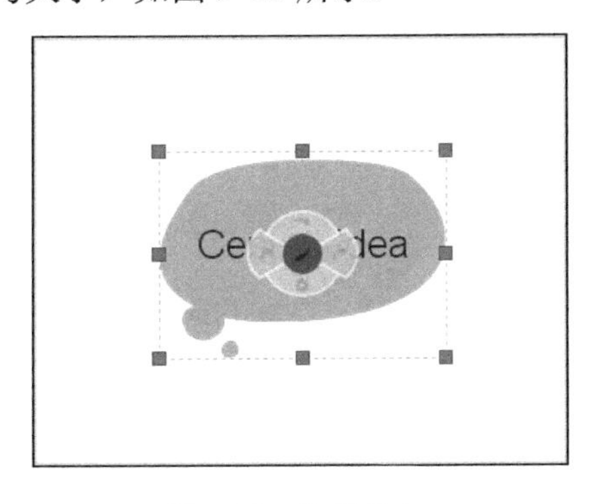

图 3-19　选择文本

图 3-20　修改文本

4）单击图 3-19 中央的红色按钮，即可创建一条分支，如图 3-21 所示。

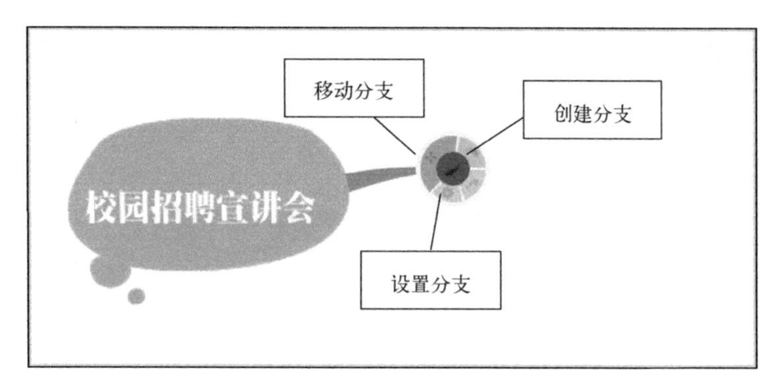

图 3-21　创建新的分支

5）单击图 3-21 中的“设置分支”按钮，即可打开“设置分支”选项，选择“Convert”选项，如图 3-22 所示，即可转换分支选项为一个圆角矩形框，如图 3-23 所示。

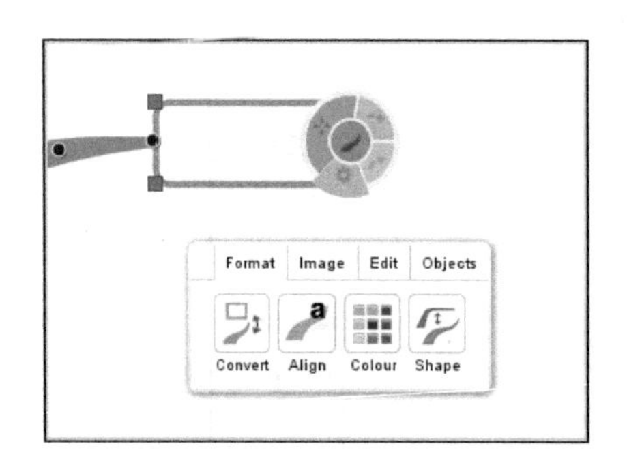

图 3-22　设置分支

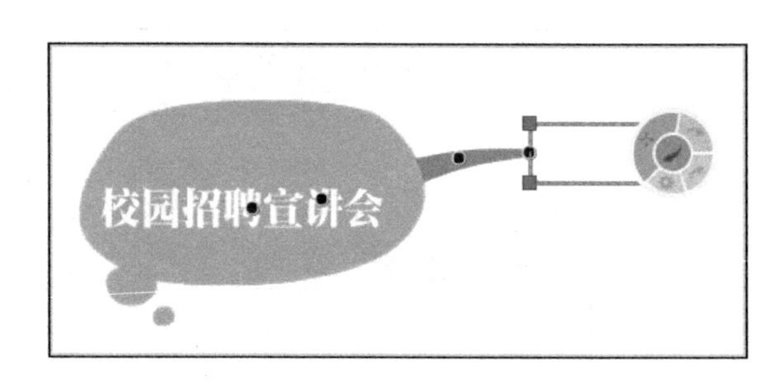

图 3-23　修改分支内容

注意：根据个人喜好，还可以设置“Align”“Colour”“Shape”等选项。除了“Format”（格式）选项卡外，还可以选择“Image”“Edit”“Objects”选项卡。

6）在图 3-23 中间输入文本“公司介绍”，文本字体设置为“长城特粗宋体”，大小为 28，颜色为蓝色，效果如图 3-24 所示，继续添加其他分支，效果如图 3-25 所示。

图 3-24　第一条分支的效果

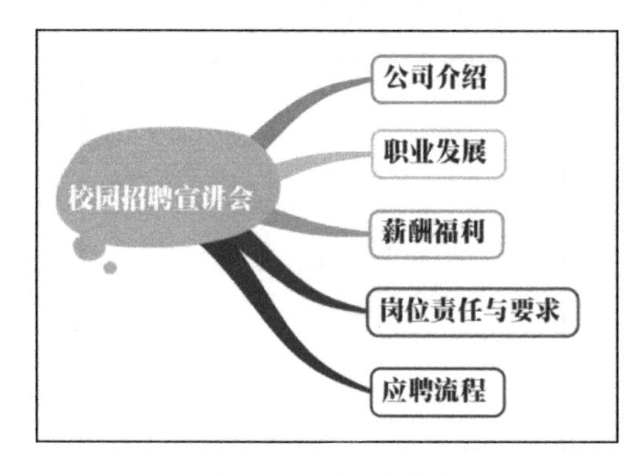

图 3-25　添加其他分支

7）设置分支框为绿色，字体颜色为白色，继续设置其他分支即可。其他分支与此类同，不再赘述。

技巧：

1）在完成基础思维导图的创建后，单击工具栏中的“3D Map”图标，即可将已经创建的思维导图转换为3D思维导图。

2）在完成基础思维导图的创建后，单击工具栏中的“Present”图标，即可进入演示界面，可以生成动态视频的思维导图。

3-3　iMindMap 的3D与演示功能

3.5　案例：事业单位工作汇报 PPT

3-4　案例展示

3.5.1　文稿材料的整理

文稿初步提炼：

分析逻辑关系在于对各重点内容进行深入解析，对PPT的细节进行取舍。主要任务是分析各细节内容的真实性、重要性，以及和主要线索之间的逻辑合理性。

---------------- 案例文稿 ----------------

题目：十三五期间学校发展的几个重要问题

汇报背景：面临的挑战和机遇

挑战：1）生源持续下降；2）家长、企业、社会对毕业生的要求越来越高；3）中职、应用型本科双重挤压；4）高职院校之间的竞争日益加剧。

机遇：1）国家的政策环境利好消息越来越多；2）行业产业的优势；3）区域经济发展越来越好。

对策：抓住机遇，迎接挑战，锐意进取，改革创新，狠抓内涵，争创一流。

一、师资队伍建设工程

1）专业带头人和名师建设：国内知名人数2～3名，省内知名人数5～8名，新增1～2个省级优秀教学团队或科技创新团队。

2）博士工程：继续推进，结合品牌专业建设，统筹安排，做好规划；培养或引进博士（含博士生）30名。

3）骨干教师队伍：提升教学能力和教科研能力，培养100名左右的中青年骨干教师，硕士以上学位人数占比达到90%。

4）双师素质提升：校企共建“双师型”教师培养培训基地；结合现代学徒制的开展；专任教师中新型“双师型”教师人数占比达到90%；具有两年以上企业工作经历或三个月以上企业进修经历的教师达到70%。

5）兼职教师队伍建设：每个专业每学期都要有兼职教师上课，每个专业至少3～5名稳定的兼职教师，加上毕业实习指导教师，组成300人左右的兼职教师资源库，构成混编教学团队。

二、专业建设工程

1）优化专业体系结构：电子信息产业为主，向现代服务业和战略新兴产业拓展。深化电子商务、网络营销专业内涵，做强会计和财务管理类专业，继续办好报关、现代物流等专业；积极拓展智能制造、工业机器人技术、轨道交通、新能源、大数据、云计算等专业。

2）提升专业建设水平：以省级品牌建设专业为引领，省级品牌建设专业瞄准国内一流；校级品牌专业为支撑，校级品牌专业瞄准省内一流；辐射和带动校内的其他专业。大力建设，建出水平，建出特色。

三、学生素质提升工程

系统工程。创新创业教育贯穿教育教学的全过程。

1）深化教育教学改革：创新人才培养模式，改革教学内容、方法和手段，课程改革。

2）提高课堂教学质量：学情分析与课程标准把握结合，理论与实践结合，教与学结合，传统教法与信息化教学结合，学会与会学结合。

3）实践创新能力提升：开放实训室、技能大赛、第二课堂、大学生创新创业基地等。

4）其他：思想道德素质、职业素养、人文素质、身体和心理素质等。

四、招生就业工程

1）招生：生命线。多种生源，全年招生，精准招生，政策支持，全员发动。

2）就业创业：提高就业率，提高就业质量。鼓励学生创业，打造创业基地。

五、科研社会服务工程

科研队伍建设：学校、院系二级管理，专职科研人员队伍和团队建设亟待加强。

发挥平台作用：九个省级平台为载体，带动辐射其他科研项目和队伍。

加大社会培训力度：每个院系都要有社会培训任务，培训项目和培训人次要逐年递增。

六、现代职教体系构建工程

1）对接中职：响应教育部要求，拓展生源。

2）对接应用型本科：吸引优质生源，锻炼师资队伍，构造职业教育立交桥。

3）提升办学层次：从专业层面上，探索试办本科层次的职业教育；从学校层面上，在区域内提升办学质量；在信息产业系统内，提升学校的地位。

-- 结束 --

1. 定位分析

通过分析，本案例的受众群体为校内的教职员工，相关人员在年龄25～60岁之间，主要是对存在的问题进行解读分析。在设计PPT时需要兼顾以上条件。对本实例的PPT设计大致要求如下。

画面：严谨风格适合工作汇报类PPT。

风格及结构：针对工作汇报类 PPT 的思维方式为逻辑性思维，因此选择较具逻辑性的统一风格。在结构设计上也要遵循逻辑性，可以采用说明式框架结构。

颜色设计：本案例所涉及单位为江苏电子信息职业技术学院。该学院是一所信息类高等职业院校，因此选择更显专业性的深蓝为主色调，采用扁平化的设计思路。

文字：以解释型文字为主，主次分明，可以通过设置不同颜色或不同字号加以区分主次。PPT 文字篇幅不宜太长，否则听众会抓不住内容的关键信息，因此需要对文字进行提炼。

2. 文稿提炼

解析：本案例内容可以分解为两个层次：一是背景信息，背景中谈到了挑战与机遇，然后提出对策；二是学校发展的几个重要问题，具体包括六个方面。

将文稿简化如下。

项目背景：挑战与机遇，提出对策。

存在六个方面的问题：师资队伍建设、专业建设工程、学生素质提升、招生就业、科研社会服务、现代职教体系构建。

3-5 框架策划

3.5.2 PPT框架策划

本案例可以采用说明式框架结构，如图3-26所示。

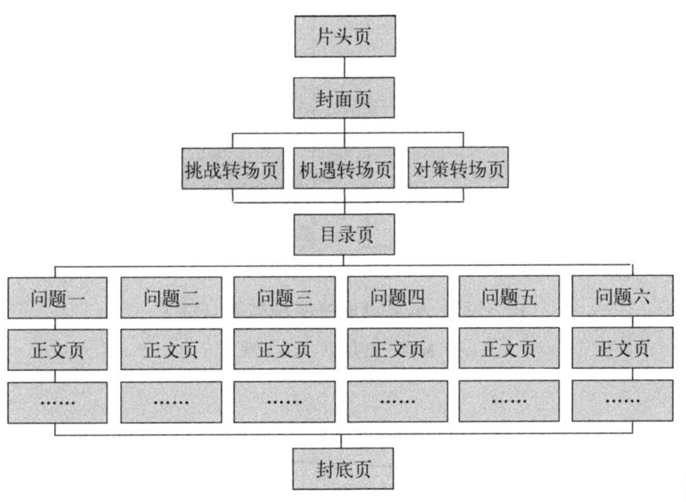

图 3-26　案例 2 PPT 框架图

3-6　封面页面的制作

3.5.3　PPT 设计效果展示

本案例实现的页面效果如图 3-27 所示。

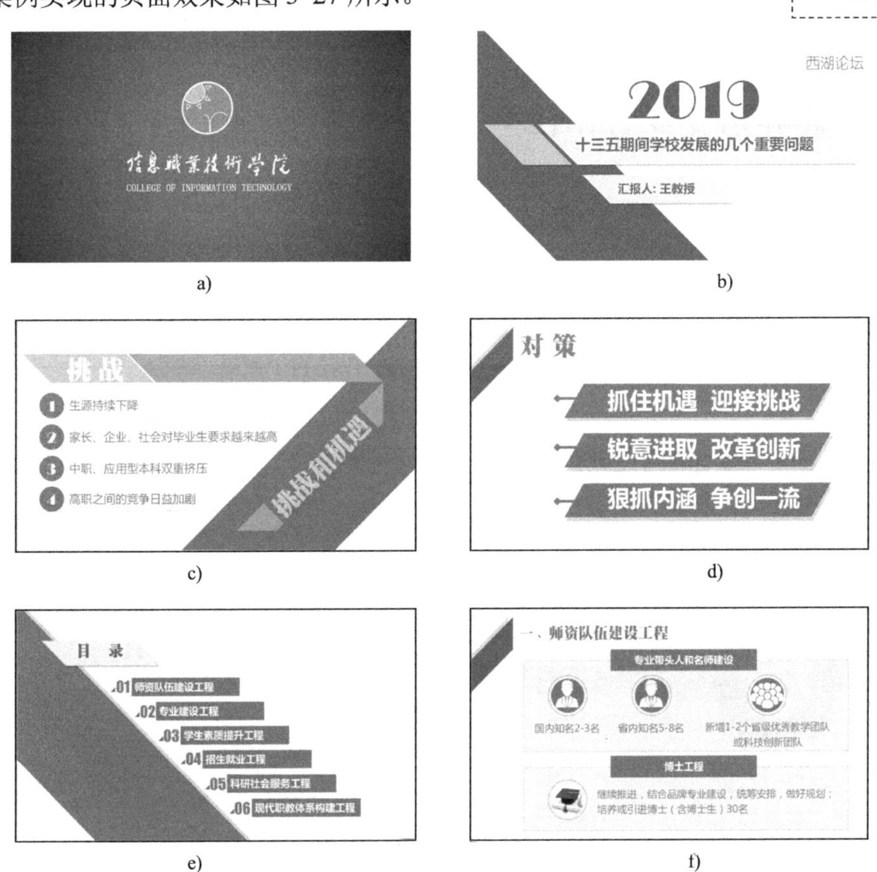

图 3-27　本案例最终实现效果

a) 片头页　b) 封面页　c) 背景转场页　d) 对策转场页　e) 目录页　f) 问题一转场页

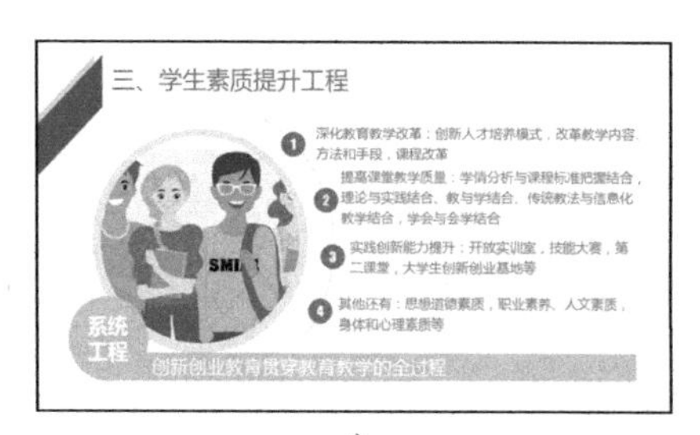

g)

h)

图 3-27　本案例最终实现效果（续）

g) 问题三转场页　h) 封底页

3.6　拓展训练

某村大学生村干部在一次创业活动上对汇报自己的创业成果进行汇报，现将该大学生的 PPT 原稿内容重新进行策划，制作成一份美观大方的汇报 PPT。

原始 PPT 如图 3-28 所示。

淮安市淮安区喔喔绿色家禽养殖专业合作社

淮安区钦工镇大学生村官

a)

五、经济效益：

- 一般的鸡的价格为15元/斤，喔喔绿色草鸡的批发价格为18元/斤，市场零售价格一般在20-25元/斤。
- 一般猪肉的价格为10元/斤，喔喔绿色新淮猪的价格12-15元/斤。
- 由于喔喔养殖采用的是绿色循环经济，因此减少了生产费用，降低了养殖成本，大大提高了合作社的经济效益。
- 一栏草鸡的利润为3万元，一栏新淮猪的利润为20万元，鱼塘的年利润为20万元，蔬菜瓜果一个棚的利润为1万元。

b)

图 3-28　喔喔绿色家禽养殖合作社 PPT 原稿

a) 封面页　b) 经济效益

修改后的参考方案如图 3-29 所示。

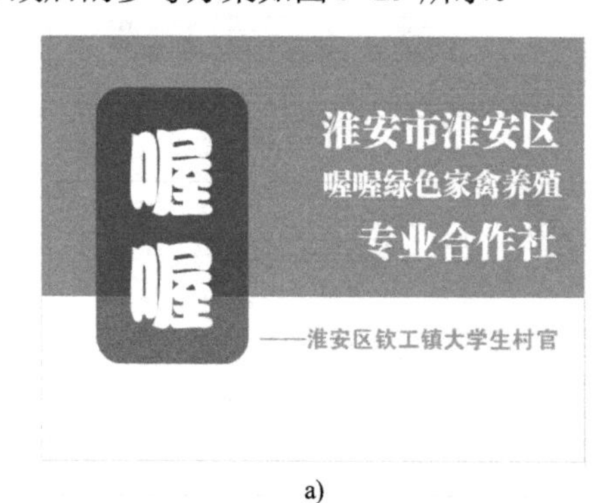

a)

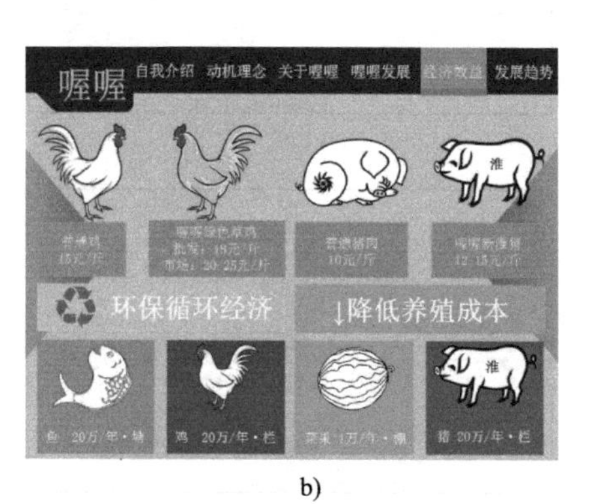

b)

图 3-29　喔喔绿色家禽养殖合作社策划与美化后

a) 封面　b) 经济效益

第 4 章　PPT 基础与文字

4-1　软件的界面与设置

4.1　初探 PowerPoint 365

4.1.1　PowerPoint 365 的工作界面

PowerPoint 365 继承了 Office 家族的传统优势，以易用性、智能化和集成性为基础，将功能进一步改进与优化，从而为用户提供了一个崭新的工作界面，本节将详细介绍 PowerPoint 365 操作界面的相关知识。

启动 PowerPoint 365，执行“开始”→“所有程序”→“Microsoft Office 365”→“Microsoft PowerPoint 365”菜单命令，可以在打开软件的同时建立一个新的文档，如图 4-1 所示。

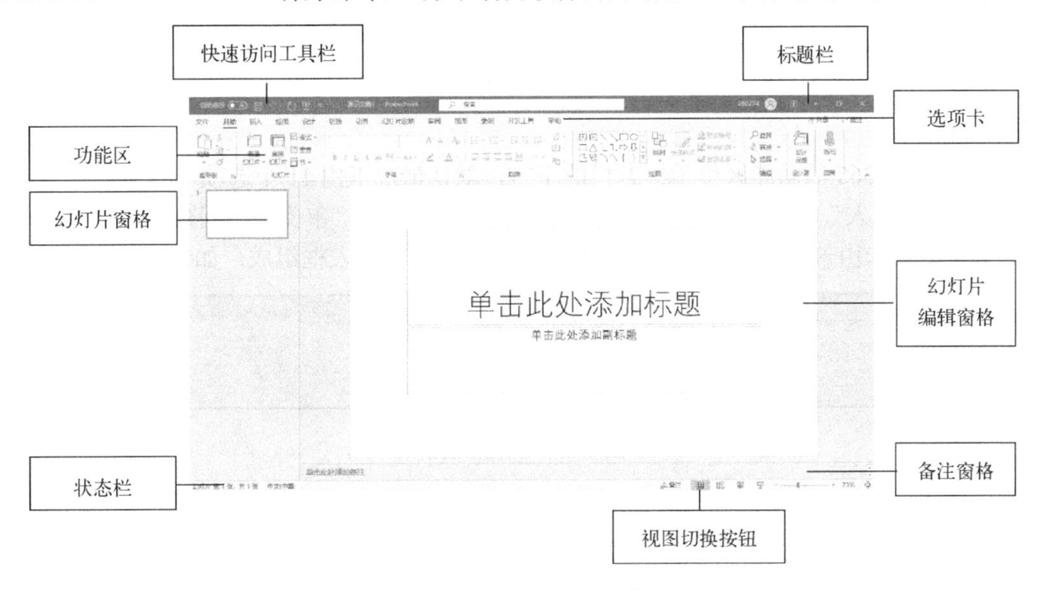

图 4-1　PowerPoint 365 工作界面

下面介绍 PowerPoint 365 工作界面中的几个主要组成部分。

1．标题栏

标题栏位于 PowerPoint 365 工作界面的最上方，用于显示当前正在编辑的演示文稿和程序名称。拖动标题栏可以改变窗口的位置，用鼠标双击标题栏可最大化或还原窗口。在标题栏的最右侧是“最小化”按钮−、“最大化”按钮□、“还原”按钮和“关闭”按钮×，用于执行窗口的最小化、最大化、还原和关闭操作。

2．快速访问工具栏

快速访问工具栏位于 PowerPoint 365 工作界面的左上方，用于快速执行一些操作。默认情况下，快速访问工具栏中包括 4 个按钮，分别是“保存”按钮、“撤销输入”按钮、“重复输入”按钮和“从头开始播放”按钮。在 PowerPoint 365 的使用过程中，用户可以根据实际工作需要，添加或删除快速访问工具栏中的按钮。

3. Backstage 视图

PowerPoint 365 为方便用户使用了 Backstage 视图。选择“文件”选项卡，即可打开 Backstage 视图。在该视图中可以对演示文稿中的相关数据进行方便有效的管理。Backstage 视图取代了早期版本中的“Office”按钮和“文件”菜单，使用起来更加方便，如图 4-2 所示。

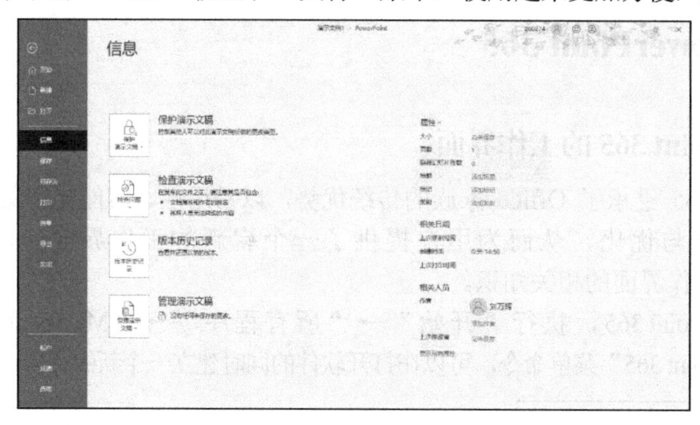

图 4-2　Backstage 视图

4. 功能区

PowerPoint 365 的功能区位于标题栏的下方，默认情况下由 11 个选项卡组成，分别为文件”“开始”“插入”“设计”“切换”“动画”“幻灯片放映”“审阅”“视图”“加载项”“图形”。每个选项卡由若干组组成，每个组由若干按钮或下拉列表框组成，如图 4-3 所示。

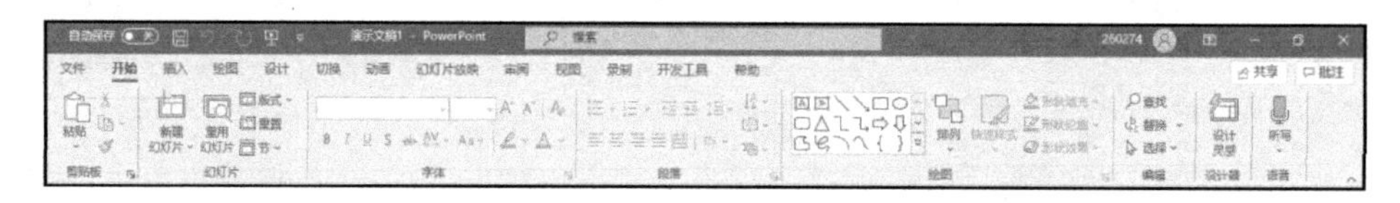

图 4-3　功能区视图

5. 幻灯片编辑窗格

幻灯片编辑窗格位于工作界面中间，在此窗格内可以向幻灯片中输入内容进行编辑、插入图片、设置动画效果等。幻灯片编辑窗格是 PowerPoint 365 的主要操作区域。

6. 幻灯片窗格

幻灯片窗格位于幻灯片编辑窗格的左侧，主要用于显示演示文稿中所有的幻灯片。

7. 备注窗格

备注窗格位于幻灯片编辑窗格的下方，用于为幻灯片添加备注。备注窗格一方面帮助演讲者提示思路，另一方面便于其他人演讲时了解制作者的思路。

8. 状态栏

状态栏位于工作界面的最下方。PowerPoint 365 的状态栏显示的信息更丰富，具有比之间版本更多的功能，如查看幻灯片张数、显示主题名称、进行语法检查、切换视图模式、幻灯片放映和调节显示比例等。

4.1.2 PowerPoint 365 视图模式

PowerPoint 365 提供了 5 种视图模式，分别是普通视图、大纲视图、幻灯片浏览视图、备注页视图和阅读视图。单击“视图”选项卡，可以切换到不同的视图方式对演示文稿进行查看与编辑，如图 4-4 所示。

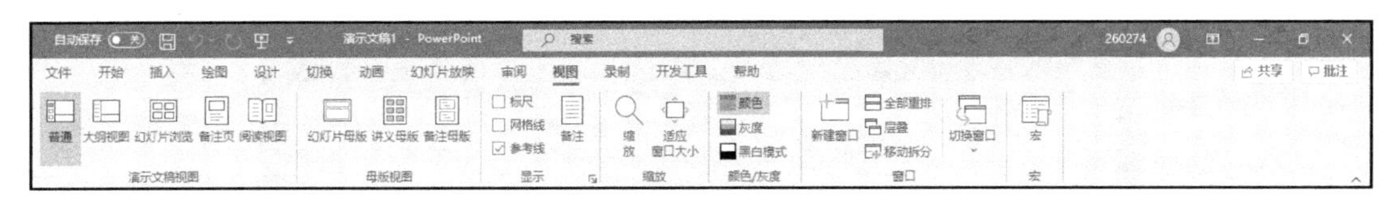

图 4-4 “视图”选项卡

1. 普通视图

普通视图是 PowerPoint 365 的默认视图模式，主要用于编辑和设计演示文稿。普通视图包含了三种窗格，分别为幻灯片窗格、幻灯片编辑窗格和备注窗格。这些窗格方便用户在同一位置设置演示文稿的各种特征。拖动窗格边框可以调整窗格的大小。在普通视图中，可以随时查看演示文稿中某张幻灯片的显示效果、文档大纲和备注内容。

2. 大纲视图

在大纲视图模式下，浏览者可以看到演示文稿中每张幻灯片的文本内容，也可以直接进行排版与编辑。最主要的是，可以在大纲视图中查看整个演示文稿的组织结构，可以插入新的大纲文件。

3. 幻灯片浏览视图

幻灯片浏览视图模式将演示文稿在该视图中的所有幻灯片以缩略图的方式显示，以方便用户对整个演示文稿效果的查看。在该视图中，用户可以很方便地对幻灯片进行移动、删除等操作。用户可以同时查看文稿中的多个幻灯片，从而可以很方便地调整演示文稿的整体效果。选择功能区中的“视图”选项卡，在“演示文稿视图”组中单击“幻灯片浏览”按钮即可切换到幻灯片浏览视图。幻灯片浏览视图如图 4-5 所示。

4. 备注页视图

备注页视图用于为演示文稿中的幻灯片添加备注内容，用户可以为每张幻灯片创建独立的备注页内容。在普通视图模式的备注窗格中输入备注内容后．如果准备以整个页面的形式查看和编辑备注，可以将演示文稿切换到备注页视图模式。在“视图”选项卡的“演示文稿视图”组中单击“备注页”按钮即可切换到备注页视图。备注页视图如图 4-6 所示。

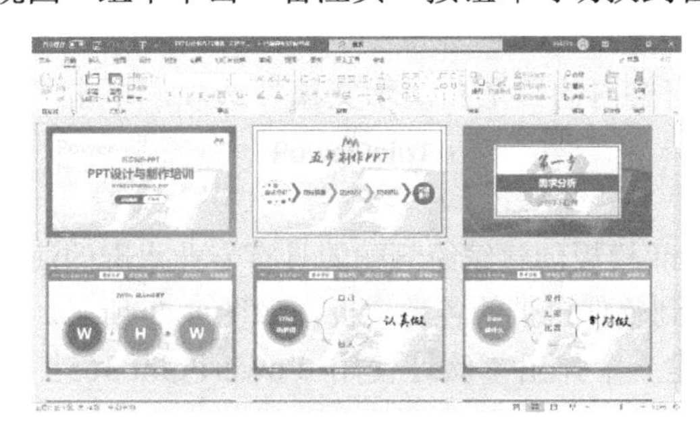

图 4-5 幻灯片浏览视图

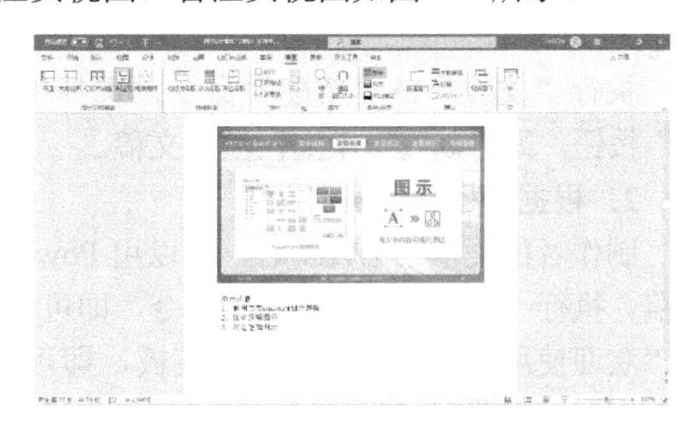

图 4-6 备注页视图

5. 阅读视图

阅读视图可以用来方便地查看幻灯片的动画与切换效果，无须切换到全屏浏览幻灯片。单击“阅读视图”按钮，即可切换到阅读视图模式。阅读视图如图 4-7 所示。

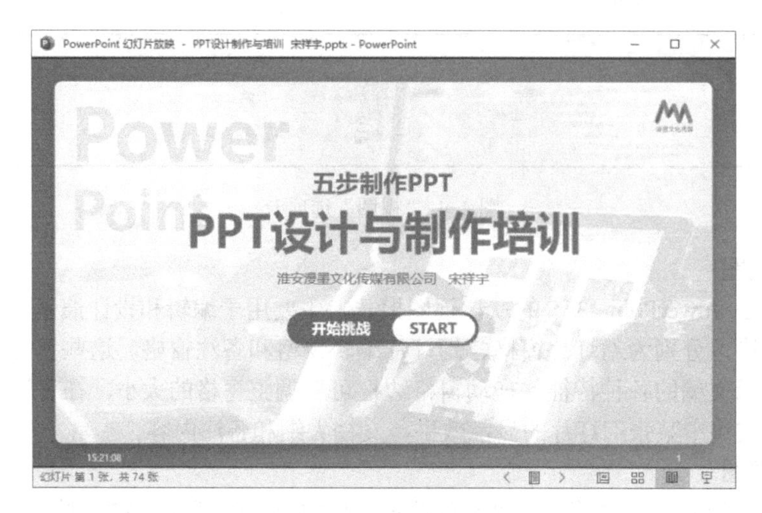

图 4-7　阅读视图

4.2　创建、保存与关闭演示文稿

4-2　课件的建立与保存

在使用 PowerPoint 365 制作演示文稿前，首先需要创建一个演示文稿。创建演示文稿的方法有多种，用户可以根据个人需要选择合适的方法进行操作。

4.2.1　创建演示文稿

演示文稿是用 PowerPoint 软件生成的文件，它由一系列幻灯片组成。幻灯片可以包含醒目的标题、合适的文字说明、生动的图片以及多媒体组件等元素。

1. 新建空白演示文稿

如果用户对创建文稿的结构和内容较熟悉，可以从空白的演示文稿开始，操作步骤如下。

执行“文件”→“新建”命令，选择中间窗格内的“空白演示文稿”选项。单击“创建”按钮，即可创建一个空白演示文稿。

2. 根据模板新建演示文稿

制作者的美术基础较弱时，可以用 PowerPoint 模板创建缤纷靓丽的具有专业水准的演示文稿。执行“文件”→“新建”命令，即可浏览到软件自带的各种模板，如图 4-8 所示。选择“欢迎使用 PowerPoint 365”模板，即可新建一个弹出“欢迎使用 PowerPoint 365”模板的窗口，如图 4-9 所示。

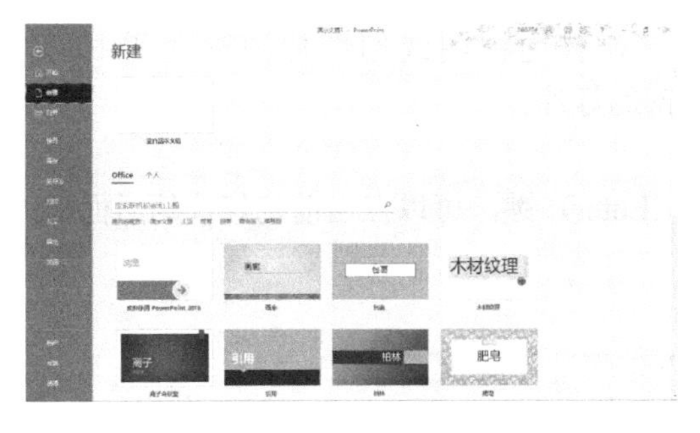

图 4-8　新建窗口

图 4-9　样本模板

4.2.2　保存与关闭演示文稿

建议养成在编辑演示文稿的同时对演示文稿进行保存的习惯，以防止误操作造成演示文稿丢失。对演示文稿编辑完成后，可以将演示文稿关闭，结束编辑工作。

1．保存演示文稿

在 PowerPoint 365 中编辑完演示文稿以后，需要将演示文稿保存起来，方便下次使用，下面将详细介绍保存演示文稿的操作。

1）启动 PowerPoint 365，选择“文件”选项卡；在打开的 Backstage 视图中选择“保存”选项。

2）弹出“另存为”对话框，选择保存文件的目标位置；在“文件名”文本框中，输入文件名；单击“保存”按钮。

3）返回演示文稿，用户可以看到保存后的演示文稿标题名称已变为刚刚修改的名称。

2．关闭演示文稿

退出 PowerPoint 365 时，打开的演示文稿文件会自动关闭，如果希望在不退出 PowerPoint 365 的前提下关闭演示文稿文件，可以按照以下方法进行操作。

启动 PowerPoint 365，选择“文件”选项卡；在打开的 Backstage 视图中选择“关闭”选项。

3．打开演示文稿

对于已经保存或者编辑过的演示文稿，用户可以再次将其打开进行查看与编辑，下面将详细介绍打开演示文稿的操作方法。

1）启动 PowerPoint 365，选择“文件”选项卡；在打开的 Backstage 视图中选择“打开”选项。

2）弹出“打开”对话框，选择要打开的文件的位置；选择准备打开的文件；单击“打开”按钮。

4.3　幻灯片的基本操作

通常情况下，演示文稿中会包含多张幻灯片，用户需要对这些幻灯片进行管理。

1．选择幻灯片

在普通视图的“大纲”选项卡中，单击幻灯片标题前面的图标，即可选中该幻灯片。要选中连续的一组幻灯片时，在幻灯片窗格中，先单击第一张幻灯片的缩略图，然后按住

〈Shift〉键，并单击最后一张幻灯片的缩略图。在普通视图或幻灯片浏览视图中，按〈Ctrl+A〉组合键，可以选中当前演示文稿中的全部幻灯片。

2. 插入幻灯片

在幻灯片窗格中，单击某张幻灯片，然后按〈Enter〉键，可以在当前幻灯片的后面插入一张新的幻灯片。

3. 复制幻灯片

如果要在演示文稿中复制幻灯片，可参照如下步骤进行操作。

1）在幻灯片浏览视图中，或者在普通视图的“大纲”选项卡中，选定要复制的幻灯片。

2）按住〈Ctrl〉键，然后按住鼠标左键拖动选定的幻灯片。在拖动过程中，出现一条竖线表示新幻灯片的位置。

3）释放鼠标左键，再松开〈Ctrl〉键，选定的幻灯片将被复制到目标位置。

制作者还可以直接使用“复制”与“粘贴”命令完成幻灯片复制。

4. 移动幻灯片

在幻灯片窗格中选定要移动的幻灯片，然后按住鼠标左键并拖动，此时竖线所在位置就是幻灯片插入点，到达目标位置后松开鼠标左键。用户也可以利用“剪贴板”选项组中的“剪切”和“粘贴”命令或对应的快捷键来移动幻灯片。

5. 删除幻灯片

选中要删除的一张或多张幻灯片，按〈Delete〉键即可将其删除。幻灯片被删除后，后面的幻灯片自动向前移动。

6. 更改幻灯片的版式

选定要设置的幻灯片，切换到“开始”选项卡，在“幻灯片”组中单击“版式”命令，从下拉列表中选择一种版式，即可快速更改当前幻灯片的版式。

另外，在编辑幻灯片的过程中，用户有时会放大幻灯片以处理某些细节。当处理完毕后，想再次呈现整张幻灯片时，单击窗口右下角的“使幻灯片适应当前窗口”按钮，可以让幻灯片快速缩放至最合适的显示尺寸。

4.4 幻灯片的页面设置

编辑完演示文稿内容后，用户常常会根据需要对演示文稿进行打印，以方便携带与使用。在打印演示文稿之前，通常会对幻灯片的页面进行设置，以达到更好的打印效果，本节将详细介绍幻灯片的页面设置的相关知识及操作方法。

4.4.1 设置幻灯片的大小和方向

在打印幻灯片之前，需要对幻灯片的页面进行设置，包括设置幻灯片的大小及方向等，下面详细介绍设置幻灯片大小与方向的操作方法。

打开 PowerPoint 演示文稿，选择“设计”选项卡；在“设计”组中单击“幻灯片大小”按钮，弹出下拉列表，如图 4-10 所示，选择“自定义幻灯片大小”选项，弹出“幻灯片大小”对话框如图 4-11 所示，用户可以根据需要设置幻灯片的大小。

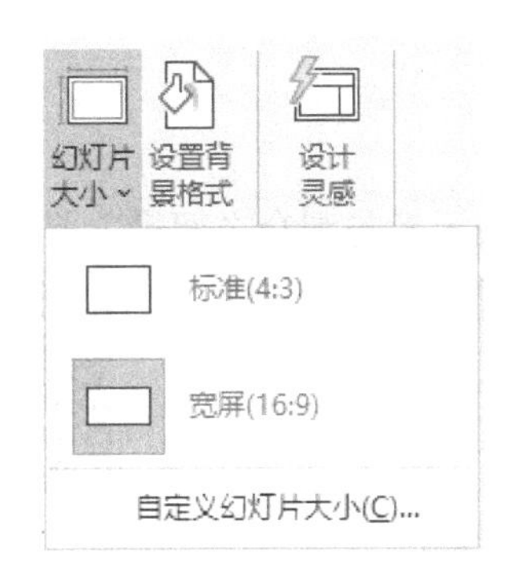

图 4-10 “幻灯片大小”下拉列表

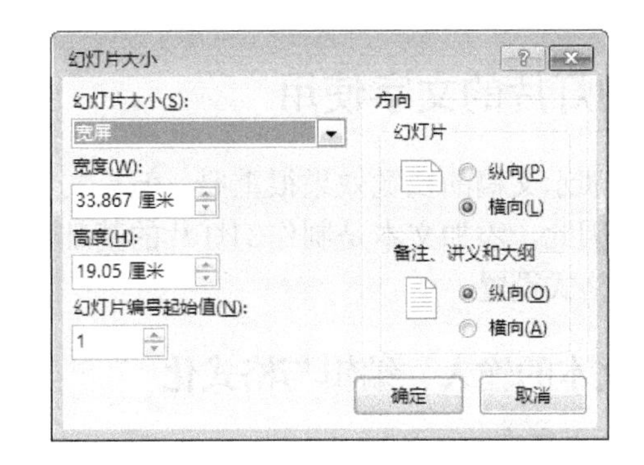

图 4-11 “幻灯片大小”对话框

4.4.2 设置页眉和页脚

如果准备将幻灯片的编号、时间和日期、演示文稿的标题和演示者的姓名等信息添加到演示文稿中，还可以为幻灯片设置页眉和页脚，下面介绍具体操作方法。

1）打开 PowerPoint 演示文稿，选择“插入”选项卡，在“文本”组中单击“页眉和页脚”按钮，如图 4-12 所示。

图 4-12 单击“页眉和页脚”按钮

2）弹出“页眉和页脚”对话框，如图 4-13 所示，选择“幻灯片”选项卡，选中“日期和时间”复选框，选中“自动更新”单选按钮，选中“幻灯片编号”复选框，选中“页脚”复选框并在其文本框中输入文本内容，单击“全部应用”按钮。

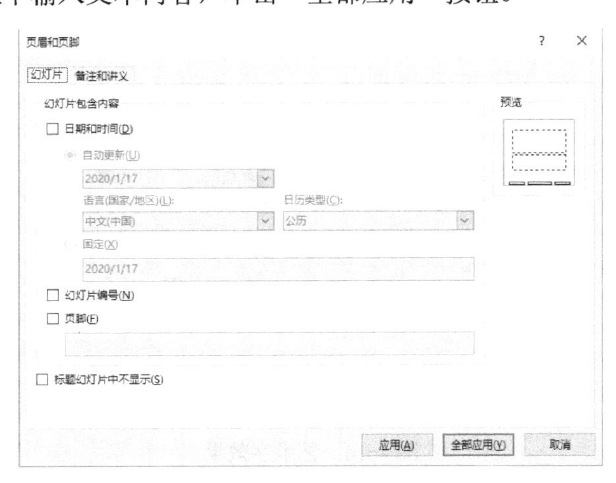

图 4-13 “页眉和页脚”对话框

3）用户可以看到 PowerPoint 文档中的幻灯片页眉和页脚都已经添加了相关内容，通过上述操作即可为每张幻灯片设置页眉和页脚。

4.5 幻灯片的文字使用

虽然演示文稿的视觉效果很重要，但正文文本仍然是演示者与观众之间最主要的沟通交流方式。因此，添加文本是制作幻灯片的基础，同时还要对输入的文本进行必要的格式设置。

4-3 文本的插入与编辑

4.5.1 文本的输入、编辑与格式化

1．插入文本

打开 PowerPoint 365 演示文稿，选择“插入”选项卡；在“文本”组中单击“文本框”按钮（如图 4-12），选择“横排文本框”选项，然后直接在幻灯片编辑窗格中绘制文本框即可。用户也可以直接将文本输入到幻灯片的占位符中，这是在幻灯片中添加文字的最简单的方式。

2．格式化文本

所谓文本的格式化是指对文本的字体、字号、样式及色彩进行必要的设置。通常，这些项目在设计模板中都是定义好的，设计模板作用于每个文本对象或占位符。

PowerPoint 365 提供了许多格式化文本工具，能够快速设置文本的字体、颜色、字符间距等。

4.5.2 艺术字的使用

在 PowerPoint 365 中，用户可以将现有的文字转换为艺术字。另外，用户还可以通过更改文字或艺术字的填充以及更改其轮廓或添加阴影、反射、发光、三维旋转或棱台等特效来更改艺术字的外观，使其更具美感。

1．多种多样的艺术字效果

一种艺术字代表一个文字样式库，用户可以在演示文稿中添加艺术字以制作出装饰性效果，如带阴影的文字或镜像文字等。文字中间填充图片后的效果如图 4-14 所示。

图 4-14　艺术字效果

2．艺术字的应用

在幻灯片中插入艺术字的具体步骤如下。

1）打开 PowerPoint 365 演示文稿，切换到“插入”选项卡，在“文本”组中单击“艺

术字”按钮，如图 4-12 所示。

2）弹出艺术字样式库，用户可以根据需要选择合适的样式。在此选中“渐变填充-蓝色，强调文字颜色 1”，如图 4-15 所示。

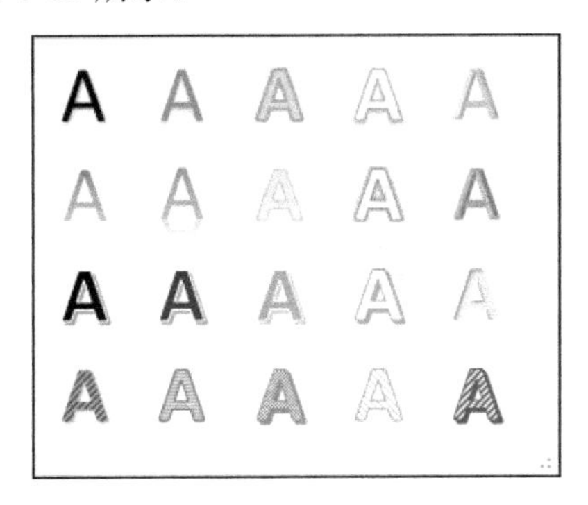

图 4-15　艺术字样式库

3）在艺术字占位符中输入文本“校园招聘宣讲会”，应用艺术字样式后的效果如图 4-16 所示。

4）用户可根据喜好对艺术字的字体、大小进行设置，例如设置字体为“文鼎特粗宋简”，大小为 60，最后效果如图 4-17 所示。

图 4-16　应用艺术字样式后的效果

图 4-17　修改字体与大小后的艺术字

5）接下来更改艺术字的效果。选中艺术字，在“绘图工具”选项卡中，切换到“格式”子选项卡，单击“文本效果”按钮，在弹出的下拉列表中选择“映像”中的“半映像，4 磅偏移量”选项，如图 4-18 所示，文字映像效果如图 4-19 所示。

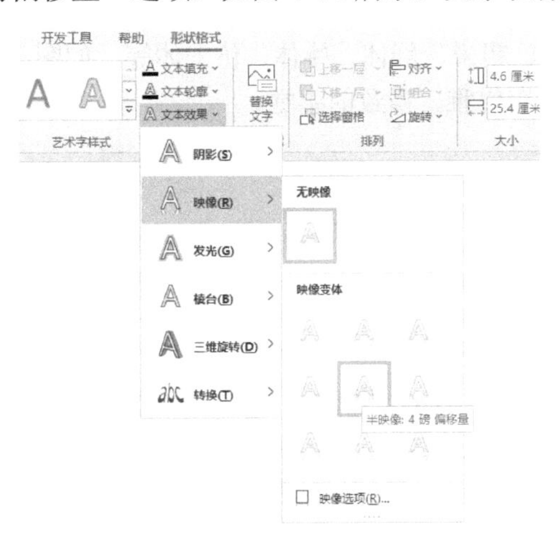

图 4-18　设置艺术字的映像效果

图 4-19　文字映像效果

6）插入企业 LOGO 与背景图片，最终的 PPT 页面效果如图 4-20 所示。

图 4-20　最终的 PPT 页面效果

4.6　PPT 中的字体使用

4-4　字体的使用

文字是 PPT 不可或缺的设计元素之一。简洁、合理的文字设计会使 PPT 看起来一目了然。

4.6.1　中文字体的介绍

字体是文字的外在形式特征，是文字的风格，是文字的外衣。字体的艺术性体现在其完美的外在形式与丰富的内涵之中。文字是文化的载体，是社会的缩影。Windows 操作系统的字体存放在“C:\Windows\Fonts”文件夹里。

4.6.2　字体的分类

PPT 中常用的字体主要有衬线字体、无衬线字体和书法字体。

1．衬线字体

衬线字体在笔画开始和结束的地方有额外的装饰，笔画的粗细也有所不同。文字细节较复杂，较注重文字与文字的搭配和区分，在纯文字的 PPT 中使用较好。

常用的衬线字体有宋体、楷书、隶书、粗倩、粗宋、舒体、姚体、仿宋体等，如图 4-21 所示。演示文稿使用衬线字体作为页面标题时，有优雅、精致的感觉。

宋体　楷体　隶书　粗倩　粗宋　舒体　姚体　仿宋体

图 4-21　衬线字体

2．无衬线字体

无衬线字体的笔画没有装饰，笔画粗细接近，文字细节简洁，字与字的区分不是很明显。相对衬线字体的手写感，无衬线字体人工设计感比较强，具有时尚而有力量、稳重而又不失现代感等特征。无衬线字体更注重段落与段落、文字与图片的配合与区分，在图表类型 PPT 中表现较好。

常用的无衬线体有黑体、微软雅黑、幼圆、综艺简体、汉真广标、细黑等，如图 4-22 所示。演示文稿使用无衬线字体作为页面标题时，有简练、明快、爽朗的感觉。

黑体 微软雅黑 幼圆 综艺简体 汉真广标 细黑

图 4-22 无衬线字体

3. 书法字体

书法字体以书法风格进行分类，通常分为行书字体、草书字体、隶书字体、篆书字体和楷书字体五大类。在每一大类中又细分若干小的门类，如篆书又分大篆、小篆，楷书又分魏碑、唐楷，草书又分章草、今草、狂草。

PPT 常用的书法字体有苏新诗柳楷体、迷你简启体、迷你简祥隶、叶根友毛笔行书等，如图 4-23 所示。书法字体常被用在封面、片尾，用来表达传统文化或富有艺术气息的内容。

苏新诗柳楷 迷你简启体 迷你简祥隶 叶根友毛笔行书

图 4-23 书法字体

4.6.3 字体的使用技巧

许多人都认为图片漂亮且制作精美才是衡量好的 PPT 的首要标准。其实不然，内容有条理、逻辑清晰的文字才最能传达 PPT 的精髓。

1. 字体选择的技巧

不同字体表现的特点不同，表意也不同。字体要适合场景和主题。

（1）中文字体选择

PowerPoint 365 的默认中文字体是等线体，推荐使用微软雅黑。不同的字体表达的意义不同，下面简单说明。

宋体：字形方正，结构严谨，精致细腻，显示清晰，适用于正文。

楷体：字体经典，具有很强的文化气质，适用于 PPT 内文和部分标题。

黑体：字形庄重，突出醒目，具有现代感，适用于 PPT 标题。

微软雅黑：字形略呈扁方而饱满，笔画简洁而舒展，易于阅读，适用于标题或正文。

隶书：字形秀美，历史悠久，艺术感强，在 PPT 中使用较少。

方正综艺简体：笔画粗，尽量将空间充满，对笔画拐弯处的处理较为圆润，适用于标题。

方正粗宋简体：笔画粗壮，字形端正浑厚，适用于标题。

方正粗倩简体：庄重和大方，适用于标题。

方正稚艺体：带有卡通风味，活泼而不死板，适用于标题。

不同中文字体的不同视觉效果如图 4-24 所示。

（2）英文字体选择

PowerPoint 365 的默认英文字体是 Calibri，推荐使用 Times New Roman 或 Arial。

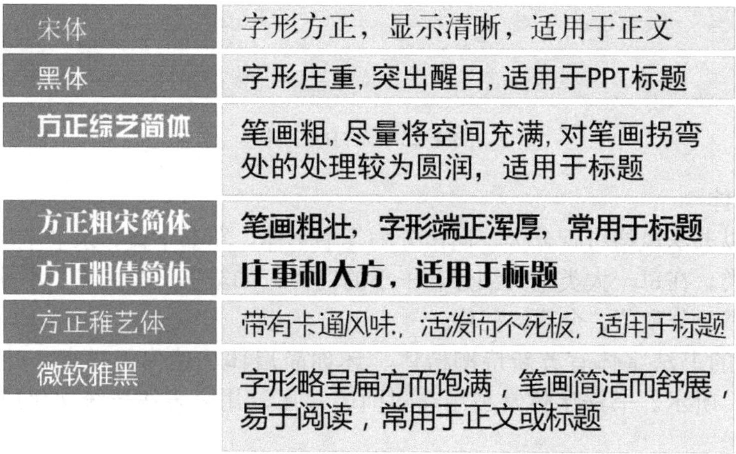

字体	特点
宋体	字形方正，显示清晰，适用于正文
黑体	字形庄重，突出醒目，适用于PPT标题
方正综艺简体	笔画粗，尽量将空间充满，对笔画拐弯处的处理较为圆润，适用于标题
方正粗宋简体	笔画粗壮，字形端正浑厚，常用于标题
方正粗倩简体	庄重和大方，适用于标题
方正稚艺体	带有卡通风味，活泼而不死板，适用于标题
微软雅黑	字形略呈扁方而饱满，笔画简洁而舒展，易于阅读，常用于正文或标题

图 4-24　不同中文字体的不同视觉效果

Times New Roman 属于衬线字体，字体端正大方，结构清晰，风格统一，可用于包装印刷、平面广告、手稿设计、正文标题等。

Arial 属于无衬线字体，字形稳健，应用广泛，是标准的英文字体。

不同中英文字体的视觉效果如图 4-25 所示。

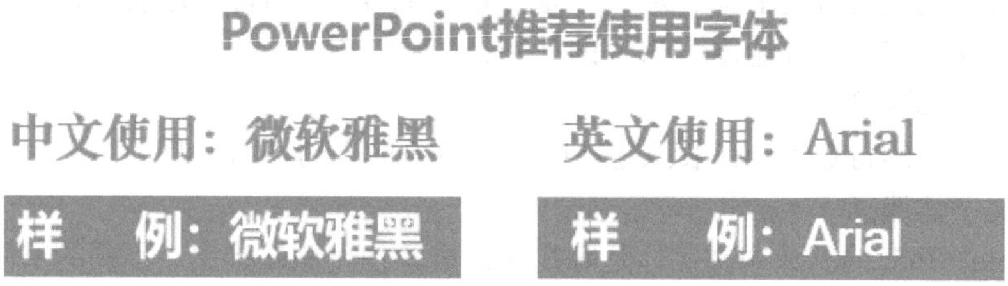

PowerPoint推荐使用字体

中文使用：微软雅黑　　英文使用：Arial

样　例：微软雅黑　　样　例：Arial

图 4-25　不同中英文字体的视觉效果

2．字号大小的设置

演示文稿的字号不能太大也不宜过小。用于演示的 PPT 字号不应小于 18 号，用于阅读的字号不应小于 12 号。字号大小主要取决于 PPT 页面的大小，字号可根据页面的大小进行调整。

3．如何让文字视觉化

为了让幻灯片更具视觉化效果，用户可以通过加大字号、给文字着色以及给文字配图的方法提高文字的可读性，从而增强文字的视觉效果。

1）加大字号可以使幻灯片标题更醒目。

2）给文字着色时，颜色组合的目的是使文字具有高对比度、高清晰度的特点，以便于读者阅读。

3）给文字配图是指在幻灯片中添加与内容相关的图，配合文字的表述，能够更加清晰地展现 PPT 要表达的主题，如图 4-26 所示。

a)

b)

图 4-26　让文字具有视觉化效果

a) 文字本身　b) 文字经过精简后

4.6.4　PPT 中字体的经典搭配

经典搭配 1：方正综艺简体（标题）+微软雅黑（正文）。此搭配适合使用在进行课题汇报、咨询报告、学术报告等正式场合，如图 4-27 所示。

图 4-27　方正综艺简体（标题）+微软雅黑（正文）

方正综艺简体有足够的分量，微软雅黑足够饱满，两者结合能让画面显得庄重、严谨。

经典搭配 2：方正粗宋简体（标题）+微软雅黑（正文）。此搭配适合使用在会议之类的严肃场合，如图 4-28 所示。

图 4-28　方正粗宋简体（标题）+微软雅黑（正文）

方正粗宋简体适合用于会议场合，庄重严谨，铿锵有力，显示了一种威严与规矩。

经典搭配 3：方正粗倩简体（标题）+微软雅黑（正文）。此搭配适合使用在企业宣传、产品展示之类的场合，如图 4-29 所示。

方正粗倩简体不仅有分量，而且有几分温柔与洒脱，让画面显得足够鲜活。

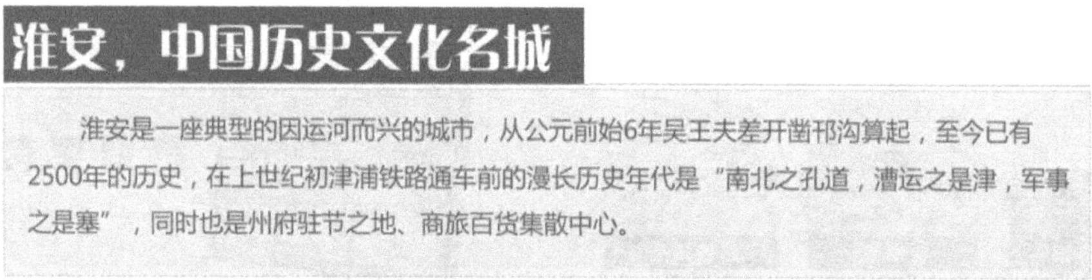

淮安，中国历史文化名城
淮安是一座典型的因运河而兴的城市，从公元前始6年吴王夫差开凿邗沟算起，至今已有2500年的历史，在上世纪初津浦铁路通车前的漫长历史年代是“南北之孔道，漕运之是津，军事之是塞”，同时也是州府驻节之地、商旅百货集散中心。

图 4-29　方正粗倩简体（标题）+微软雅黑（正文）

经典搭配 4：方正卡通简体（标题）+微软雅黑（正文）。此搭配适合于卡通、动漫、娱乐等活泼一点的场合，如图 4-30 所示。

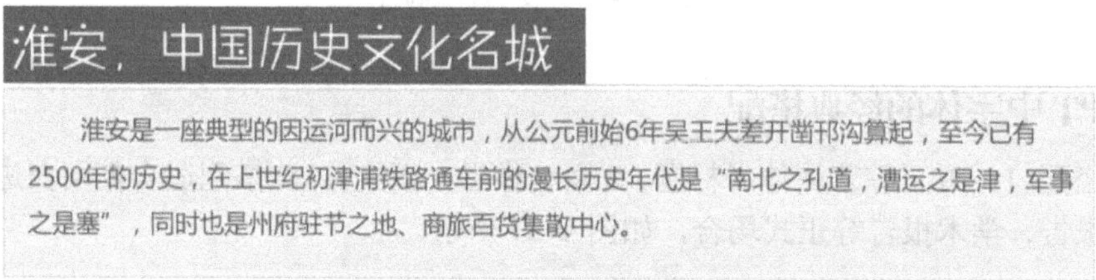

淮安，中国历史文化名城
淮安是一座典型的因运河而兴的城市，从公元前始6年吴王夫差开凿邗沟算起，至今已有2500年的历史，在上世纪初津浦铁路通车前的漫长历史年代是“南北之孔道，漕运之是津，军事之是塞”，同时也是州府驻节之地、商旅百货集散中心。

图 4-30　方正卡通简体（标题）+微软雅黑（正文）

方正卡通简体轻松活泼，能增加画面的生动感。

此外，用户还可以使用微软雅黑（标题）+楷体（正文），微软雅黑（标题）+宋体（正文）等搭配。

4.7　文本 PPT 处理的方式与技巧

4.7.1　文字的凝练

赏心悦目是对 PPT 设计的基本要求，如果一张幻灯片的内容过于纷繁杂乱，就容易引起观众的视觉疲劳。

1．简洁，再简洁

从演示的角度来讲，幻灯片不是演示的主角，观众才是真正的主角。这些幻灯片仅仅是用来帮助倾听、传递信息的，不宜过于繁杂，繁杂只会使幻灯片的效果大打折扣，所以做幻灯片时应当力求简洁。图 4-31 所示就是简洁的页面表达样式。

PowerCreator
我们更有优势
图像定位系统
影视级四机位
专业声音处理
开放式易升级
施工经验丰富
专业服务团队

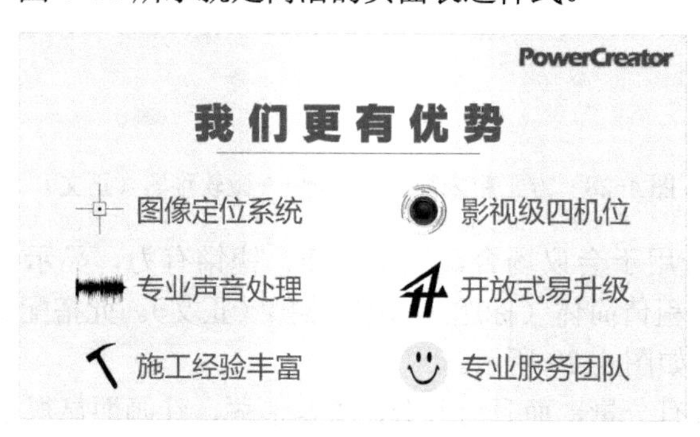

图 4-31　简洁的页面表达样式

2．给文字瘦身

简单地堆砌文字是 PPT 制作的大忌，会大大削弱 PPT 的表现力，如图 4-32a 所示。

此时如果使用项目符号对段落进行分解，分清主次，按条罗列后效果会更好。还可以使用加粗、变色、斜体、艺术字等文字特效来突显重点内容。修改后的效果如图 4-32b 所示。

一、自我介绍：

我叫李杰，2010年淮安市淮安区大学生村官，现任淮安市淮安区钦工镇五里庄村党总支书记。2012年我创办了喔喔绿色家禽养殖专业合作社，并且该合作社在被评为“淮安市大学生村官优秀创业园”。2013年我获得了淮安市“优秀创业标兵”称号；淮安市“共青团工作先进工作者”称号。2014年我获得了“淮安市劳动模范”称号，在淮安市妇联举办的“女大学生（村官）创新创业大赛”中获得一等奖。

a)

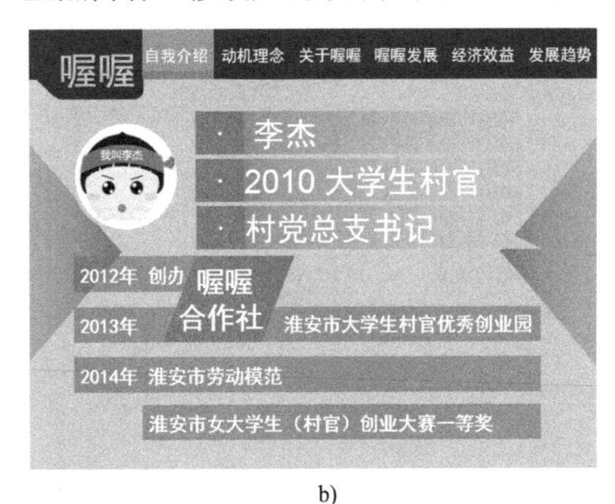

b)

图 4-32　给文字瘦身

a) 文字本身　b) 文字经过精简后

3．用好备注窗格

专业的 PPT，尽量做到字少图多，详细的内容可以写在备注窗格中，方便演讲者查看，所以应充分利用备注窗格。

4.7.2　文本型幻灯片的展示

文本型幻灯片是演示文稿设计中常见的类型之一。它通过文本框和形状的组合来制作出精美的幻灯片模板，从而在演示文稿制作中得到广泛的应用。

1．并列式模板

并列式模板主要包括水平并列和垂直并列两种形式，如图 4-33 所示。

2．递进式模板

递进式模板通常采用图形化的箭头来表示不同内容之间的递进关系，层次感较强，如图 4-34 所示。

并列式模板举例

图 4-33　并列式模板举例

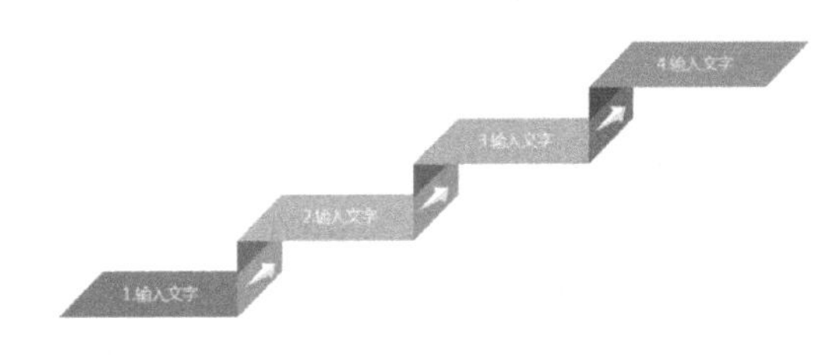

图 4-34　递进式模板举例

3．对比式模板

对比式模板通过对比的方式，利用对比图形简明扼要地突出要表达的观点，逻辑性较强，如图 4-35 所示。

4．阶梯式模板

阶梯式模板是在图形列表、递进式模板的基础之上衍生而来的。一直以来，这种一步一台阶的图形模式深受广大 PPT 制作者的喜欢，效果如图 4-36 所示。

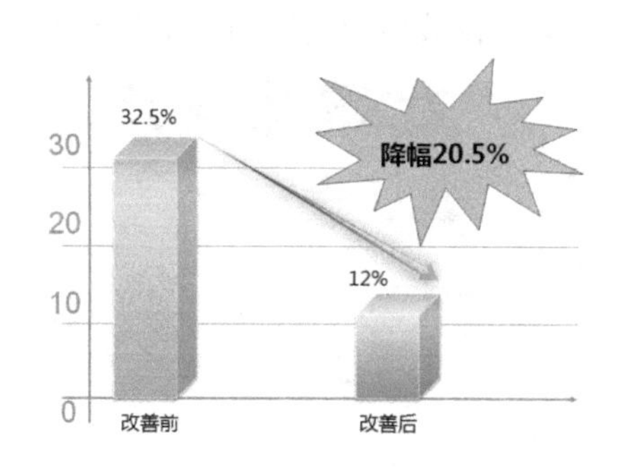

图 4-35　对比式模板举例

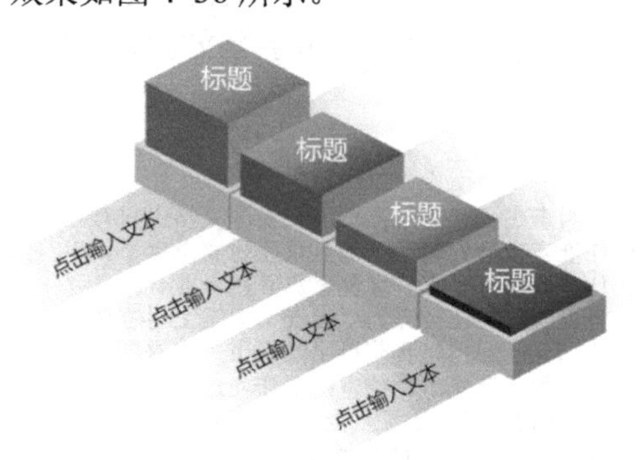

图 4-36　阶梯式模板举例

4.7.3　PPT 界面设计的 CRAP 原则

CRAP 是罗宾·威廉斯提出的四项基本设计原理，主要包括 Contrast（对比）、Repetition（重复）、Alignment（对齐）、Proximity（亲密性）4 个基本原则。

4-5　PPT 界面设计 CRAP 原则

下面以"公司主营业务"为主题来运用界面设计的 CRAP 原则，原 PPT 效果如图 4-37 所示。首先运用"方正粗宋简体（标题）+微软雅黑（正文）"的字体搭配，效果如图 4-38 所示。

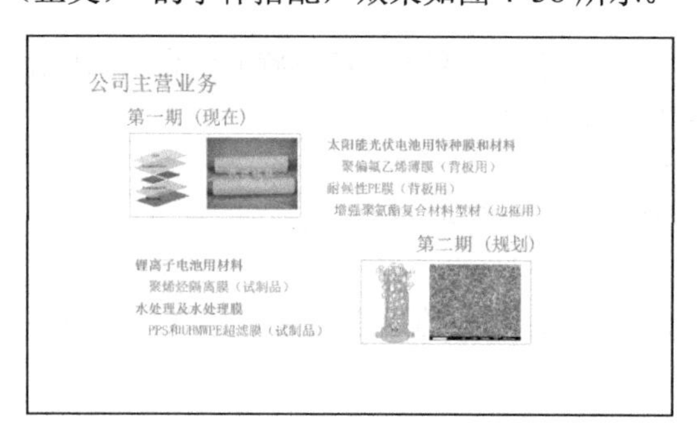

图 4-37　"公司主营业务.pptx"原页面效果

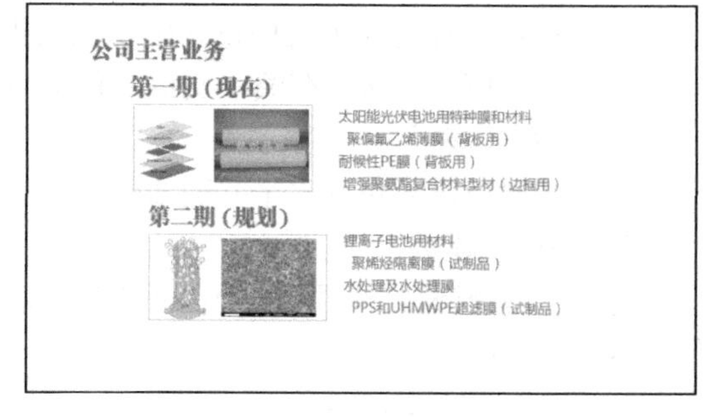

图 4-38　使用"方正粗宋简体+微软雅黑"后的效果

下面介绍 CRAP 基本原则，并运用该原则修改这个界面。

1．亲密性（Proximity）

彼此相关的项应当靠近，归组在一起。如果多个项相互之间存在很近的亲密性，它们就会成为一个视觉单元，而不是多个孤立的元素。亲密性有助于组织信息，减少混乱。要有意识地注意观众（自己）是怎样阅读的，视线移动的开始点和结束点。

目的：根本目的是实现组织性，使留白更美观。

实现：统计页面元素个数，如果超过 3 个，不足 5 个，就归组合并。

注意：不要只因为有留白就把元素放在角落或者中部；避免一张幻灯片上有过多孤立的

元素；不要在元素之间留出同样大小的留白，除非各元素同属于一个子集；不属于一个子集的元素之间不要建立关系。

本案优化：“公司主营业务.pptx”中主要包含 3 个元素，标题为“公司主营业务”，其下包含了两部分内容，即第一期产品的图片与介绍，第二期产品的图片与介绍。根据亲密性原则，相关联的信息可以互相靠近。注意在调整内容时，标题“公司主营业务”与“第一期”，以及“第一期”与“第二期”之间的间距要相等，而且一定要拉开间距，让浏览者清楚地感觉到这个页面分为三个部分，页面效果如图 4-39 所示。

2．对齐（Alignment）

任何幻灯片元素都不能在页面上随意摆放，每个元素都与页面上的另一个元素有某种视觉联系（例如，并列关系）时，可给人一种清晰、精巧且清爽的感觉。

目的：使页面统一而且有条理，不论是创建精美的、正式的、有趣的还是严肃的外观，通常都可以利用对齐来达到目的。

实现：要特别注意元素的位置，应当总能在页面上找出与之对齐的元素。

问题：避免在页面上混合使用多种文本对齐方式，尽量避免居中对齐，除非有意表达比较正式稳重（乏味）的意味。

本案优化：运用对齐原则，将“公司主营业务”与“第一期（现在）”“第二期（规划）”对齐，将第一期与第二期中的图片左对齐，将第一期与第一期的内容左对齐，将第一期中的图片与内容顶端对齐，最终达到有序、整齐的视觉效果，界面如图 4-40 所示。

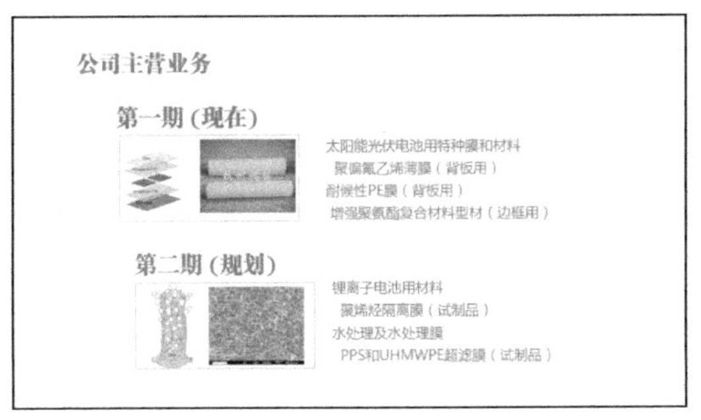

图 4-39　运用亲密性原则修改后的效果

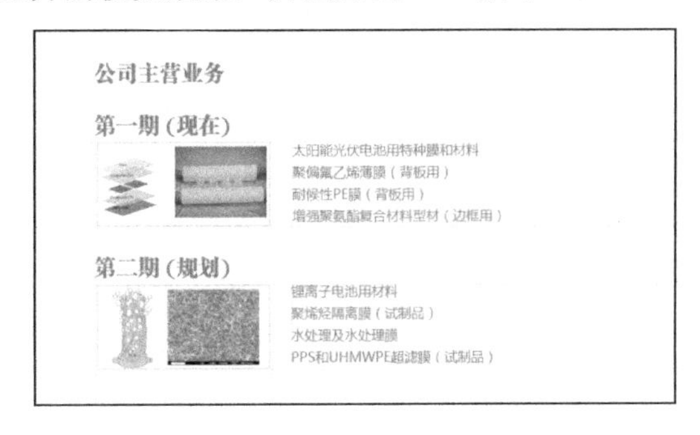

图 4-40　运用对齐原则修改后的效果

技巧：在实现对齐的过程中可以使用“视图”选项下“显示”组中的“标尺”“网格线”“参考线”按钮来辅助对齐，例如图 4-40 中的虚线就是参考线。也可以使用“开始”选项下“绘图”组下的“排列”按钮，实现元素的左对齐、右对齐、左右居中对齐、顶端对齐、底端对齐、上下居中对齐。此外，还可以使用“横向分布”与“纵向分布”按钮实现各个元素的等间距分布。

3．重复（Repetition）

让设计中的视觉要素在整个作品中重复出现，如颜色、形状、材质、空间关系、线宽、字体、字号和图片等，既可增加条理性，又可加强统一性。重复对于多页文档的设计更重要。

目的：使幻灯片前后统一并增强视觉效果，如果一个作品看起来很有趣，它往往也更易于阅读。

实现：如何保持并增强一致性；增加仅用于重复设计的元素；创建新的重复元素，提升设计效果及信息的清晰度。

问题：要避免过多地重复一个元素，体现对比的价值。

本案优化：本例中将“公司主营业务”“第一期（现在）”“第二期（规划）”标题文本加粗，或者更换颜色；将两张图片左侧添加同样的橙色矩形条；将两张图片的边框修改为橙色；在第一期和第二期同样的位置添加一条虚线；在第一期和第二期文本左侧添加图标，如图 4-41 所示。通过这些调整将第一期与第二期的内容更加紧密地联系在一起，加强了版面的条理性与统一性。

4．对比（Contrast）

在不同元素之间建立层级结构，让页面元素具有截然不同的字体、颜色、字号、线宽、形状、空间等，从而增加页面的视觉效果。

目的：增强页面效果，有助于突出对比双方的差异化，突出某一方的优势或劣势。

实现：通过字体选择、线宽、颜色、形状、字号、空间等增加对比；对比一定要强烈。

问题：如果想形成对比，就增强对比效果。

本案优化：将标题文字再次放大；还可以将标题增加色块衬托，更换标题的文字颜色，例如修改为白色等。将第一期内容中的“太阳能光伏电池用特种膜和材料”标题文本加粗，第二期内容的标题文本也加粗；将第一期内容中“太阳能光伏电池用特种膜和材料”下的系列产品添加项目符号，突出各层次间的关系，第二期的内容也添加同样的项目符号，如图 4-42 所示。

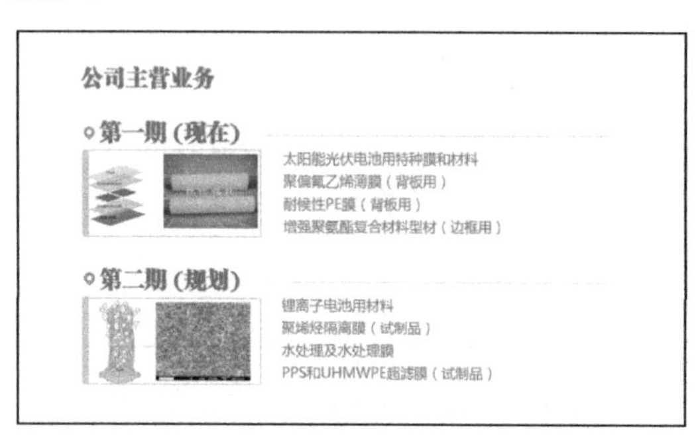

图 4-41　运用重复原则修改后的效果

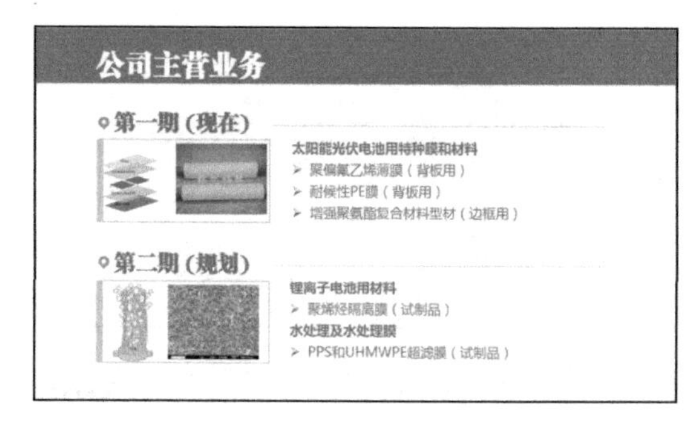

图 4-42　运用对比原则修改后的效果

4.7.4　文本型 PPT 优化

4-6　文本型目录的制作

1．页面结构构思

本例仍以第 3 章中“十三五期间学校发展的几个重要问题.docx”的策划与分析为例，初步体验暖色调设计风格，主要采用图形与文本结合的方式来完成本案的构思，整个页面的布局结构如图 4-43 所示。

2．技术要点

本例的重点是插入形状并编辑，具体方法与步骤如下。

1）单击“插入”选项卡，单击“形状”按钮，选择“基本形状”栏中的“平行四边形”按钮，如图 4-44 所示。然后在页面中拖动鼠标绘制一个平行四边形，如图 4-45 所示。

绘制的第一个平行四边形如图 4-43a 所示。

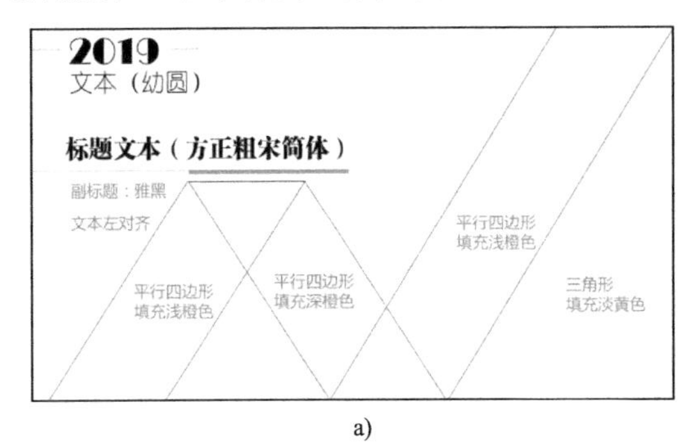

a)

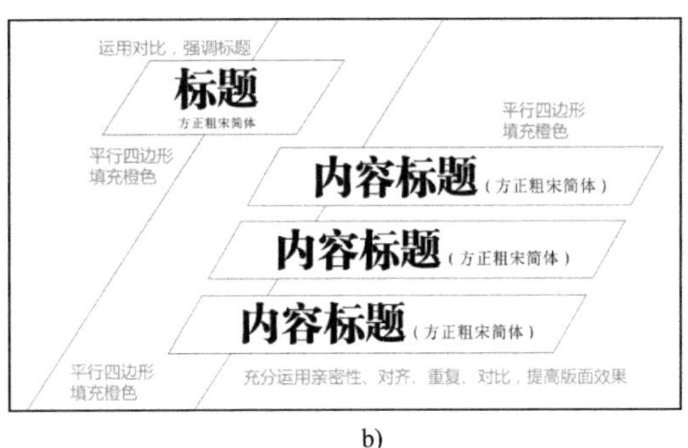

b)

c)

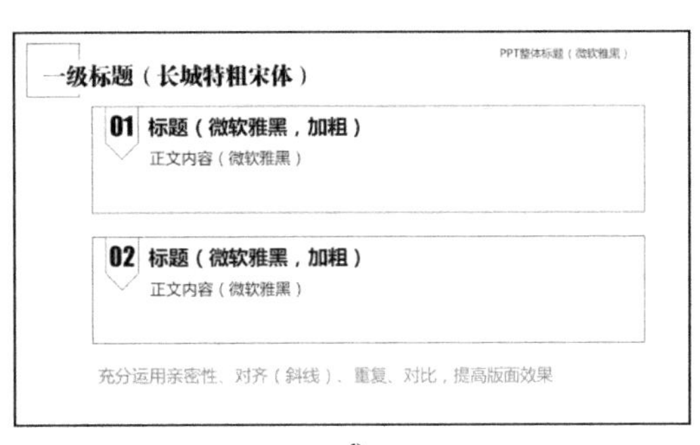

d)

图 4-43　页面结构分析设计

a) 封面结构　b) 背景结构　c) 目录结构　d) 内容结构

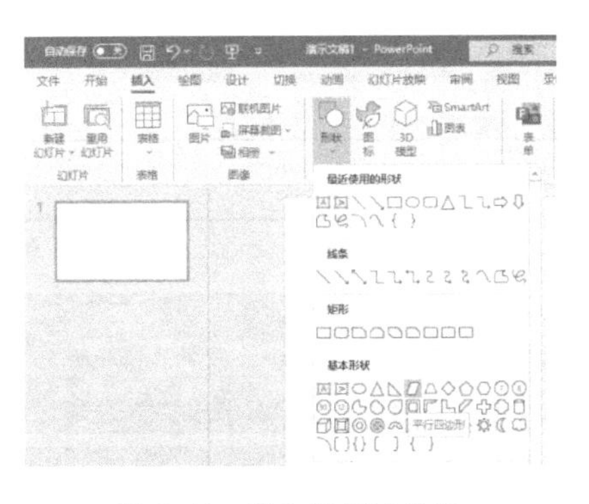

图 4-44　插入平行四边形

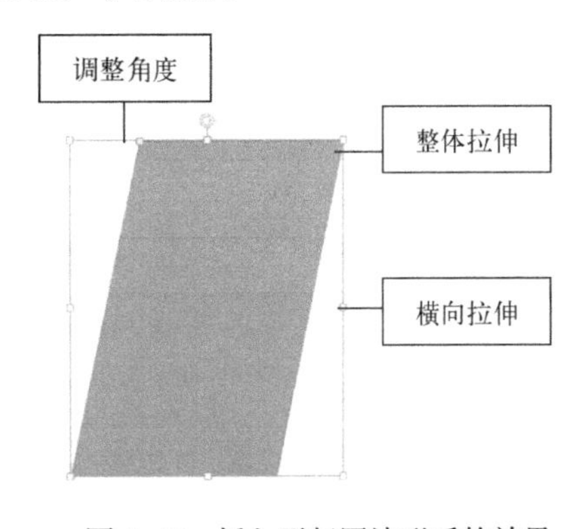

图 4-45　插入平行四边形后的效果

2）选择刚绘制的平行四边形，单击鼠标右键，弹出快捷菜单，执行“设置形状格式”命令，如图 4-46 所示。弹出“设置形状格式”面板，如图 4-47 所示。

3）在“填充”选项下选择“纯色填充”单选按钮，在“颜色”下拉列表中选择“金色，个性色 4”，如图 4-47 所示。

4）单击“线条”选项，根据需要设置边框线的线条样式，如图 4-48 所示。

采用类似的方式绘制图形，具体方法不再赘述。

3. 案例展示

本案例效果如图 4-49 所示。

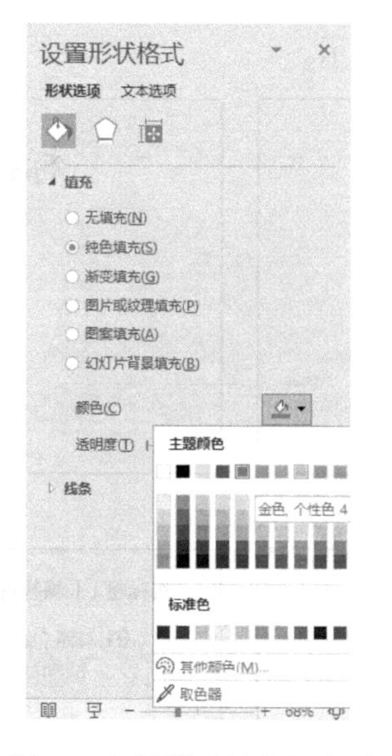

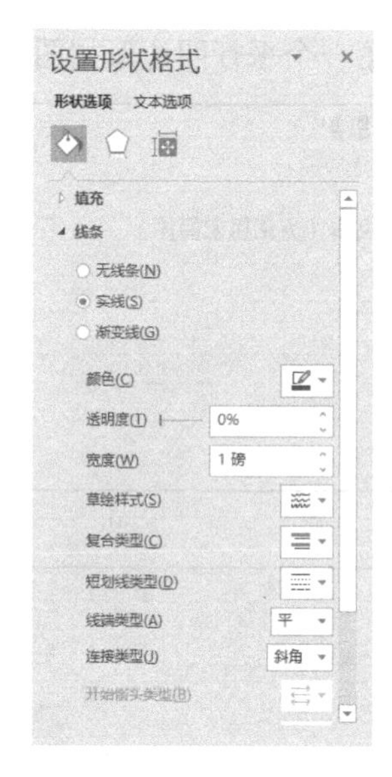

图 4-46 快捷菜单　　图 4-47 设置“填充”选项　　图 4-48 设置“线条”选项

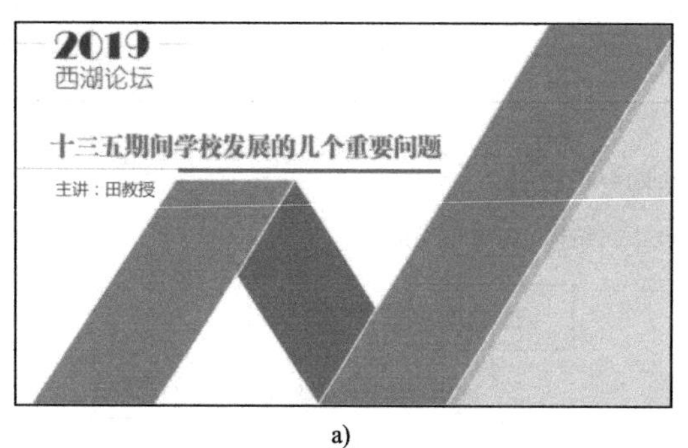

a)

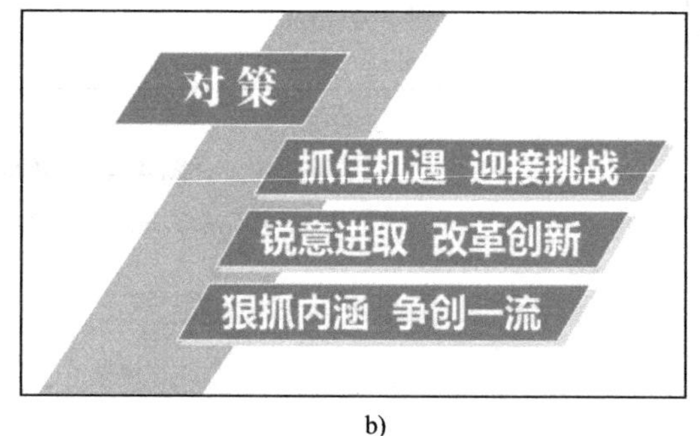

b)

c)　　d)

图 4-49 本案例实现效果

a) 封面 b) 背景 c) 目录 d) 内容

4.7.5 新手制作幻灯片常犯的 10 个错误及其对策

在制作 PPT 时，针对不同的情况，有不同的处理方式。下面总结了新手在设计 PPT 时的 10 个典型问题，读者可以对照检查自己出现过这 10 个错误，有则改之，无则加勉。重视这些细节，相信读者在今后的演示文稿制作中能更加得心应手。

1. 缺乏逻辑

缺乏逻辑是很多 PPT 的“硬伤”。一个优秀的 PPT，往往围绕一个主题进行设计，其逻辑顺序是非常重要的。

图 3-26 所示就是本案例的逻辑框架图。整个框架结构清晰，具体包括封面、背景（挑战、机遇、对策）、目录、六个方面的问题和尾页。

2. 拥挤不堪的文字

如图 4-50 所示的 PPT 页面，文字偏多，信息量大，页面拥挤，观众容易产生视觉疲劳，看不清重点。

对策：可以考虑精简文字，删除不必要的文字内容，或者将页面上的内容分散到多个页面上，并配上图片。例如，如图 4-51 所示的内容可以分散到三页中，同时也要调整每一段文本的行距，通常在 1.25～1.5 倍行距之间。

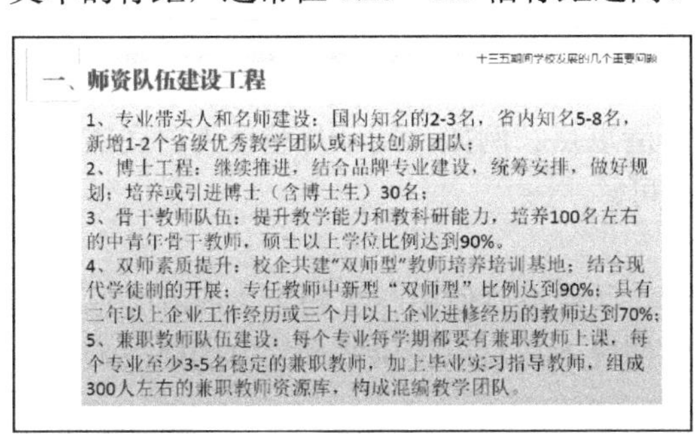

图 4-50　拥挤不堪的文字

图 4-51　修改后的文字效果

3. 文字颜色与背景不协调

图 4-50 所示的页面中，文字颜色与背景设置效果不佳，文字在背景的衬托下虽然能够看清，但是对比不明显。

对策：将背景色修改为白色，文字使用红色，加强对比。在设置幻灯片背景时，应尽量避免使用渐变色效果。

4. 多种多样的艺术字

艺术字若使用得当，能给幻灯片带来艺术化的效果，反之，将会画蛇添足。所以，在设置艺术字时，保证文字的可读性是最重要的。一定要避免艺术字样式过多，否则会连文字都看不清楚，如图 4-52 所示的艺术字就模糊不清。图 4-53 所示是修改后的文字效果。

对策：使用艺术字的目的是使标题清晰，应根据情况恰当选择。

5. 横七竖八的图片

PPT 页面上的图片排列方式应遵循一定的规则，在编排图片时，为了避免使图片看起来杂乱无章，需要充分考虑图片的大小和位置。可以选择尺寸相同的图片，并将它们放在同一水平线上，也可以把画面分成多个部分，分别摆放图片。

对策：图片的大小要统一，排版遵守 CRAP 原则。

6. 模糊不清的图片和与主题无关的图片

PPT 中最常用 JPG 格式的图片，这类图片放大超过原始尺寸后会导致画面模糊。如果插入的图片模糊不清，还不如不用图片。在选择图片时，应选择原始尺寸适当且清晰的图片。

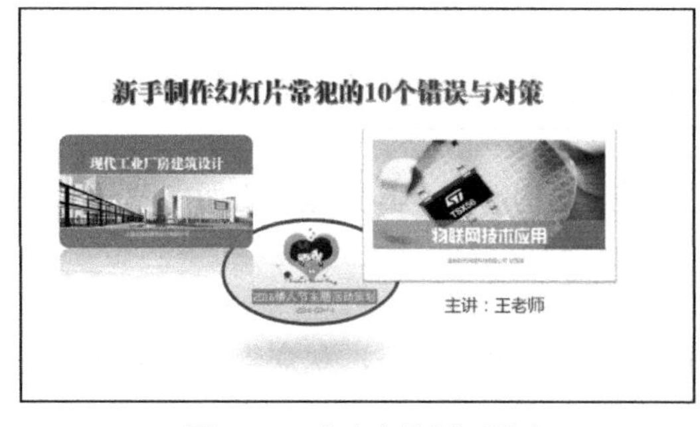

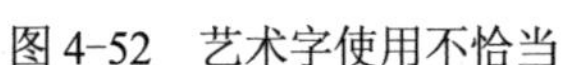

图 4-52　艺术字使用不恰当

图 4-53　修改后的文字效果

PPT 中的图片不仅可以使幻灯片美观，但如果图片与主题无关，则会起到反作用。所以，在使用图片时应先深入理解文字内容，再选择相应的图片。

7. 五颜六色的文字

在一个幻灯片页面中应保持单一的文字颜色，且整个 PPT 的文字颜色不要超过 3 种。若文字颜色过多，会扰乱观众的视觉，使观众分不清重点。例如，幻灯片整体为白底黑字，为了强调关键字，只在需要强调的地方使用红色即可。

8. 杂乱的模板

在制作 PPT 时，模板的选择也是非常重要的。尽量不要使用与主题无关或者颜色、样式杂乱的模板，该类模板不会起到辅助作用。通常情况下，可以使用背景简单的模板或者不使用模板。

9. 眼花缭乱的切换效果

PPT 提供了较为丰富的路径动画，但使用路径动画往往会导致切换效果过于突出，带给观众华而不实的感觉。所以，通常情况下，若要突出 PPT 中的内容，只需要对重点内容设置适当的动画效果，其他动画保持“低调”即可。

10. 恼人的切换声音

通常在商务领域，需要谨慎使用幻灯片的切换声音效果，只有在制作娱乐或类似游戏风格的 PPT 时，才考虑使用切换声音效果。喜欢添加切换声音效果的制作者要考虑清楚。

4.8　拓展训练

对以下内容进行文字提炼，并根据本章学习的内容制作新的 PPT 页面。

-- 案例文章 --

标题：我国著名的儿童教育家——陈鹤琴

陈鹤琴，是我国著名的儿童教育家。他于 1923 年创办了我国最早的幼儿教育实验中心——南京鼓楼幼稚园，提出了“活教育”理念，一生致力于探索中国化、平民化、科学化的幼儿教育道路。

一、反对半殖民地半封建的幼儿教育，提倡适合国情的中国化幼儿教育。

二、“活教育”理论主要有三大部分：目的论、课程论和方法论。

三、五指活动课程的建构。

四、重视幼儿园与家庭的合作。

-- 结束 --

依据以上文字使用的规则，制作完成的 4 种幻灯片页面参考效果如图 4-54 所示。

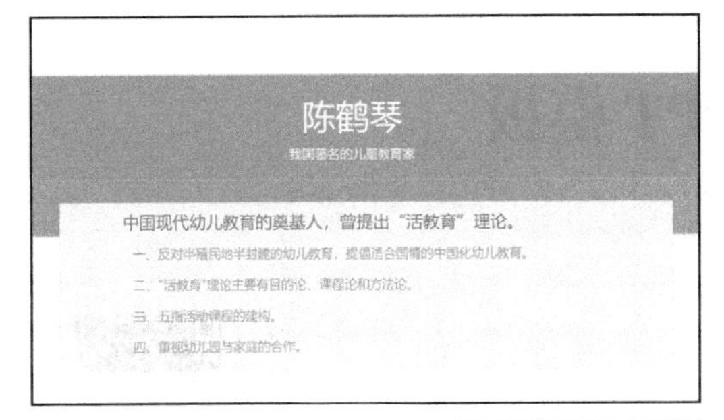

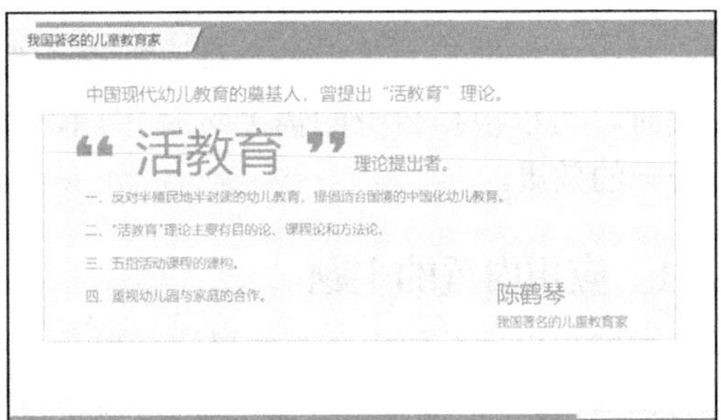

图 4-54　依据中文字体的使用规则实现的效果

第 5 章　PPT 模板

5.1　演示文稿的主题

5-1　设计主题的字体配色

演示文稿主题是 PowerPoint 365 为不同类型演示文稿内置的主题模板，其中包括演示文稿中的字体、颜色、背景等格式。用户在设置演示文稿时，可以根据自身的需要选择主题，从而为演示文稿中的幻灯片设置统一的效果。

5.1.1　应用内置的主题

下面将详细介绍应用主题样式的操作方法。

1）打开“祯瑜商贸有限公司-应用主题.pptx”演示文稿，选择“设计”选项卡；在“主题”组中单击“其他”下拉按钮，如图 5-1 所示。

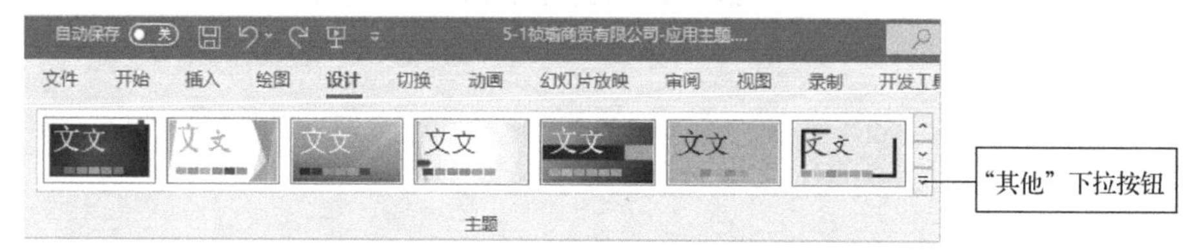

图 5-1　单击“其他”下拉按钮

2）在展开的“所有主题”列表中，选择准备应用的主题样式，如选择“平面”主题样式，如图 5-2 所示。

图 5-2　选择“平面”主题样式

将“平面”主题样式应用到演示文稿后的页面效果如图 5-3 所示。

a)　　　　　　b)

图 5-3　应用“平面”主题样式的页面效果

a) 封面　b) 内容页面

5.1.2　自定义主题样式

对于演示文稿应用的主题样式，用户还可以对其进行自定义设置，如更改主题的颜色、更改主题的字体效果等，下面将详细介绍自定义主题样式的操作方法。

1. 自定义“颜色”方案

打开“祯瑜商贸有限公司-应用主题.pptx”演示文稿，选择“设计”选项卡，在“变体”组中单击“其他”下拉按钮，在下拉列表中选择“颜色”选项，即可选择内置颜色，如选择“红橙色”，如图 5-4 所示。

2. 自定义“字体”方案

打开“祯瑜商贸有限公司-应用主题.pptx”演示文稿，选择“设计”选项卡，在“变体”组中单击“其他”下拉按钮，在下拉列表中选择“字体”选项，选择内置字体样式，如选择“Arial Black-Arial 微软雅黑-黑体”字体样式，如图 5-5 所示。

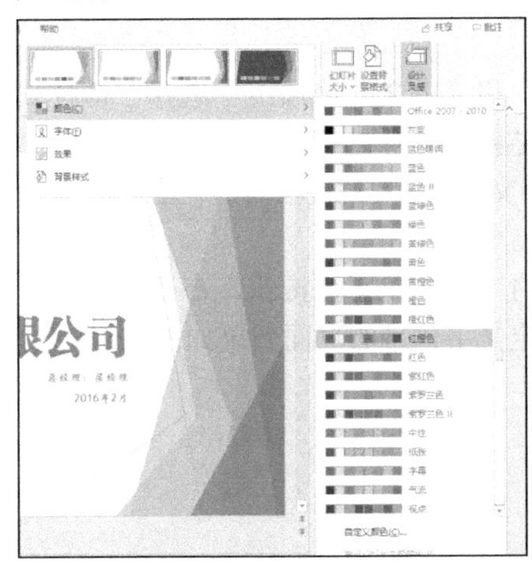

图 5-4　选择“红橙色”

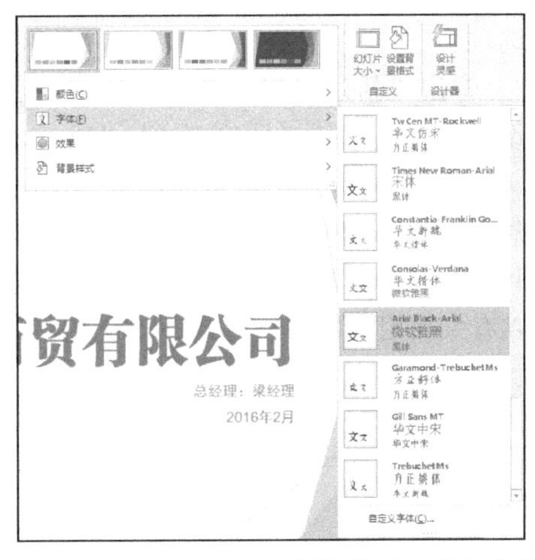

图 5-5　选择“Arial Black-Arial 微软雅黑-黑体”字体样式

3. 自定义“效果”方案

打开“祯瑜商贸有限公司-应用主题.pptx”演示文稿，选择“设计”选项卡，在“变体”组中单击“其他”下拉按钮，在下拉列表中选择“效果”选项，选择内置效果，如选择“极端阴影”效果，如图 5-6 所示。

4. 自定义“背景样式”方案

打开“祯瑜商贸有限公司-应用主题.pptx”演示文稿，选择“设计”选项卡，在“变体”组中单击“其他”下拉按钮，在下拉列表中选择“背景样式”选项，选择内置背景样式，如图 5-7 所示。

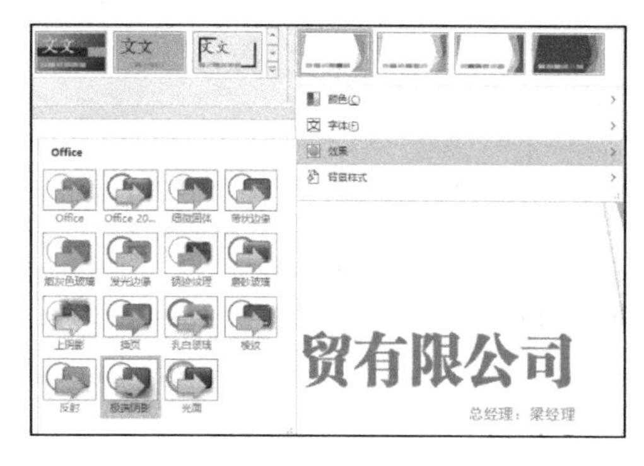

图 5-6　选择“极端阴影”效果

图 5-7　选择背景样式

注意：在应用主题样式时如果选择了多张幻灯片，则仅为选定的幻灯片应用主题。如果只选择了一张幻灯片，则将为整个演示文稿应用所选择的主题。

5.1.3　自定义字体

用户可以根据需要自定义字体，对于一些常用的主题可以进行自定义并为其指定名称，以方便以后使用。例如在第 4.6.4 节中介绍的几种经典字体搭配方案，就可以自定义字体。下面将详细介绍自定义字体的操作方法。

1）打开“祯瑜商贸有限公司-应用主题.pptx”演示文稿，选择“设计”选项卡，在“变体”组中单击“其他”下拉按钮，在下拉列表中选择“字体”选项，选择“自定义字体”选项。

2）弹出“新建主题字体”对话框，在“西文”和“中文”选项组中选择字体样式。例如，设置“标题字体（西文）”为“Impact”，“正文字体（西文）”为“Arial”，设置“标题字体（中文）”为“方正粗宋简体”，“正文字体（中文）”为“微软雅黑”，“名称”为“经典字体搭配方案”，单击“保存”按钮，如图 5-8 所示。

3）返回到幻灯片中，单击“设计”选项卡下的“字体”下拉按钮，在展开的下拉列表中可以看到自定义的字体，如图 5-9 所示。应用自定义字体后的页面效果如图 5-10 所示。

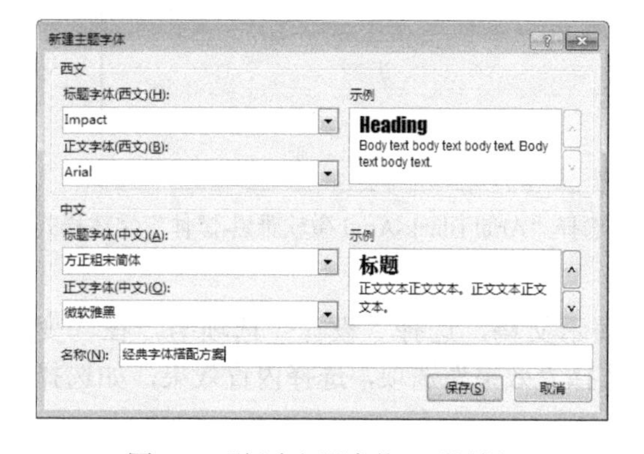

图 5-8 “新建主题字体”对话框

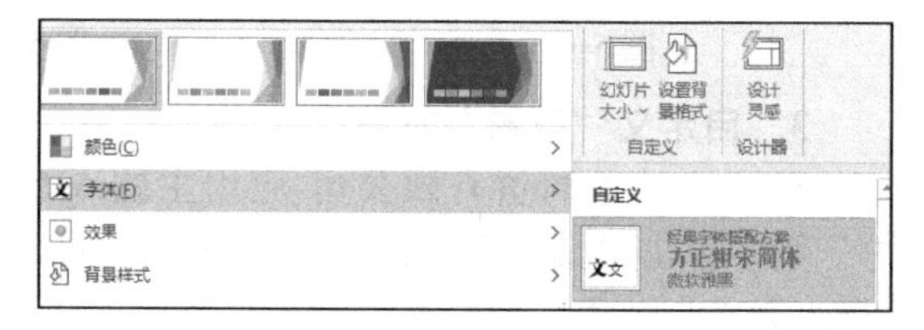

图 5-9　新建的主题字体

a)

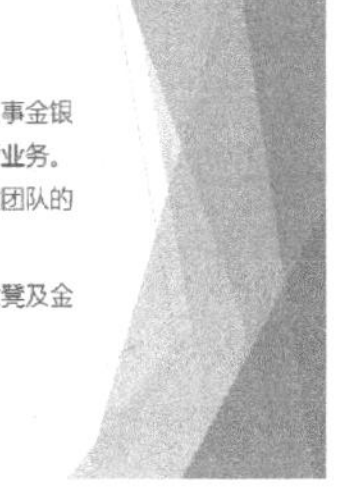

b)

图 5-10　应用自定义字体后的页面效果

a) 封面　b) 内容页面

5.2　幻灯片背景

背景是应用于整个演示文稿（或幻灯片母版）的颜色、纹理、图案或图片，其他幻灯片元素都置于背景之上。按照准确的定义，它应用于幻灯片的整个页面，不可以使用局部背景，但可以将背景图形覆盖在背景之上。背景图形是一种放置在幻灯片母版上的图形图像，本节将详细介绍在演示文稿中设置背景的相关知识。

5.2.1　应用纯色填充背景

在编辑幻灯片时，用户可以根据需要自行设置背景样式。在设置自定义背景样式时，用户可以设置幻灯片背景为纯色填充的效果，下面将详细介绍应用纯色填充背景的操作方法。

1）打开“祯瑜商贸有限公司-背景设置.pptx”演示文稿，选择“设计”选项卡；在“自定义”组中单击“设置背景格式”按钮，如图 5-11 所示，选择“设置背景格式”选项。

2）在弹出的“设置背景格式”面板中，选择“纯色填充”单选按钮，单击“颜色”下拉按钮，在展开的下拉列表中选择准备应用的纯色，如选择“浅绿”选项，如图 5-12 所示。

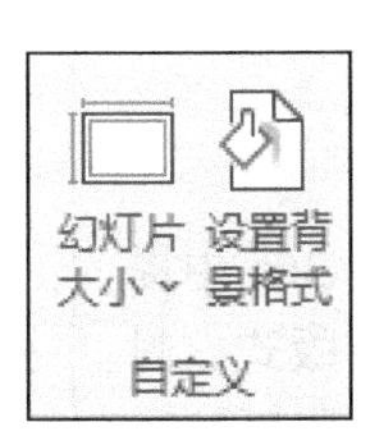

图 5-11　“设置背景样式”按钮

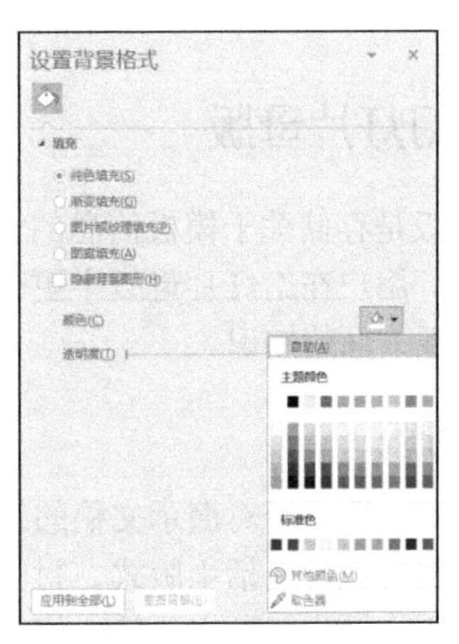

图 5-12　修改背景颜色

3）设置完颜色后，也可以在图 5-12 中拖动“透明度”滑块设置相关参数；单击“应用到全部”按钮，所有页面都使用相关背景。

5.2.2 应用渐变填充背景

纯色填充幻灯片背景会使幻灯片显得色彩较为单调，将演示文稿设计成渐变填充背景，会给人一种轻松、时尚的感觉。操作方法：选择图 5-12 中的“渐变填充”单选按钮，即可打开渐变填充的相关参数，如图 5-13 所示。

5.2.3 应用图片背景

幻灯片的背景不仅可以使用渐变填充，还可以使用图片进行填充。图片填充使幻灯片变得丰富多彩。操作方法：选择图 5-12 中的“图片或纹理填充”单选按钮，即可打开图片或纹理填充的相关参数设置，如图 5-14 所示。

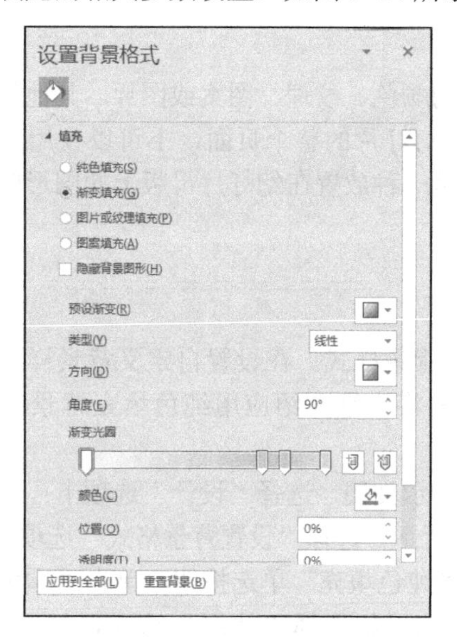

图 5-13　设置“渐变填充”

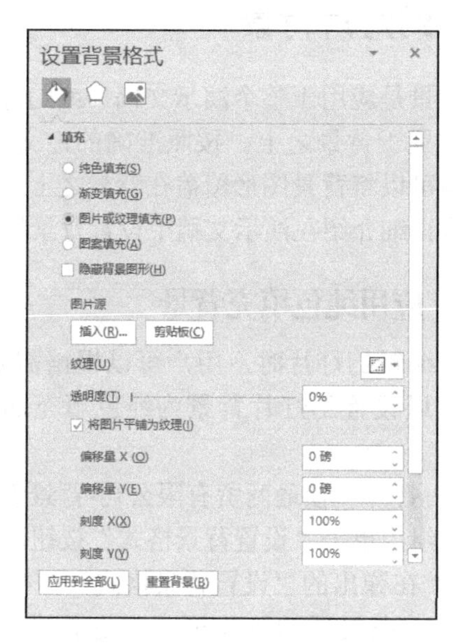

图 5-14　设置“图片或纹理填充”

5.3 认识幻灯片母版

幻灯片母版是存储关于模板信息的设计模板，它用于设置幻灯片的样式，如标题文字、背景、属性等。用户在幻灯片母版中更改一项内容就可将其应用在所有幻灯片。下面将详细介绍幻灯片母版方面的知识。

5.3.1 认识母版

5-2　母版版式的编辑应用

幻灯片母版主要用于对演示文稿的统一设置。在 PowerPoint 365 中提供了多种样式的母版，包括主版式、封面版式、转场版式、内容版式、封底版式等。母版主要由标题占位符、幻灯片区域、日期区域、页脚区域和数字区域等组成，如图 5-15 所示。

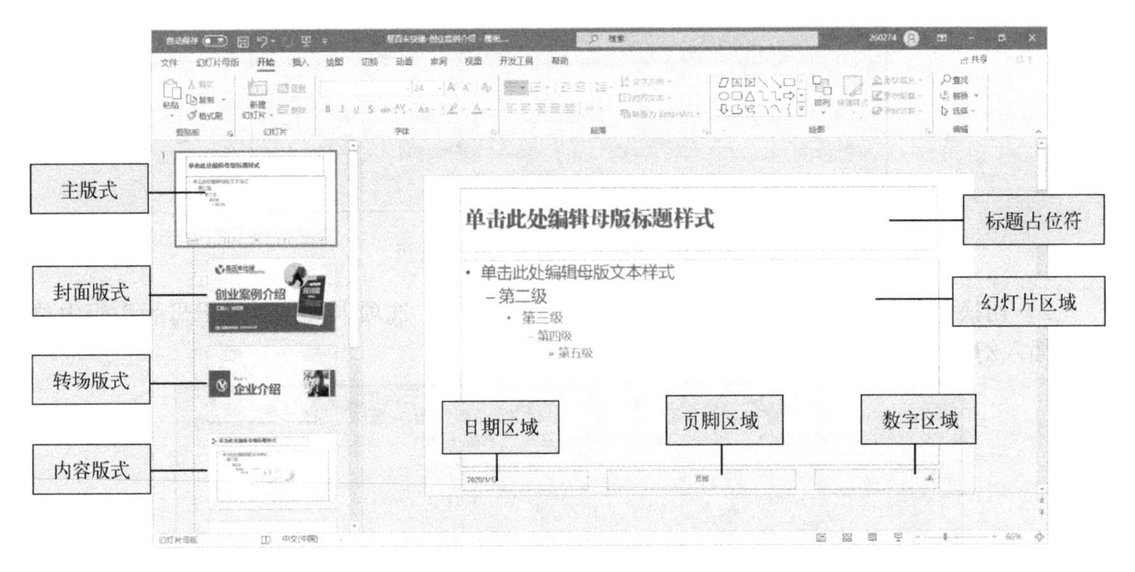

图 5-15　认识母版

➢ 标题占位符：用于添加标题，设置标题文本格式。
➢ 幻灯片区域：用于添加文本，设置文本样式。
➢ 日期区域：用于输入日期，设置日期样式。
➢ 页脚区域：用于输入页脚内容，设置页脚格式。
➢ 数字区域：用于输入数字，设置数字样式。

5.3.2　母版的类型

在 PowerPoint 365 中母版分为 3 种类型，即幻灯片母版、讲义母版和备注母版，下面分别介绍每一类母版的功能。

幻灯片母版：它是用于定义演示文稿中页面格式的模板。幻灯片母版包括文本、图片或图表在演示文稿中的位置、文本的字体和字号、文本颜色、动画和效果等。

讲义母版：它是用于控制幻灯片以讲义形式打印的格式，可增加页码、页眉和页脚等，也可在“讲义母版”中选择在一页中打印几张幻灯片。

备注母版：它是用于控制备注使用的空间以及设置备注幻灯片的格式。

5.4　编辑幻灯片母版

幻灯片母版是模板的一部分，它存储的信息包括文本和对象在幻灯片上的位置、文本和对象占位符的大小、文本样式、背景、主题颜色、效果和动画等。

5.4.1　插入幻灯片母版

在准备编辑幻灯片模板之前，需要先插入幻灯片母版，操作方法如下。

1）创建一个新的演示文稿，选择“视图”选项卡；在“母版视图”组中，单击“幻灯片母版”按钮，如图 5-16 所示。

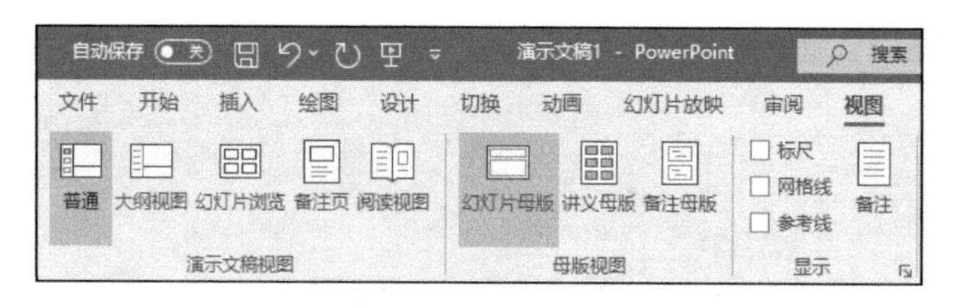

图 5-16　单击“幻灯片母版”按钮

2）切换到幻灯片母版视图方式，选择“幻灯片母版”选项卡，在“编辑母版”组中单击“插入幻灯片母版”按钮，如图 5-17 所示。

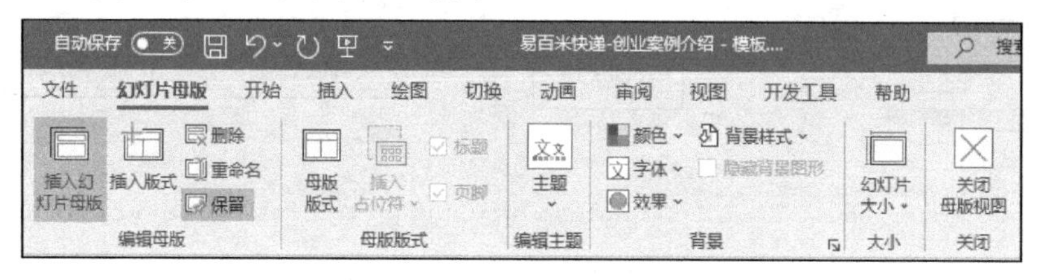

图 5-17　单击“插入幻灯片母版”按钮

通过上述操作即可完成插入幻灯片母版的操作，插入的幻灯片母版如图 5-18 所示。

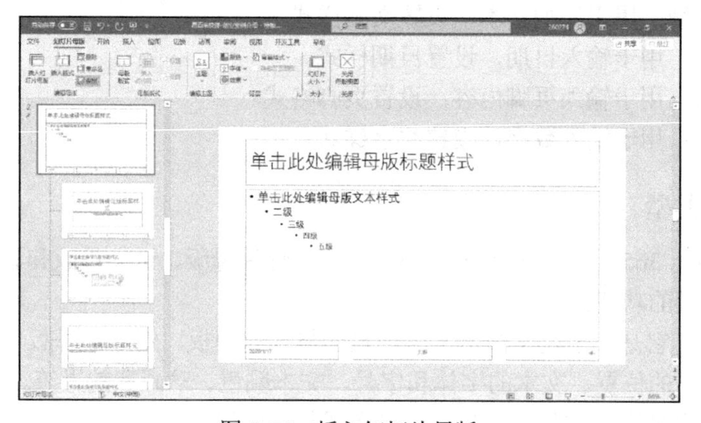

图 5-18　插入幻灯片母版

5.4.2　删除幻灯片母版

对于不再需要的母版或版式，应将其删除，以便于母版的管理与维护。下面详细介绍删除幻灯片母版的操作方法。

打开演示文稿，选择准备删除的母版；选择“幻灯片母版”选项卡，在“编辑母版”组中单击“删除”按钮，如图 5-19 所示。

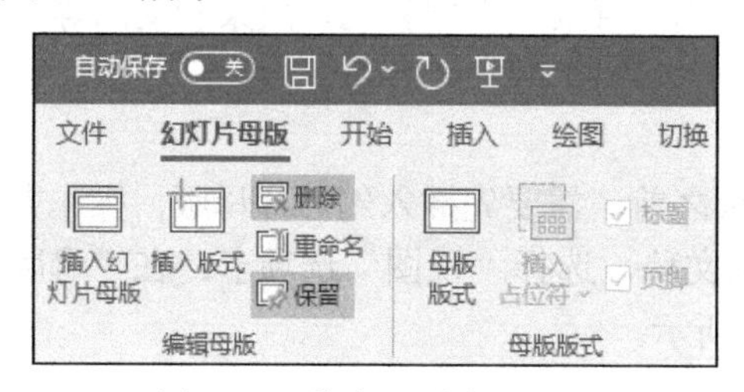

图 5-19　单击“删除”按钮

5.4.3 重命名幻灯片母版

为了通过名称来区分不同的母版或版式，需要对其进行重命名，操作方法如下。

1）打开演示文稿，右击需要重命名的母版，在弹出的快捷菜单中选择“重命名母版”命令。

2）弹出“重命名版式”对话框，在“版式名称”文本框中输入新的名称，单击“重命名”按钮。

3）返回幻灯片母版视图，将鼠标指针移动到刚刚重命名的幻灯片母版上，用户可以看到其新的名称。

5.4.4 复制幻灯片母版

用户可以直接复制幻灯片母版并对其进行修改，当然，也可快速创建布局格式类似的母版或版式，下面详细介绍复制幻灯片母版的操作方法。

在左侧的幻灯片窗格中，右击要复制的幻灯片母版，在弹出的快捷菜单中选择“复制幻灯片母版”命令，即可复制出一模一样的幻灯片母版。

5.4.5 保留幻灯片母版

除了自行创建的幻灯片母版以外，其他母版都是临时的。要锁定一个幻灯片母版，使之不会在没有被任何幻灯片使用时消失，用户可以进行以下操作：右击该幻灯片母版，在弹出的快捷菜单中选择“保留母版”命令。

5.5 案例 1：幻灯片母版在企业宣传 PPT 中的应用

插入幻灯片母版后，用户可以对插入的幻灯片母版进行美化处理，例如设置幻灯片母版的背景样式、母版文本、母版项目符号和编号、日期、编号和页眉页脚等。下面将详细介绍美化幻灯片母版的相关知识及操作方法。

5.5.1 设置幻灯片母版的背景样式

在 Power Point 365 中，用户可以对幻灯片母版进行设置背景的操作，使幻灯片更加美观，下面将详细介绍设置母版背景的操作方法。

1）打开“案例：祯瑜商贸有限公司 PPT 美化.pptx”演示文稿，选择“视图”选项卡，在“母版视图”组中，单击“幻灯片母版”按钮，切换到“幻灯片母版”选项卡。

2）在“背景”组中单击“背景样式”下拉按钮，选择“样式 9”，如图 5-20 所示。此时，用户可以看到演示文稿中的所有幻灯片母版都应用了由白色向浅灰色渐变的背景样式，如图 5-21 所示。

3）在幻灯片编辑窗口中单击鼠标右键，执行“设置背景格式”命令，在右侧的“设置背景格式”面板中选中“图片或纹理填充”单选按钮（如图 5-14 所示），单击“插入”按钮，弹出“插入图片”对话框，选择素材文件“背景图.png”，单击“插入”按钮，这样即完成设置幻灯片母版背景图片的操作，效果如图 5-22 所示。

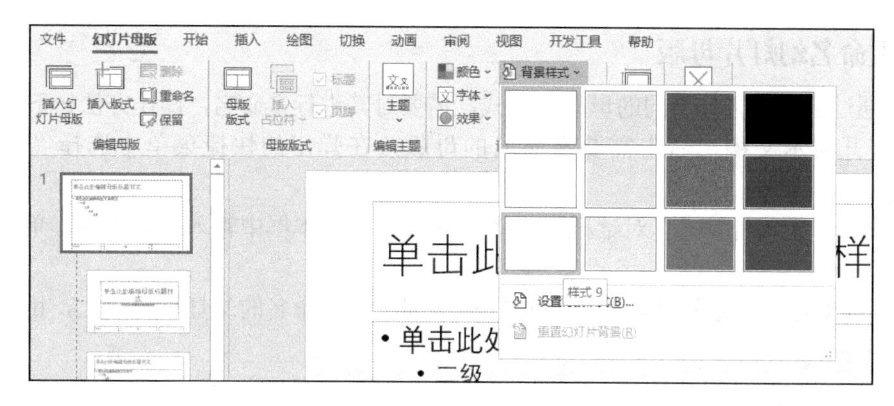

图 5-20　选择“背景样式”

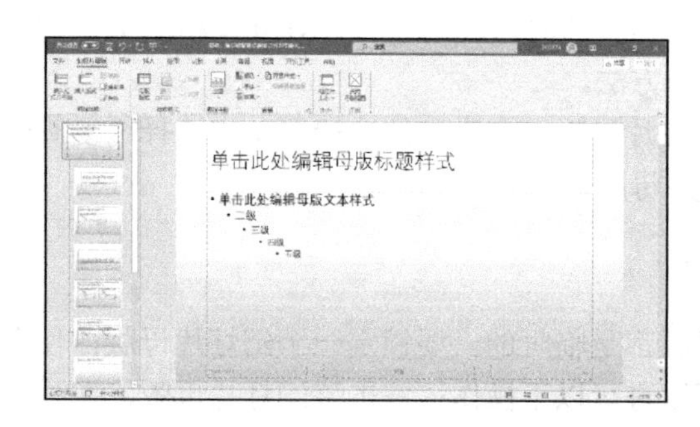

图 5-21　幻灯片母版设置渐变背景样式后的效果

图 5-22　幻灯片母版设置背景图片后的效果

4）按照第 3）步的方法设置内容页背景图。

5.5.2　设置幻灯片母版的文本

用户可以根据幻灯片版式的需要，对幻灯片母版中的文本进行美化。在 PowerPoint 365 中内置了很多字体主题格式用于美化文本。

1）打开“案例：祯瑜商贸有限公司 PPT 美化.pptx”演示文稿，选择“视图”选项卡；在“母版视图”组中，单击“幻灯片母版”按钮，切换到“幻灯片母版”选项卡；在“背景”组中单击“字体”下拉按钮，选择“经典字体搭配方案”（图 5-8 中自定义的字体主题），如图 5-23 所示。

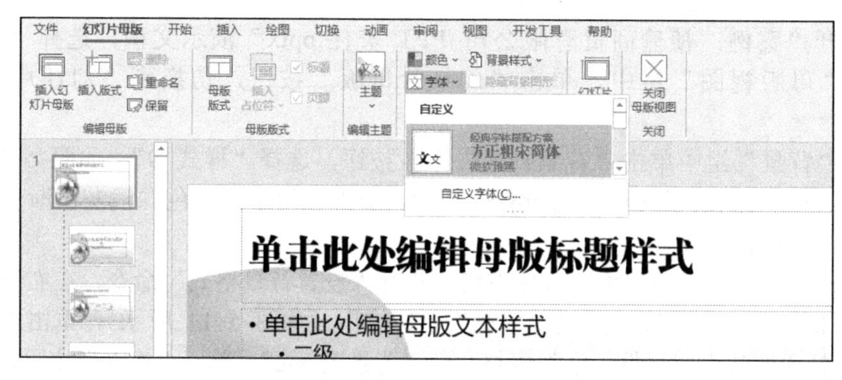

图 5-23　选择“经典字体搭配方案”

2）选择幻灯片母版中的“标题幻灯片”，单击标题占位符，调整标题的位置和样式，效果如图 5-24 所示。

3）选择幻灯片母版中的“标题与内容版式”，单击标题占位符，调整标题的位置和样式，效果如图 5-25 所示。

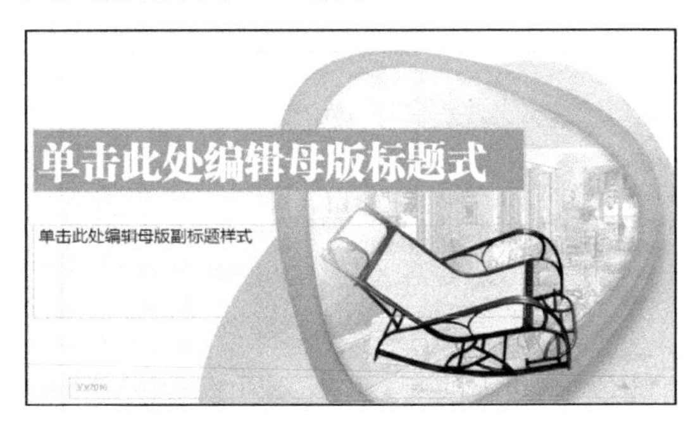

图 5-24　设置“标题幻灯片”的文字样式

图 5-25　设置“标题与内容版式”的文字样式

4）单击“关闭母版视图”按钮，制作其他 PPT 即可。

5.5.3　设置幻灯片母版的项目符号和编号

设置项目符号是指在标题前添加符号，以便对标题进行区分；设置项目编号是指对有顺序的标题进行编号。下面详细介绍设置幻灯片母版中项目符号和编号的操作方法。

打开“案例：祯瑜商贸有限公司 PPT 美化.pptx”演示文稿，选中准备设置项目符号的文本；选择“开始”选项卡，在“段落”组中单击“项目符号”下拉按钮；在弹出的下拉列表中选择项目符号，如图 5-26 所示。设置幻灯片母版中项目符号的效果如图 5-27 所示。

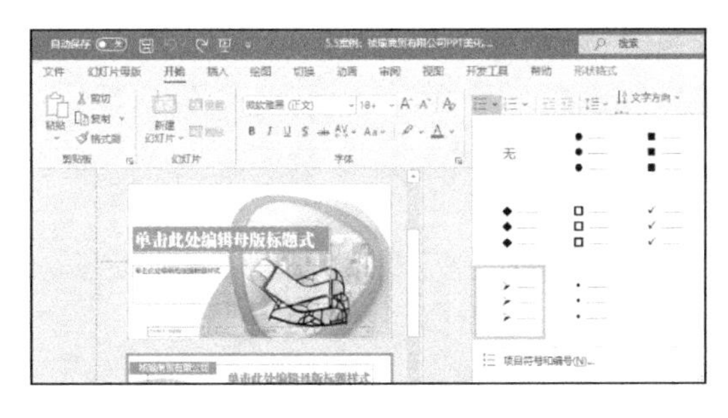

图 5-26　选择项目符号

图 5-27　设置项目符号的效果

设置幻灯片母版项目编号与设置幻灯片母版项目符号的方法类似，不再赘述。

5.5.4　设置幻灯片母版的日期、编号和页眉页脚

在幻灯片母版的日期区域、幻灯片区域和页脚区域，可以分别对日期、编号和页眉页脚进行设置，从而使幻灯片母版的信息更为详细，下面将详细介绍相关操作方法。

1）打开“案例：祯瑜商贸有限公司 PPT 美化.pptx”演示文稿，选中日期区域，选择“插入”选项卡，在“文本”组中单击“页眉和页脚”按钮，如图 5-28 所示。

2）弹出“页眉和页脚”对话框，选择“日期和时间”复选框，选择“幻灯片编号”复选框，选择“页脚”复选框，输入“淮安祯瑜商贸有限公司”，单击“全部应用”按钮，如图 5-29 所示。在幻灯片母版中，用户可以看到日期、幻灯片编号、页脚已经发生了改变。

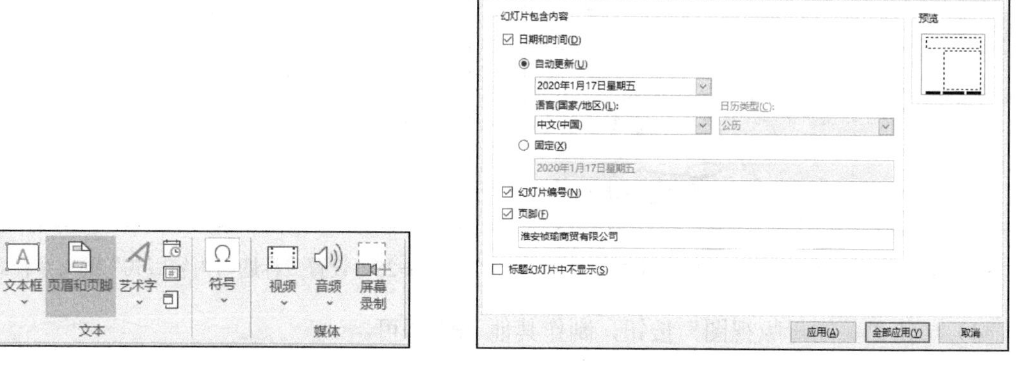

图 5-28　单击“页眉和页脚”按钮　　　　图 5-29　“页眉和页脚”对话框

5.5.5　案例效果展示

退出幻灯片母版后，从封面开始，逐页制作介绍祯瑜商贸有限公司的 PPT，实现的页面效果如图 5-30 所示。

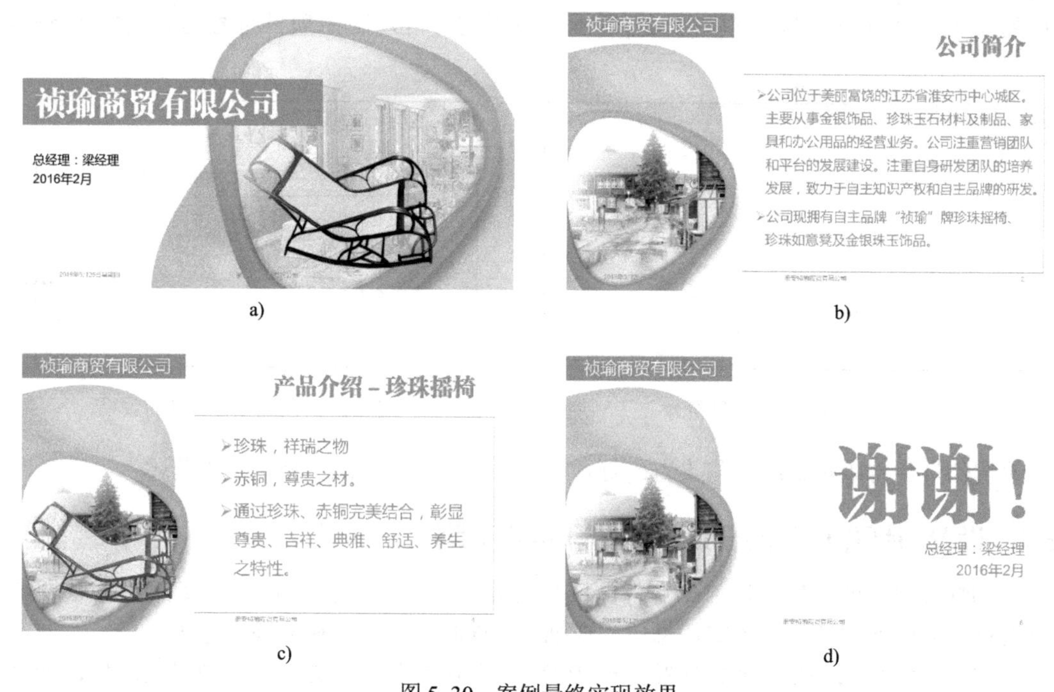

图 5-30　案例最终实现效果

a) 封面　b) 企业介绍内容页　c) 产品介绍内容页　d) 封底

5.6 案例 2：幻灯片母版在创业路演 PPT 中的应用

5-3 课件模板的设计技巧

对于一个企业宣传类 PPT，除了主题版式、主题颜色（配色方案）和主题字体（字体方案）之外，还需要统一的模板来统一页面效果。一个 PPT 模板至少需要三个子版式：封面版式、转场版式与内容版式。封面版式主要用于 PPT 的封面，转场版式主要用于章节封面，内容版式主要用于 PPT 的内容页面。其中，封面版式与内容版式一般都是必需的，而较短的 PPT 可以不设计转场页面。下面学习借助模板来制作创业路演演示文稿。

5.6.1 封面设计

5-4 封面页模板设计

封面是浏览者第一眼看到的 PPT 的页面，直击观众的第一印象。通常情况下，封面页主要起到突出主题的作用，包括标题、作者、单位、时间等信息。封面一般不宜过于花哨。

PPT 的封面页可以分为文本型和图文并茂型。

1. 文本型

如果没有搜索到合适的图片，仅仅通过文字的排版也可以制作出效果不错的封面。为了防止页面单调，可以使用渐变色作为封面的背景，如图 5-31 所示。

图 5-31 文本型封面（1）

a) 单色背景 b) 渐变色背景

文本型封面也可以使用规则色块来突显标题内容，注意在色块交接处使用线条调和页面，使页面整体色调更加协调，如图 5-32 所示。

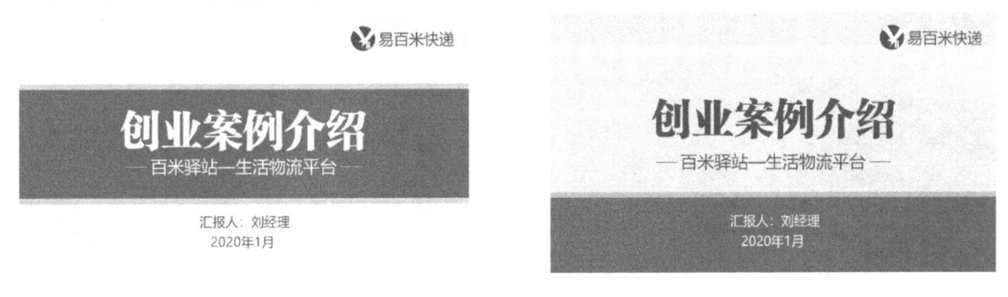

图 5-32 文本型封面（2）

通常，文本型封面也可以使用不规则图形排版布局，给人以动感，如图 5-33 所示。

图 5-33　文本型封面（3）

2．图文并茂型

运用图片时要注意，小图相比大图更能使观众视线聚焦，引起观众的注意。图片一定要切合题意，才能迅速抓住观众的注意力，也才能突出汇报的重点，如图 5-34 所示。

图 5-34　图文并茂型封面（1）

也可以使用半图的形式来制作封面，即把一张全图裁切成需要的尺寸后作为封面背景，如图 5-35 所示。全图能够给人以视觉冲击力，因此不必使用复杂的图形装点页面。

图 5-35　图文并茂型封面（2）

图 5-35　图文并茂型封面（2）（续）

除上述类型的封面外，还可以将图片与曲线结合设计出其他的版式。

最后介绍借助全图来制作全图背景封面的方法，即将图片铺满整个页面，然后把文本置于图片上，重点是突出文本。可以采用的方法有以下两种。

➢ 修改图片的亮度，局部虚化图片。
➢ 在图片上添加半透明或者不透明的形状作为背景，使文字更加清晰。

依据以上方法制作的全图背景封面如图 5-35e～h 所示。

读者还可以整合上述几种方法与思路，制作的封面效果如图 5-36 所示。

图 5-36　图文并茂型封面（3）

5-5　导航页模板设计

5.6.2　导航页设计

PPT 的导航页面的作用是展示演示的进度，使观众能清晰把握整个 PPT 的脉络，使演示者能准确把握汇报节奏。对于篇幅较短的 PPT 来讲，可以不设置导航页面。对于篇幅较长的

PPT，设计逻辑结构清晰的导航页面是很有必要的。

通常，PPT 的导航页面主要包括目录页和转场页，此外还可以设计导航页。

1．目录页

PPT 目录页的设计目的是让观众全面清晰地了解整个 PPT 的架构。因此，好的 PPT 就是要在目录页将架构呈现出来。实现这一目的核心就是将目录内容与序列图示结合。

传统型目录页主要运用图形与文本的组合，如图 5-37 所示。

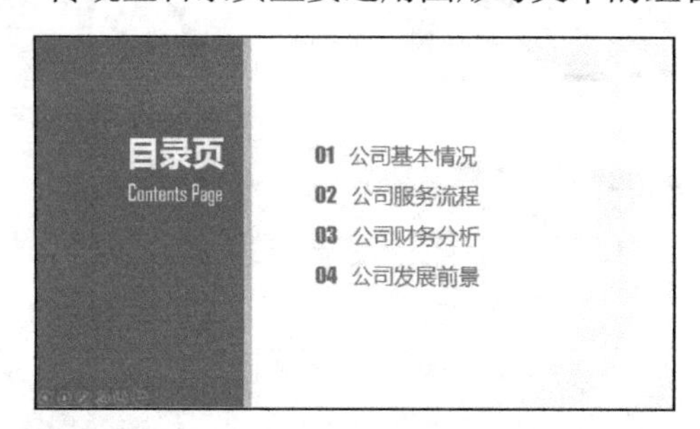

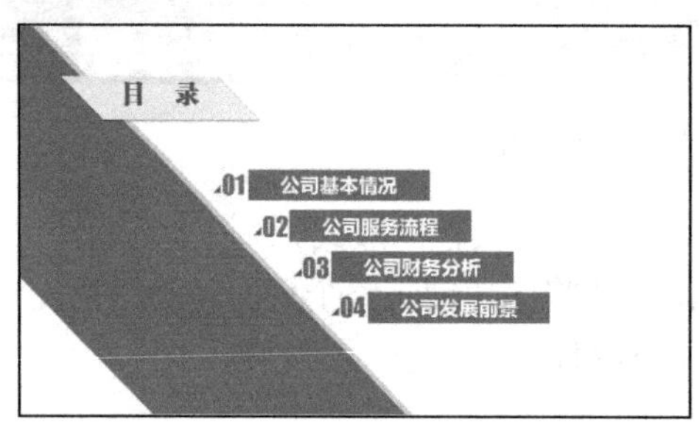

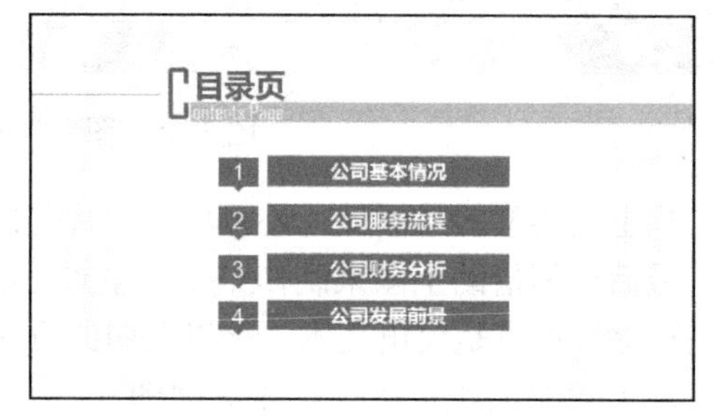

图 5-37　传统型目录页

图文混合型目录页主要采用一幅图片配合一行文本，如图 5-38 所示。

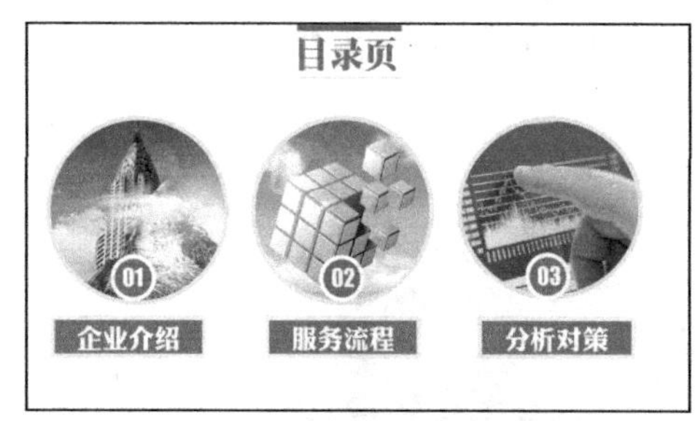

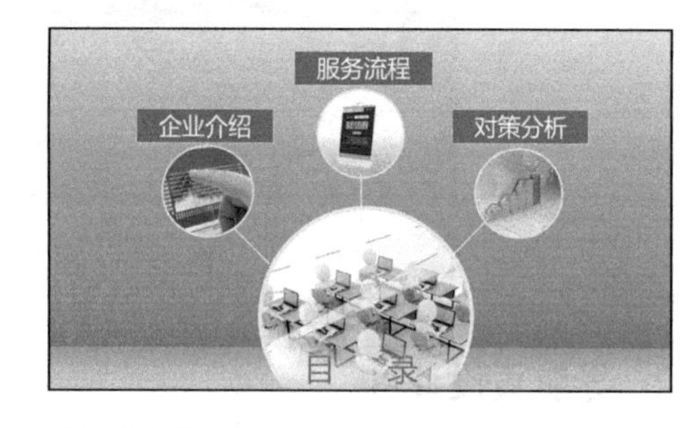

图 5-38　图文混合型目录页

综合充分考虑整个 PPT 的设计风格与特点，将文本、色块、图片、图形等元素综合应用，如图 5-39 所示。

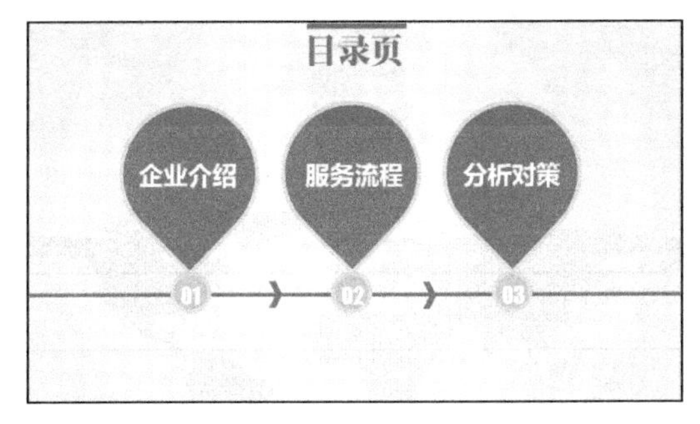

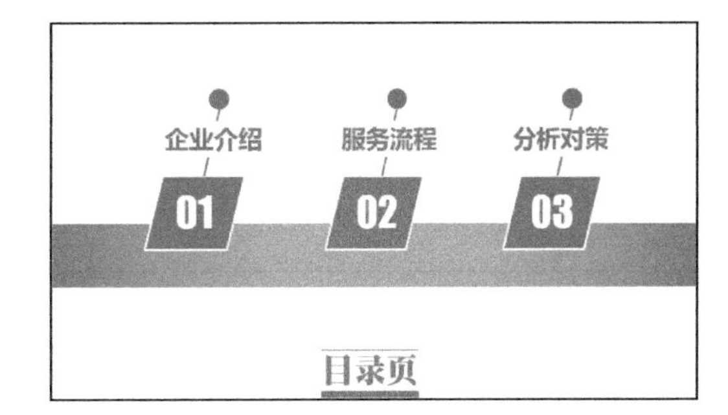

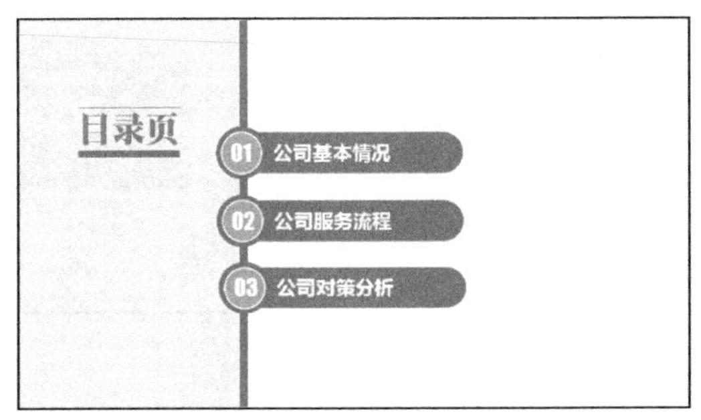

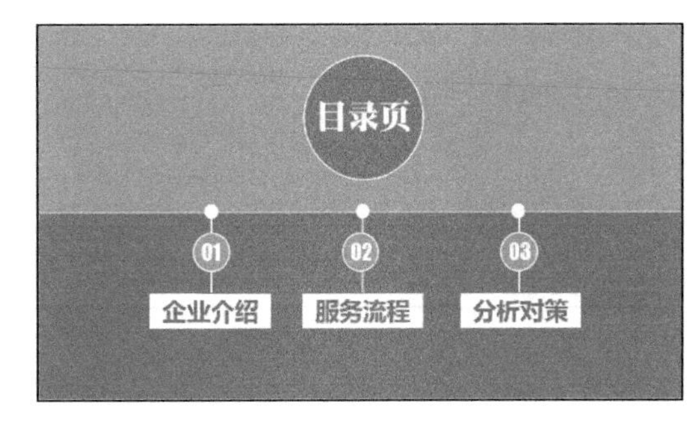

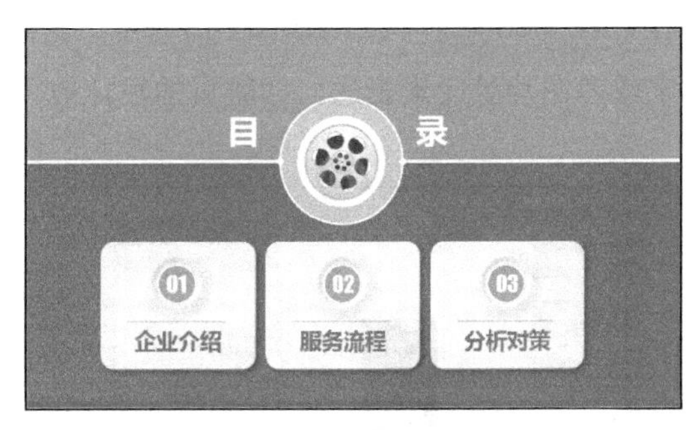

图 5-39　综合型目录页

2. 转场页

转场页的主要作用在于提醒观众新的篇章开始，告知整个演示的进度，有助于观众集中注意力，起到承上启下的作用。

制作转场页时要注意转场页尽量与目录页在颜色、字体、布局等方面保持一致，局部布局可以有所变化。如果制作转场页与目录页一致的话，可以在页面的饱和度上变化，例如，当前演示的部分使用彩色，不演示的部分使用灰色。也可以独立设计转场页，如图 5-40 所示。

3. 导航页

导航页的主要作用在于让观众了解演示进度。篇幅较短的 PPT 不需要导航页，只有篇幅较长的 PPT 需要导航页。导航页的设计非常灵活，可以放在页面的顶部，也可以放在页面的底部，放到页面的两侧也可以。

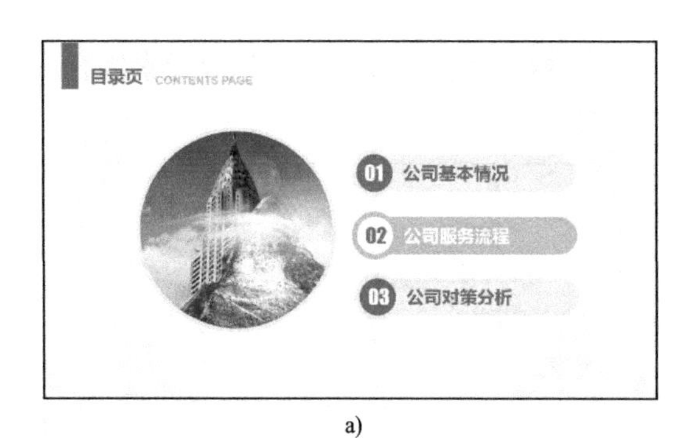

a)

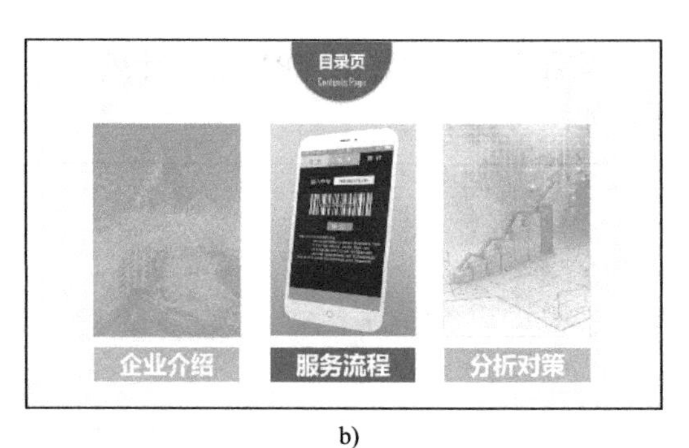

b)

c)

d)

图 5-40　转场页

a) 标题文字颜色的区分　b) 图片色彩的区分　c) 单独页面设计 1　d) 单独页面设计 2

在表达方式方面，导航页可以使用文本、数字或者图片等元素表达。导航页的设计效果如图 5-41 所示。

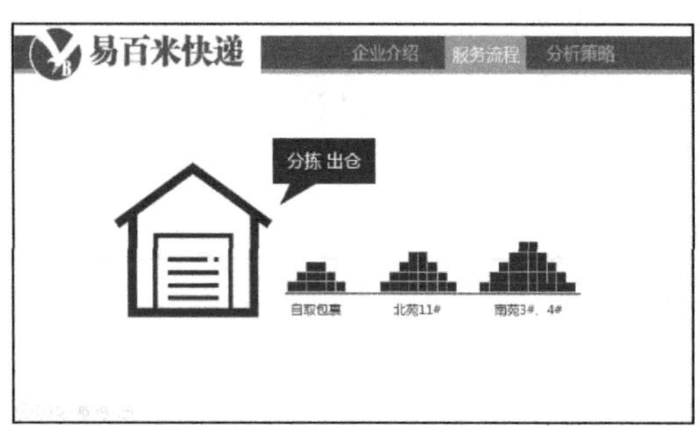

a)

b)

c)

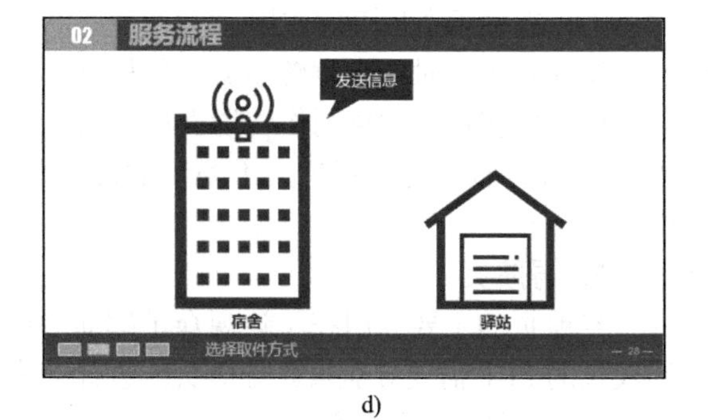

d)

图 5-41　导航页设计

a) 文本颜色衬托导航　b) 左侧颜色衬托导航　c)底部圆点导航　d) 底部方框导航

5.6.3 正文页设计

5-6 正文页模板设计

正文页包括标题栏与正文两个部分。标题栏是展示 PPT 标题的地方，标题表达信息更快、更准确。内容页的模板中，标题通常放在固定的、醒目的位置，使主题更突出。

标题栏通常采用简约、大气的设计风格。标题栏上相同级别标题的字体和位置要保持一致，防止级别混乱。依据大多数人的浏览习惯，标题通常都置于页面的上方。内容区域是 PPT 页面中放置正文的区域，内容区域通常是 PPT 演示的主要内容。

标题的常规表达方法包括图标提示、点式、线式、图形、图片图形混合等。正文页的页面设计效果如图 5-42 所示。

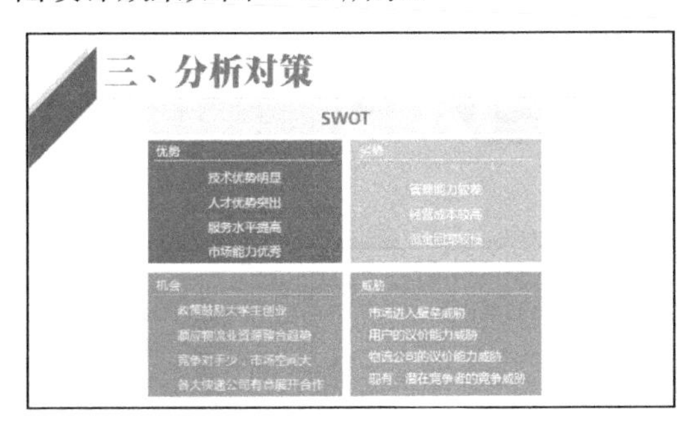

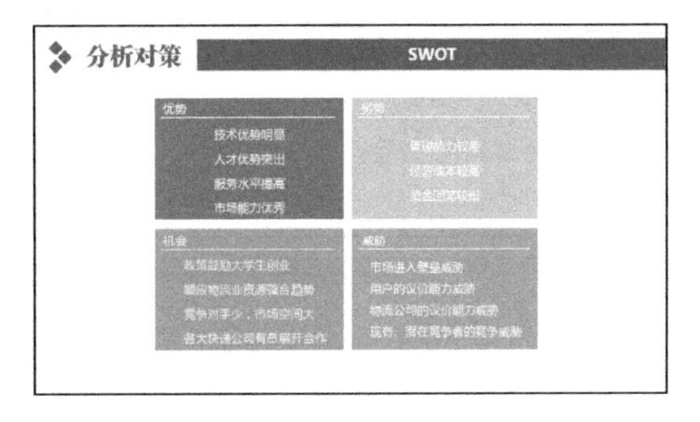

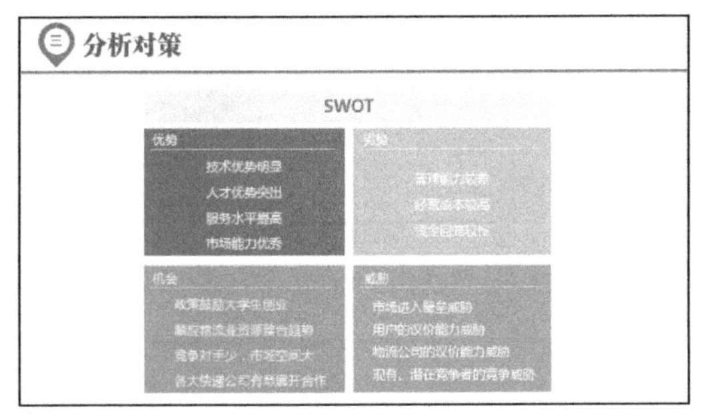

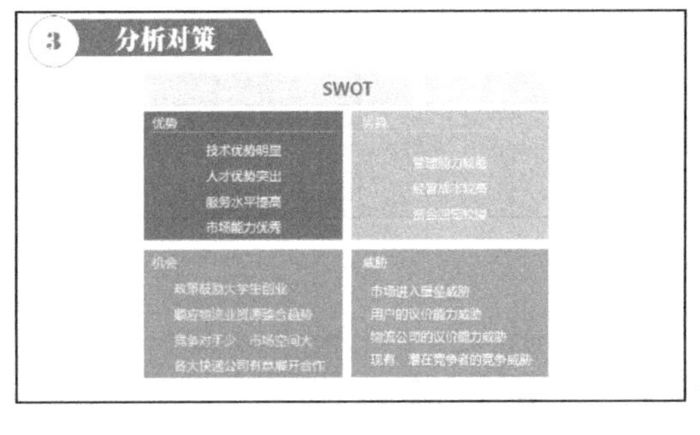

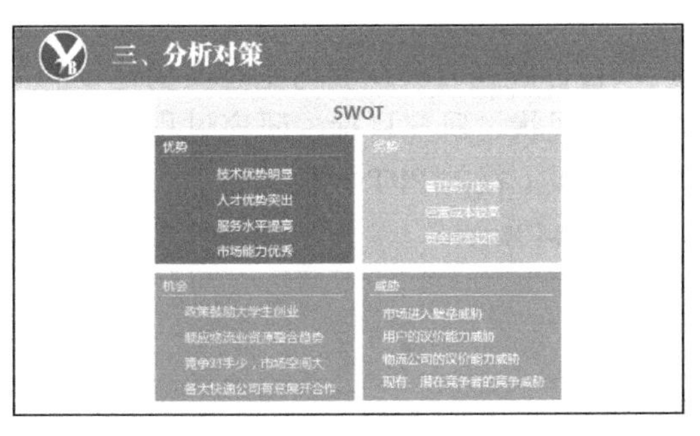

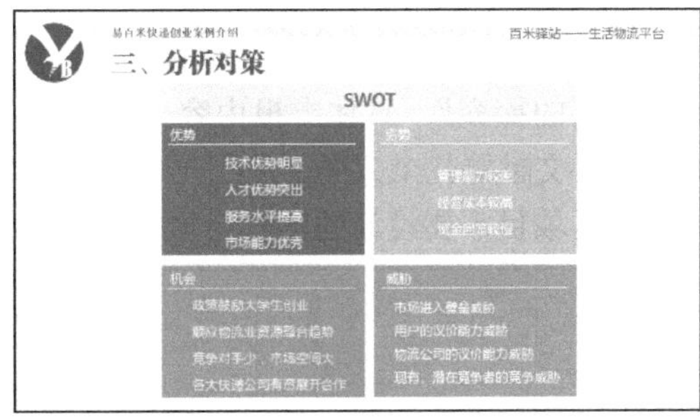

图 5-42　正文

对内容区域的布局，应遵循第 4 章中的 CMAP 原则，建议读者多浏览、多学习优秀的作品，汲取经验。

5.6.4 封底设计

5-7 封底页模板设计

封底通常用来表达感谢和注明作者信息，为了保持 PPT 整体风格统一，制作者需要设计与制作封底。

封底的设计要和封面保持风格一致，尤其是在颜色、字体、布局等方面要和封面保持一致，封底使用的图片也要与 PPT 主题保持一致。如果制作者想简化封底设计过程，可以在封面的基础上进行修改。封底的页面设计效果如图 5-43 所示。

图 5-43 封底

5.7 拓展训练

学院于老师要申请市科技局的一个科技项目，项目标题为“公众参与生态文明建设利益导向机制的探究”，具体申报内容分为课题综述、目前现状、研究目标、研究过程、研究结论、参考文献等几个方面。现根据需求设计适合项目申报汇报的 PPT 模板。

依据项目需要设计的项目申报模板参考效果如图 5-44 所示。

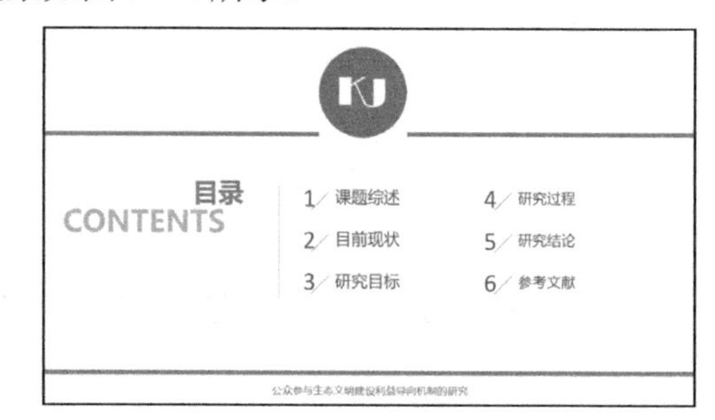

图 5-44 项目申报模板参考效果

图 5-44　项目申报模板参考效果（续）

第6章　PPT图像

6-1　教学课件的图胜千言

6.1　图像的作用与分类

6.1.1　图像在PPT中的作用

PPT 本身是技术与艺术的整合，图片作为重要的组成元素必不可少。图片主要有以下几方面的作用。

1．用作背景

图像主要用作 PPT 的模板或者封面背景，起到美化页面的作用，使整个页面符合人们的视觉心理。页面效果优美，能够显示出整个 PPT 的艺术性特征。

2．用作边角修饰

边角修饰作用可以增加 PPT 的整体美感，通过局部艺术性画面，增加了 PPT 的活跃性，打破了 PPT 边框的约束，使 PPT 给人以轻松的感觉。边角修饰使 PPT 呈现出新颖的富含创意的艺术页面效果。

3．用作图标

图标主要是指按钮或导航图标，通过技术性的加工，能够使按钮与导航图标的作用一目了然。图标自身富有质感美感，实用性强，能够体现按钮或导航图标交互性的特征作用。

4．传载信息

PPT 中的图像除了用于页面设计外，最重要的就是传递和承载相关信息。

6.1.2　PPT中常用的图片类型

1．JPG

JPG 是一种高压缩比、有损压缩真彩色的图像文件格式，其最大特点是文件比较小，可以进行高倍率的压缩，因而在很多领域应用广泛。PPT 中的背景图片和素材图片大多数都是 JPG 格式的图片，注意以下几个问题。

第一，保证图片的清晰度，杜绝模糊的图片。高清质量的 JPG 图片效果如图 6-1 所示。

a)

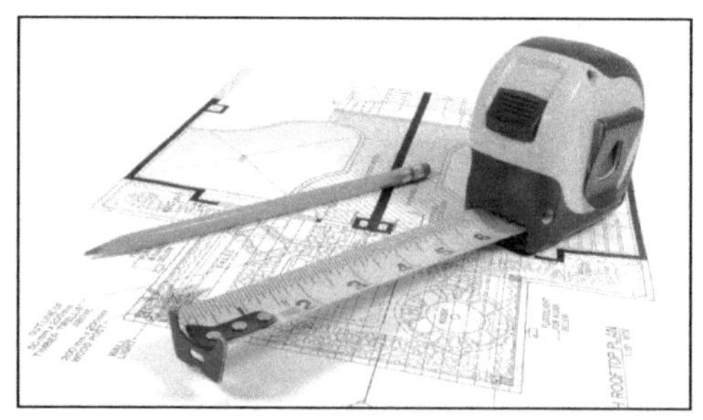

b)

图 6-1　高清质量的 JPG 图片效果

a) 风景类 JPG 图片　b) 绘制工具 JPG 图片

第二，图片要有一定的光感。明亮的光、明显的影、清晰的层次感，赋予 PPT 以“通透”之感，如图 6-2 中的图片所示。

a)

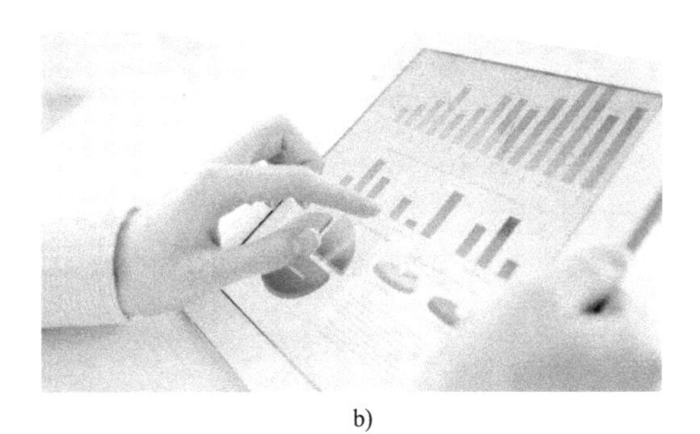

b)

图 6-2　具有一定光感的 JPG 图片效果

a) 富有时代感的商务图片　b) 平板计算机上的业绩报告

第三，图片要有创意。有创意才能让人过目不忘，创意的表现有巧妙、幽默、新奇的感觉，如图 6-3 中的图片所示。

a)

b)

图 6-3　具有一定创意的 JPG 图片效果

a) 商务金融创意设计　b) 创意脐橙自行车

2. GIF

GIF 格式也是一种常用的图像格式，因为最多只能保存 256 种颜色，所以 GIF 格式保存的文件不会占用太多的磁盘空间。GIF 格式还可以保存动画。可以在一张 GIF 图片中插入多幅图像，制作简单的动画。

3. PNG

PNG 是一种较新的图像文件格式。从 PPT 应用的角度看，PNG 图片有 3 个特点，一是清晰度高，二是背景一般都是透明的，三是文件较小。透明效果使得彩色图像的边缘能与任何背景更好地融合，从而消除锯齿边缘。这种功能是 JPG 格式不具备的。

图 6-4a 为 PNG 格式的图片，图 6-4b 为 JPG 格式的背景图片，将两幅图片以透视方式插入 PPT 后，由于图 6-4a 中车的周围是透明的，从而呈现出如图 6-4c 所示的结果。

4. AI

AI 图片是矢量图的一种，除此之外，EPS、WMF、CDR 等格式的图片也是矢量图片。矢量图片的基本特征是任意放大或缩小图片，不影响图片效果，所以矢量图片在印刷业使用广泛。图 6-5 所示是 AI 格式图片在放大前后的效果。

a)　b)　c)

图 6-4　PNG 图片素材

a) PNG 格式图片　b) JPG 格式的背景图片　c) PNG 图片放置到 JPG 图片之上的效果

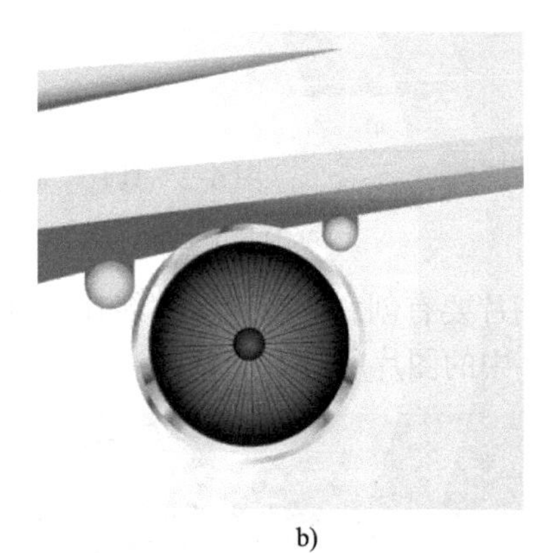

a)　b)

图 6-5　AI 格式的图片

a) 放大前原图　b) 放大后的局部效果

6.1.3　PPT 中图片的挑选方法

制作 PPT 时，使用不同类型的图片给人的感觉可能是截然不同的，如何从琳琅满目的图片库中选出适合的图片呢？下面从图片质量、图片内容以及图片风格三个方面讲解挑选图片的方法与技巧。

1．挑选高清晰度的图片

高质量的图片通常像素较高，色彩搭配比较醒目，明暗关系对比强烈，细节比较细腻，选用这样的图片会提升 PPT 的精致感。图 6-6 为低质量图片与高质量图片的对比。

a)　b)

图 6-6　低质量与高质量图片的对比

a) 低质量的图片　b) 高质量的图片

高质量的图片通常更能够打动观众，应尽量选择视觉冲击力强、感染力强的高质量图片。图 6-7a 虽然也能表达出团队凝聚力的主题，但是漫画人物形象呆板，如图 6-7b 用手抱拳的真实图像具有视觉冲击力。

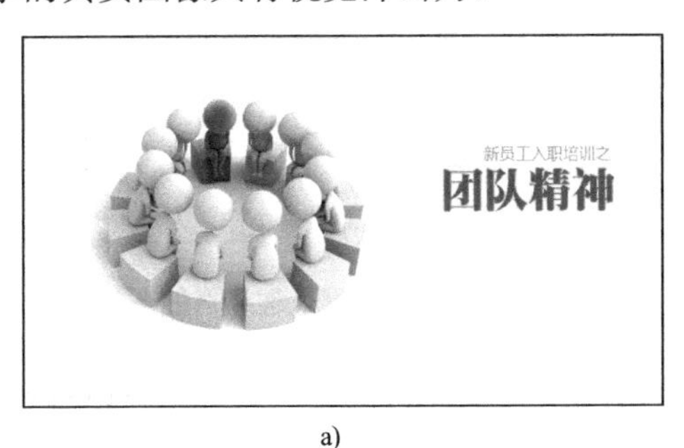

a)

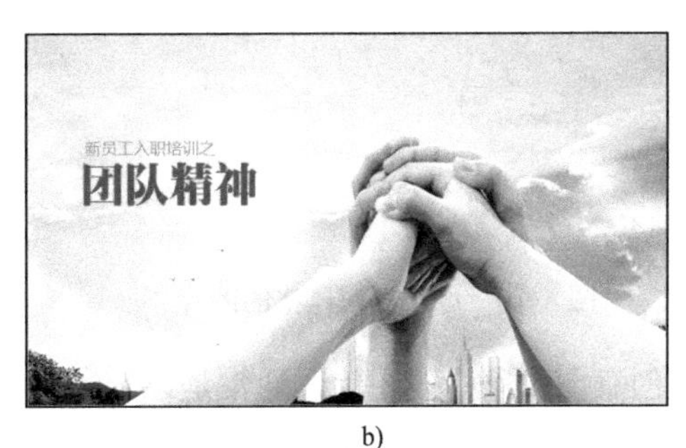

b)

图 6-7　选择视觉效果好的高质量图片

a) 视觉效果一般的高质量图片　b) 视觉效果突出的高质量图片

注意：尺寸过小的图片、低质量的图片、小图片会降低整体 PPT 的专业度与精致感。

2. 挑选符合 PPT 内容的图片

挑选与 PPT 内容相符合的图片，主要是运用图片直接承载演讲的内容；运用图片比喻或者暗喻演说内容；运用图片渲染特定的气氛、情绪，提升 PPT 的整体效果，表达演说者的情绪，从而提高说服力。图 6-8 渲染了城市快速发展的氛围，图 6-9 渲染了茶文化氛围。

图 6-8　渲染了城市高速发展的氛围

图 6-9　渲染了茶文化氛围

3. 挑选适合 PPT 风格的图片

图片除了要足够清晰，与内容很契合之外，还要注意图片的风格与 PPT 的整体风格相符。这里把图片分为严肃正规、幽默风趣、诗情画意和创意图像 4 种风格。

严肃正规风格的图片是经过精心安排、设计的图片，给人认真严谨的感觉。这类图片真实感强，细节丰富，光影变化细腻，能够增强 PPT 的可信度与商务感。图 6-10 所示为严肃正规风格的图片。

幽默风趣风格的图片中的夸张的表情、不可思议的动作，都能增强 PPT 的趣味性，吸引观众的眼球，体现演说者与众不同的风格。图 6-11 所示为幽默风趣风格的图片。

诗情画意风格的图片没有明确的主题，但是画面能带给观众轻柔或浪漫的感觉。图 6-12 所示为诗情画意风格的图片。

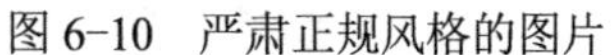

图 6-10　严肃正规风格的图片

图 6-11　幽默风趣风格的图片

创意图像风格的图片，通常是以一种与众不同的角度去看待事物而创作的图片。不同于写实的照片，创意图像风格的图片可以是实拍的照片或者计算机绘制的图案，也可以是后期合成的图像。图 6-13 所示为创意图像风格的图片。

图 6-12　诗情画意风格的图片

图 6-13　创意图像风格的图片

6.2　使用图片

在 PowerPoint 365 中，可通过插入图片的方法来提高幻灯片的表现力。利用图片装饰幻灯片，不仅可以使幻灯片具有图文并茂的视觉效果，而且可以形象地表现幻灯片的主题与思想。

6.2.1　插入图片与调整

1．插入图片

PowerPoint 中的图片可以从各种来源插入，如通过 Internet 下载的图片、利用扫描仪和数码相机输入的图片等。插入图片的一般方法如下。

单击“插入”选项卡下的“图片”按钮，如图 6-14 所示，弹出“插入图片”对话框。在该对话框中，选择“图片素材”文件夹下的“城市风光.jpg”，单击“插入”按钮即可，如图 6-15 所示。

2．调整图片的大小

插入图片后，可以调整图片的大小。选中图片，此时图片四周出现 8 个控点，将鼠标置于控点上，当光标变成双向箭头形状时，拖动鼠标即可。

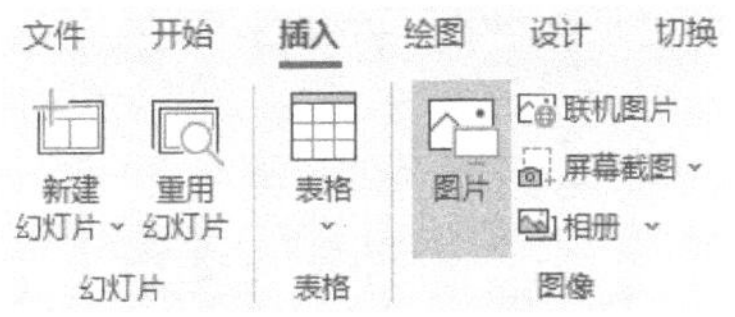

图 6-14 “图片”按钮

图 6-15　插入图片后的效果

3．图片的移动

如果想移动图片，则可以选择图片，将光标放置于图片上，当光标变成四向箭头时，拖动图片至合适位置，松开鼠标即可。

4．调整对比度与亮度

在插入图片后，为了使图文更加美观，可以针对图片的亮度、对比度、着色等进行设置，从而使图片符合幻灯片的配色需求。

更改图片效果的方法是：选择图片，单击“图片格式”选项卡下的“校正”按钮，并在其下拉列表中选择相应的亮度和对比度选项，如图 6-16 所示。

另外，在如图 6-16 所示的下拉列表中选择“图片校正选项”，打开“设置图片格式”面板，在“图片校正”选项组中，可根据具体情况调整相应的数值，如图 6-17 所示。

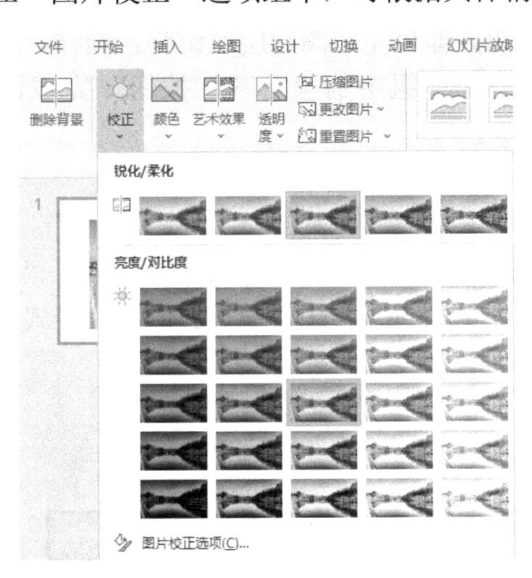

图 6-16 “校正”下拉列表

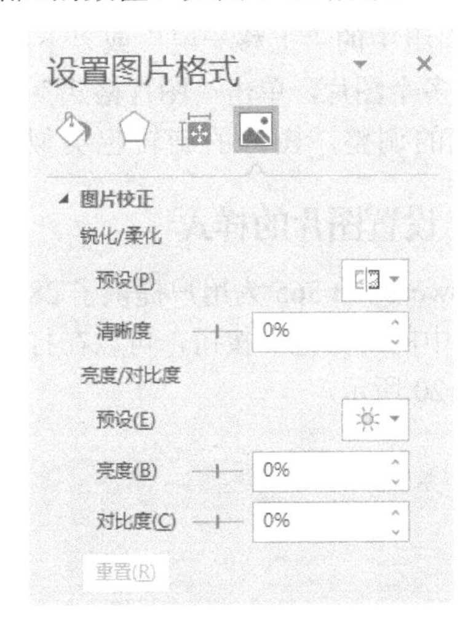

图 6-17 “图片校正”选项组

5．设置图片颜色

设置图片颜色的方法是：选择图片，单击“图片格式”选项卡下“调整”组中的 “颜色”按钮，在其下拉列表中选择相应的选项即可，如图 6-18 所示。

另外，在下拉列表中选择“图片颜色选项”，打开“设置图片格式”面板，在“图片颜色”选项组中，可根据具体情况调整相应的数值，如图 6-19 所示。

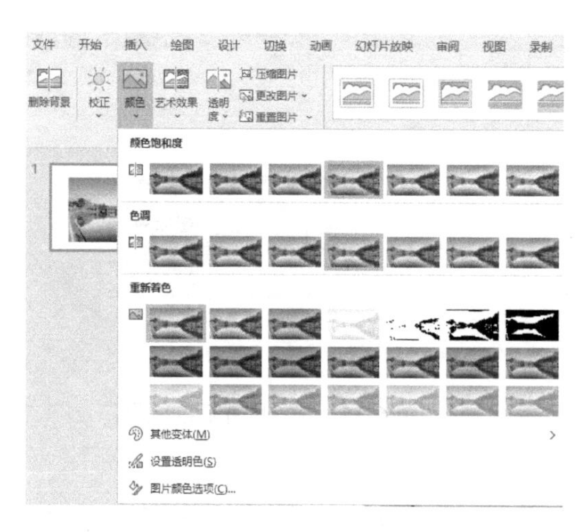

图 6-18 “颜色”下拉列表

图 6-19 “图片颜色”选项组

6. 设置图片的艺术效果

设置图片的艺术效果的方法是：选择图片，单击“图片格式”选项卡下“调整”组中的“艺术效果”按钮，在其下拉列表中选择相应的选项即可。

7. 调整图片的层次、对齐与旋转方式

当用户在幻灯片中放置多个图片时，需要调整图片的位置及排列方式，或者为了展现幻灯片的多样性，充分体现图片的层次感，需要调整图片的显示方向。

幻灯片中排放多个图片时，只需要选择其中的一个图片，单击“图片格式”选项卡下“排列”组中的“上移一层”或“下移一层”按钮，即可完成图片层次调整。同样，如果需要对齐多个图片，单击“图片格式”选项卡下“排列”组中的“对齐”按钮，完成图片对齐方式的调整。图片的旋转也类似，在此不赘述。

6.2.2 设置图片的样式

PowerPoint 365 为用户提供了 28 种图片内置样式。单击“图片格式”选项卡下“图片样式”组中的“其他”按钮，可以在打开的“图片格式”选项卡中浏览所有的图片样式效果，如图 6-20 所示。

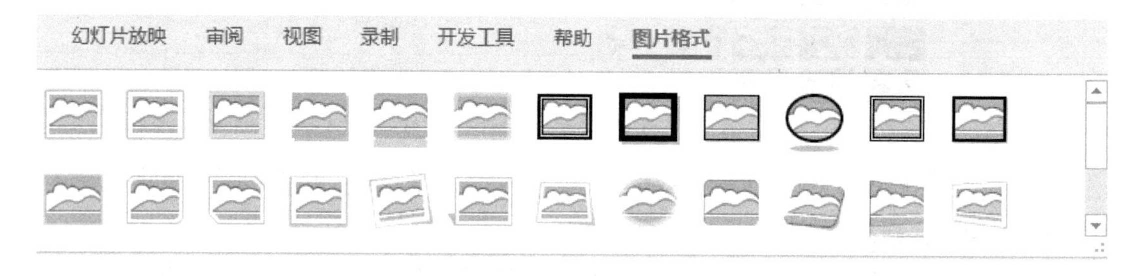

图 6-20 “图片格式”选项卡

以“城市风光.jpg”素材图片为例，选择“棱台透视”样式后，效果如图 6-21 所示，选择“旋转，白色”样式后，效果如图 6-22 所示。

图 6-21 “棱台透视”样式

图 6-22 “旋转，白色”样式

6.2.3 设置版式与形式

除了设置图片的样式之外，用户还可以通过更改图片的版式来显示图片的可塑性。另外，还可以根据 PowerPoint 365 自带的裁剪功能，更改图片的外观形状。

1．设置图片的版式

插入 4 幅素材图片，如图 6-23 所示，然后选择图片，单击“图片格式”选项卡下“图片样式”组中的“图片版式”按钮，在其下拉列表中选择一种版式，如图 6-24 所示。

图 6-23 插入 4 幅素材图片

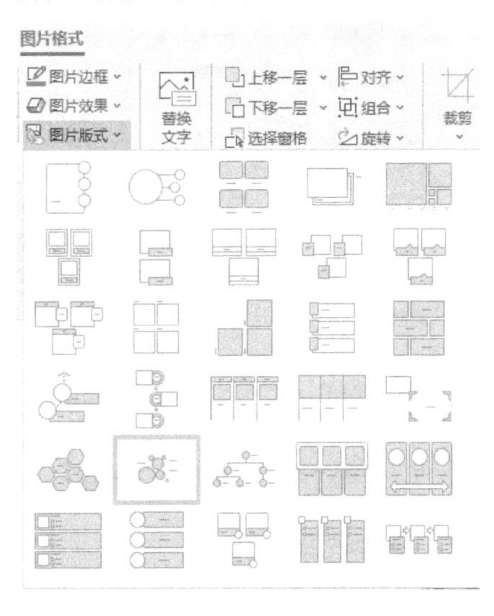

图 6-24 “图片版式”下拉列表

选择“六边形群集”版式后，效果如图 6-25 所示，选择“垂直图片列表”版式后，效果如图 6-26 所示。

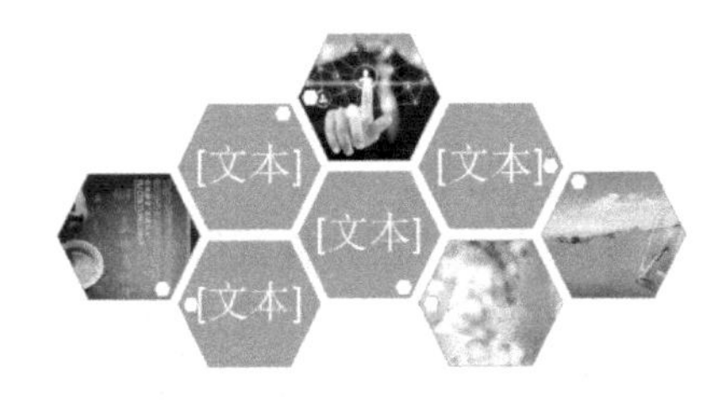

图 6-25 “六边形群集”版式

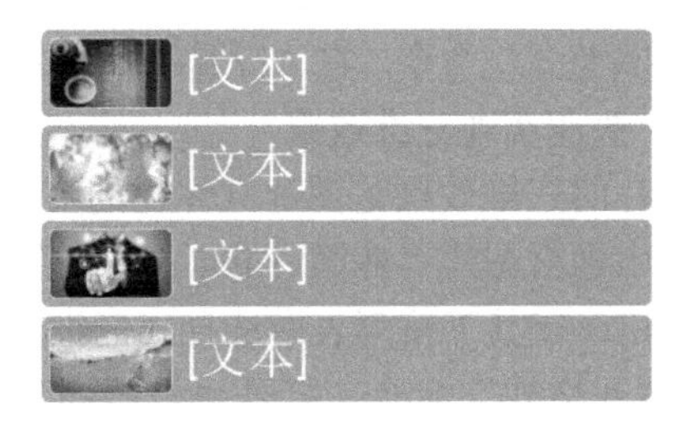

图 6-26 “垂直图片列表”版式

2．设置图片外观形状

以“城市风光.jpg”素材图片为例，选择图片，单击“图片格式”选项卡下“大小”组中的“裁剪”按钮，在其下拉列表中选择一种选项，即可裁剪为所需的形状。

6.3 图片效果的应用技巧

6-2 图片效果的应用

PPT 有强大的图片处理功能，下面介绍部分常用的图片处理功能。

1．图片相框效果

PPT 在图片样式中提供了一些精美的相框，如图 6-20 所示。直接利用 PPT 样式制作的边框会使图片变得模糊，而且可选择性不大，在此使用自定义相框会使图片的效果更理想。具体方法如下。

打开 PowerPoint 365，插入素材图片“晨曦.jpg”，双击图片，设置“图片边框”：边框颜色为白色，边框粗细为 6 磅，选择“图片效果”中的“阴影”→“偏移：中”效果，实现自定义边框，如图 6-27 所示。复制图片并进行移动与旋转，效果如图 6-28 所示。

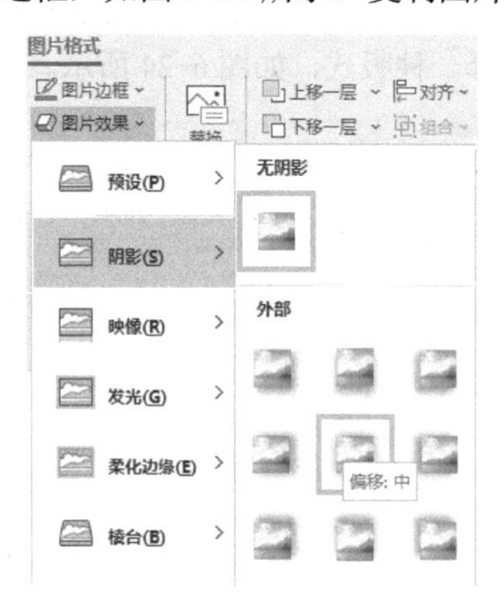

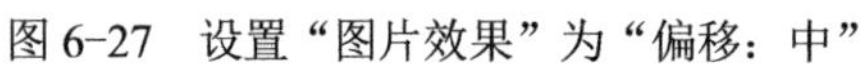
图 6-27　设置“图片效果”为“偏移：中”

图 6-28　图片相框效果

2．图片映像效果

图片的映像效果是立体化的一种体现，运用映像效果，给人更加强烈的视觉冲击。

要设置映像效果，选择图片（素材“化妆品.jpg”）后，单击“图片格式”选项卡下“图片样式”组中“图片效果”按钮，在其下拉列表中选择“映像”，然后选择合适的映像效果即可（紧密映像，4 磅 偏移量），如图 6-29 所示，调整后的效果如图 6-30 所示。

图片映像效果细节设置的具体操作是：在图片上单击鼠标右键，在弹出的快捷菜单中选择“设置图片格式”命令，在“设置图片格式”面板中可以对映像的透明度、大小等细节进行设置。

3．快速实现三维效果

图片的三维效果是图片立体化的突出表现形式，具体方法如下。

选中素材图片“啤酒 1.jpg”后，单击“图片格式”选项卡下“图片样式”组中“图片效果”按钮，在其下拉列表中选择“三维旋转”→“透视”→“右透视”，右键选择图片，执行“设置图片格式”命令，打开“设置图片格式”面板，在“三维旋转”选项组中设置“X 旋转”为“320°”（见图 6-31），最后，设置图片映像效果，最终的效果如图 6-32 所示。

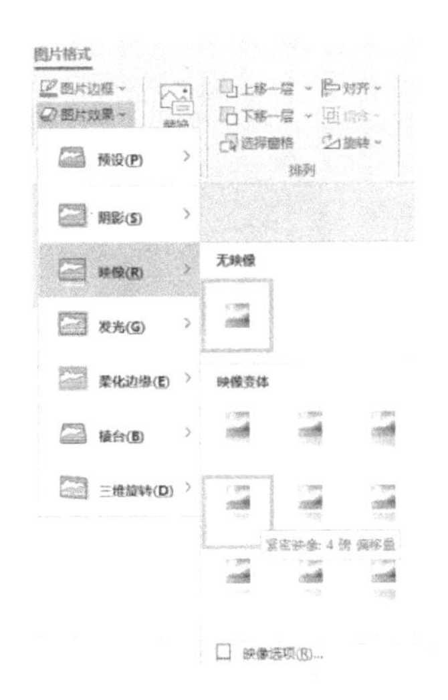

图 6-29 设置“图片效果”为“紧密映像，4 磅 偏移量”

图 6-30 映像效果

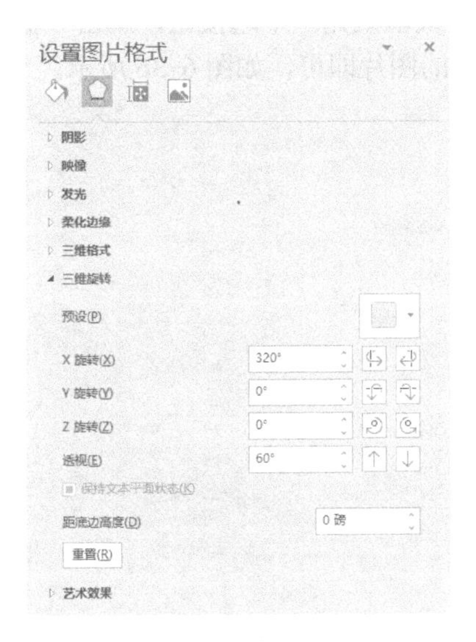

图 6-31 “设置图片格式”面板

图 6-32 最终效果

三维效果使 PPT 演示更具有空间感，但并非所有图片都适合用三维效果。是否使用三维效果要根据 PPT 背景而定，简洁的背景适用立体效果，复杂的背景要充分考虑整个 PPT 风格，使 PPT 前后风格保持统一，避免使画面眼花缭乱。

4．利用裁剪实现个性形状

在 PPT 中插入图片时所用的形状多是矩形，通过裁剪功能可以将图片变换成任意的自选形状，以适应多图排版。

双击图片素材“晨曦.jpg”，单击“裁剪”按钮，设置“纵横比”为“1∶1”，调整位置，可以将素材裁剪为正方形。

单击“图片格式”选项卡下“大小”组中的“裁剪”按钮，在弹出的下拉列表中选择“裁剪为形状”→“泪滴形”，如图 6-33 所示。裁剪后的效果如图 6-34 所示。

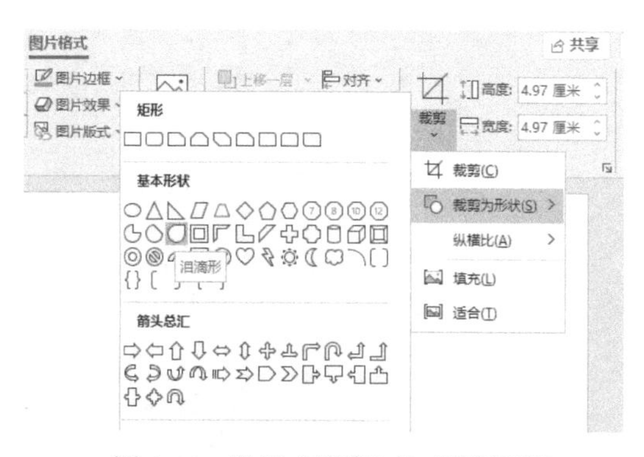

图 6-33　设置“裁剪”为“泪滴形”

图 6-34　裁剪后的效果

5. 形状的图片填充

当 PowerPoint 内置的形状不能满足使用需求时，可以通过先绘制图形再进行填充图片的方式来实现。需要注意的是，绘制的图形和填充图片的长宽比务必保持一致，否则会导致图片扭曲变形。图片填充的效果如图 6-35 所示。选择图形，右键单击图形，在弹出的“设置形状格式”面板的“填充”选项组中，选中“图片或纹理填充”单选按钮，单击“插入”按钮，在弹出对话框中单击“文件”按钮，选择要插入的图片即可，如图 6-36 所示。

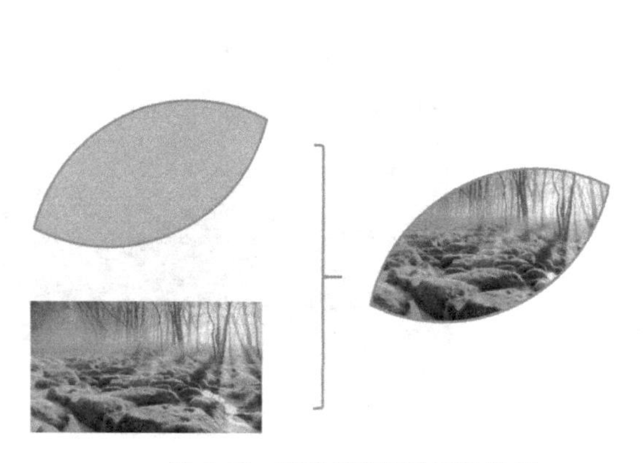

图 6-35　形状填充图片后的效果

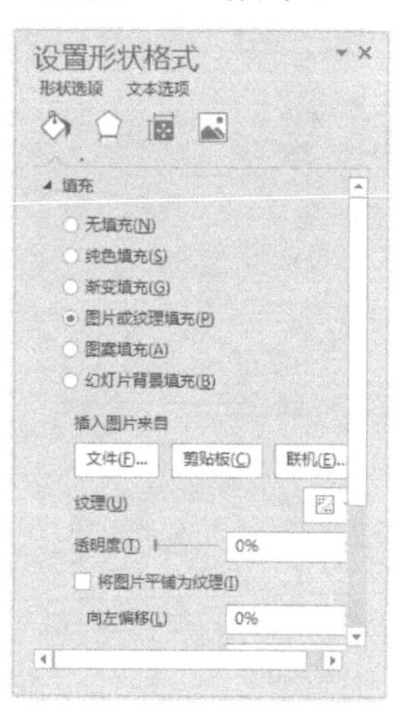

图 6-36　设置填充方式

图片填充完成后，还可以根据需要调整其他参数。

6. 给文本填充图片

为了使标题文字更加美观，还可以将图片填充文本中，具体方法与形状填充相似，效果如图 6-37 所示。

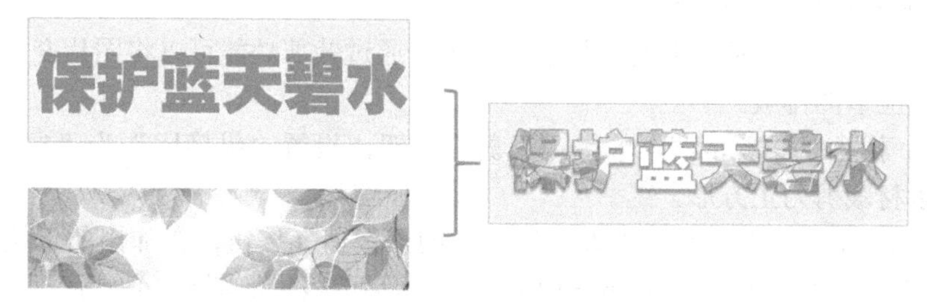

图 6-37　文本填充图片后的效果

6.4 图片的排列技巧

6-3 多图排列技巧

6.4.1 多图排列技巧

当一页 PPT 中使用多张图片时，需要合理安排图片的位置。在此介绍几条关于多图排列的经验。

1）当一页 PPT 中有天空与大地两张图片时，把天空放到大地的上方可以使画面更协调。

2）当一页 PPT 中使用两张大地的图片时，两张图片的地平线在同一直线上，可以使两张图片看起来就像一张图片一样，整个画面看起来会和谐很多，如图 6-38 所示。

a)　　　　　　　　b)

图 6-38　天空与大地的排列方式

a) 天空在上大地在下　b) 两幅大地图像在同一地平线上

3）对于多张人物图片，注意将人物的眼睛置于同一水平线上。这是因为人们在观察一个人时一定是先看他的眼睛，当图片中人物的眼睛处于同一水平线时，观众的视线在几张图片间的移动就是平稳流畅的，如图 6-39 所示。

另外，观众的视线实际是随着图片中人物的视线方向移动的，所以，处理好图片中人物与其他内容的位置关系非常重要。

当对单张人物图片与文字进行排版时，应使人物看向文字，如图 6-40 所示；当使用两幅人物图片时，两人视线相对可以营造和谐的氛围。

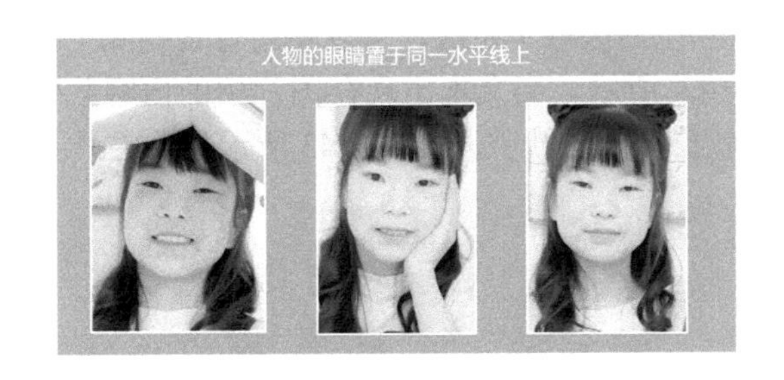

图 6-39　人物的眼睛在一条水平线上

图 6-40　文字放在人物视线的方向上

6.4.2 强调突出型图片的处理

对比是辨认的基础，要让强调的内容突显出来，就需要增强它与其他元素之间的对比，而在 PPT 中，图片的对比主要通过颜色的差异来实现。

图 6-41a 为原图，图 6-41b 将背景图片设置为黑白，前景的人物保留彩色，同时添加了人物介绍，图 6-41c 将背景图像透明度降低，图 6-41d 将要强调突出的图像人物采用全彩色，背景采用灰度表达，同时添加图形和文字进行说明。

图 6-41　强调突出型图片的处理方式

a) 原图　b) 强调方式 1　c) 强调方式 2　d) 强调方式 3

6.4.3　图文混排的技巧

图片通常是色彩丰富的，文本通常是颜色单一的，当需要把两者放在一起时，常出现部分文本与图片颜色相近而不易分辨的情况。为了观众能够看清文字，可以采用以下方法。

1）文本直接置于颜色较纯净的空白区域。当空白区域不足时，可以使用背景删除工具将背景移除后直接在背景上输入文本，如图 6-42 所示。当文本出现在图片中的内容载体（如名片、显示器等）上时，图片与文本的结合就自然而巧妙了，如图 6-43 所示。

图 6-42　直接在背景上输入文本

图 6-43　利用图片上的白纸输入文本

2）为文本添加轮廓或发光效果。当发光效果的透明度为 0 时，实际上是为文本添加了一种柔和的边框，如图 6-44 所示。另外，文字的轮廓会让字体的字重减小，发光效果不会对字形产生影响。

3）在文本框下方添加图形作为文本底色，图形既可以是透明的，也可以是不透明的，根据实际需要设置即可，如图 6-45 所示。

图 6-44　设置发光效果

图 6-45　添加图形作为文本底色

4）在文本下方添加便笺、纸片等图片，并添加阴影效果，使用图钉或胶带等素材修饰，便笺和纸片会变得更加真实，如图 6-46 所示。

a)

b)

图 6-46　为便笺添加图钉或胶带元素

a) 添加图钉的效果　b) 添加胶带的效果

6.5　全图 PPT 的制作技巧

图文搭配是 PPT 设计的基本功。给照片配上文字，与平面排版有相通之处，但因为侧重点不一样，所以处理方式截然不同。

给照片配的文字，重在衬托照片，而平面设计的文字则重在传达信息。前者更多的是一种点缀，而后者更多的是必不可少的元素。所以，照片的文字是为了引导人们更好地观看照片，不应喧宾夺主。

下面介绍几种全图型 PPT 的设计与制作方法。

1．文字渲染型

文字渲染型就是用文字优化画面，让人们分配更多的注意力到文字。

运用这个类型时，最重要的就是要选好字体，图 6-47 使用不同字体的文字表达了两种不同的效果。

a)

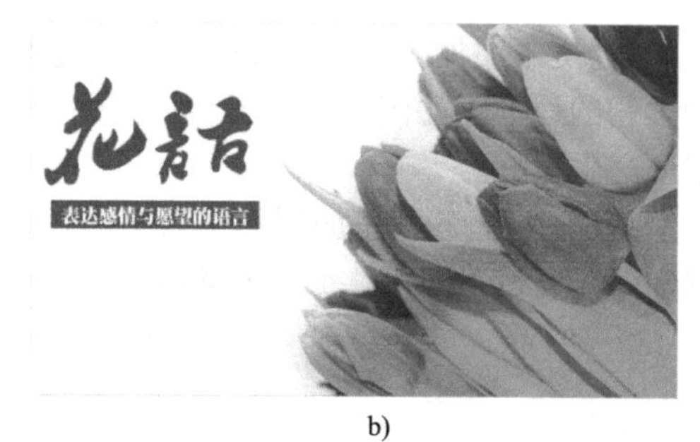

b)

图 6-47　文字渲染型

a) 书法体　b) 书法体与粗宋体

2. 朴实无华型

朴实无华型就是指使用纯文字，并且文字不使用颜色对比、字号对比、字体对比等手法。这种类型又分为两种基本型：水平型和竖直型，如图 6-48 所示。

a)

b)

图 6-48　朴实无华型

a) 水平型　b) 竖直型

运用这种类型的关键在于把握好字体的选择、间距的设置和文字的凝练。字体要融合到画面中，间距根据需要增减，文字一定要与画面切合。

3. 底纹型

底纹型就是指在文字区域存在一个底纹，将文字与画面分离开来。

这种类型的优点是能够最大限度地降低画面对文字的影响，让设计者拥有更大的空间选择字体与排版方式，并且能更加有效地突显文字，如图 6-49 所示。

a)

b)

图 6-49　底纹型

a) 圆形半透明衬托　b) 矩形区域衬托

运用底纹型的关键在于如何让底纹更好地融合进画面而不显突兀，主要方法有：让底纹本身具有设计感，调整不透明度，将部分文字置于底纹之外以加强底纹与画面的联系。

4. 文字线型

文字线型就是在画面的文字中使用线型图形。文字线通常有三种表现形式：水平线、垂直线和斜线，而线本身又有两种形式：实线和虚线。文字线的作用主要体现在平衡画面、突显层次、引导观众视线等方面，如图 6-50 所示。

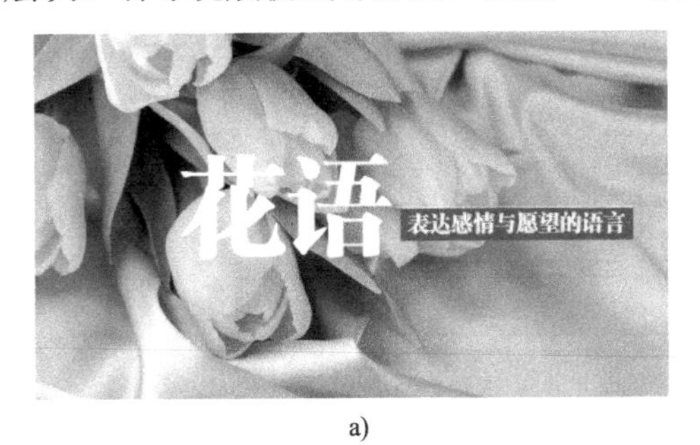

a)

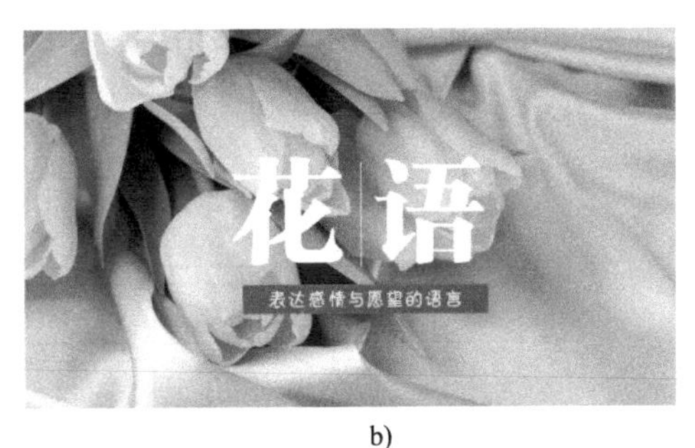

b)

图 6-50　文字线型

a) 水平线　b) 竖线

5. 字体搭配型

字体搭配型就是指不同字体类型进行搭配，同中求异，突出重点。建议字体种类不要过多，2～3 种即可。另外，建议印刷体和手写体进行搭配。字体搭配还包括中英文搭配、文字与数字搭配等。图 6-47 中就用了两种字体的搭配。

6. 颜色搭配型

颜色搭配型就是指文字有两种或者两种以上的颜色搭配。需要注意的是颜色不宜过多，2～3 种即可，色彩的纯度也不宜太高，否则影响整体效果，如图 6-51 所示。

7. 大小搭配型

大小搭配型就是指文字的字号进行搭配，让字体有一个大小的变化，进而突出重点或产生节奏上的变化，如图 6-52 所示。

图 6-51　颜色搭配型

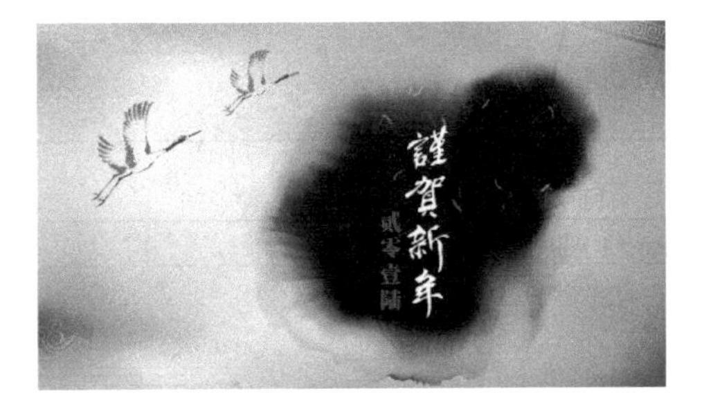

图 6-52　大小搭配型

6.6　案例：企业校园招聘宣讲会

6.6.1　案例介绍

福膜新材料科技有限公司是一家由海外回国人员创办的民营高科技企业，位于杭州国家级经济技术开发区内，于 2010 年 6 月 11 日工商注册成立。现需要针对应届大学毕业生进行招聘。招聘用 PPT 具体需要包含公司介绍、职业发展、薪酬福利、岗位责任与要求、应聘流程等内容。

企业的详细介绍参照本书配套资源中“福膜新材料科技有限公司校园宣讲稿.pdf”。

6.6.2　PPT 框架策划

本案例可以采用说明式框架结构，如图 6-53 所示。

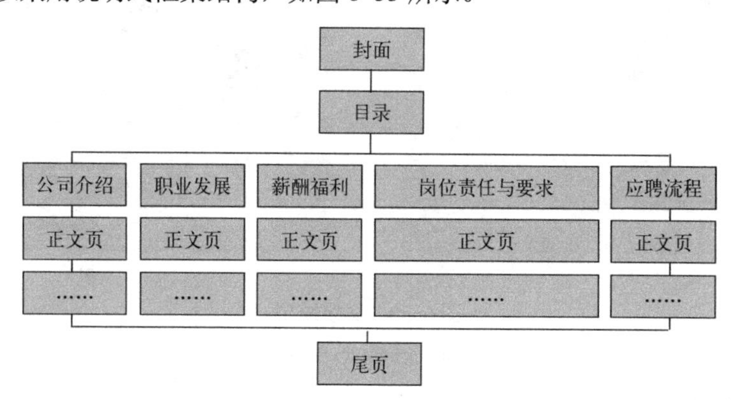

图 6-53　说明式框架结构

6.6.3　PPT 设计思路

本案例页面的框架结构草图如图 6-54 所示。

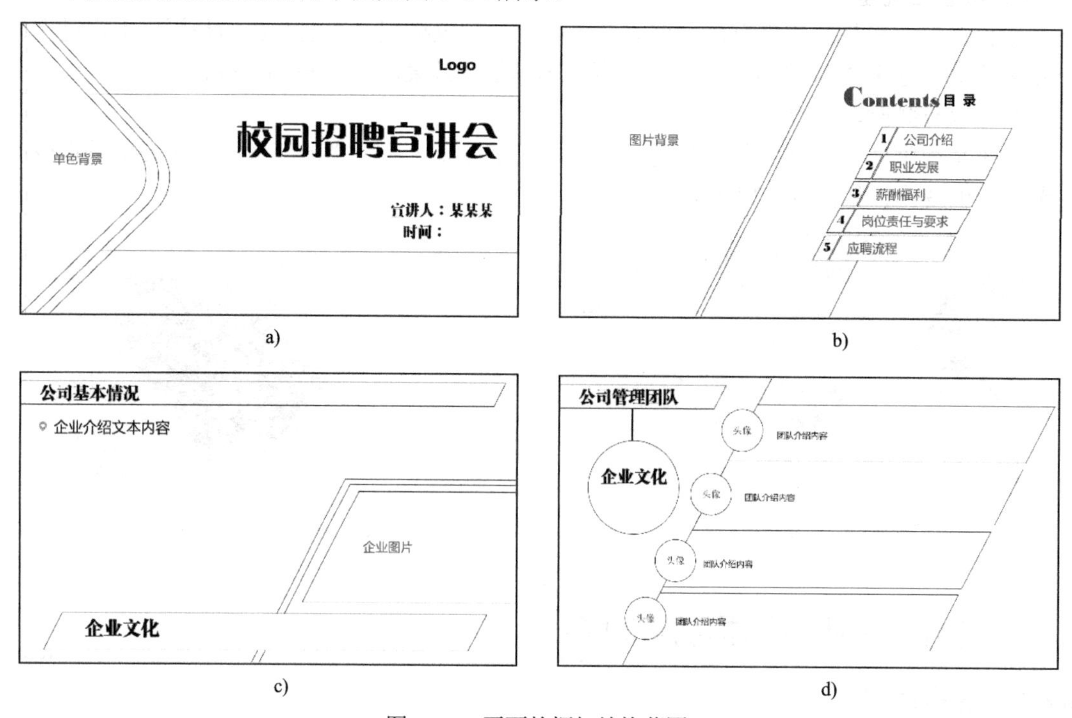

图 6-54　页面的框架结构草图

a) 封面　b) 目录　c) 公司基本情况　d) 公司管理团队

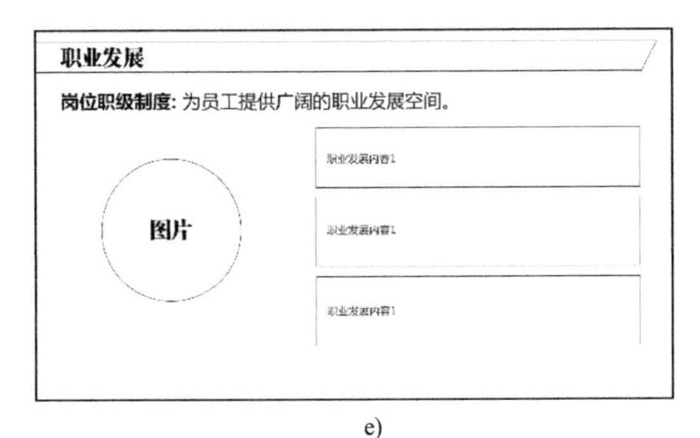

e)

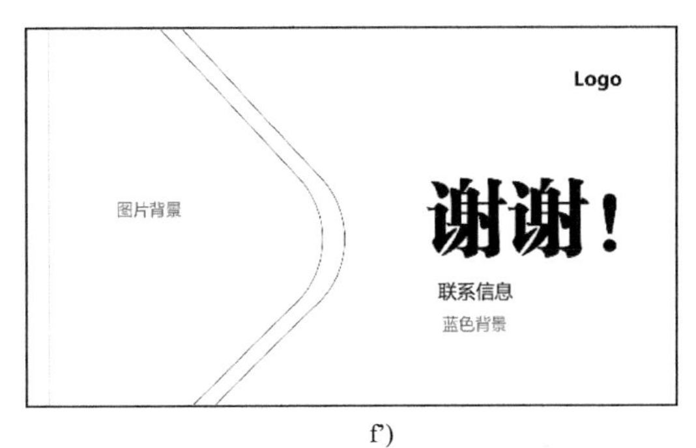

f)

图 6-54　页面的框架结构草图（续）

e) 职业发展　f) 尾页

6.6.4　PPT 效果展示

本案例最终的页面效果如图 6-55 所示。

a)

b)

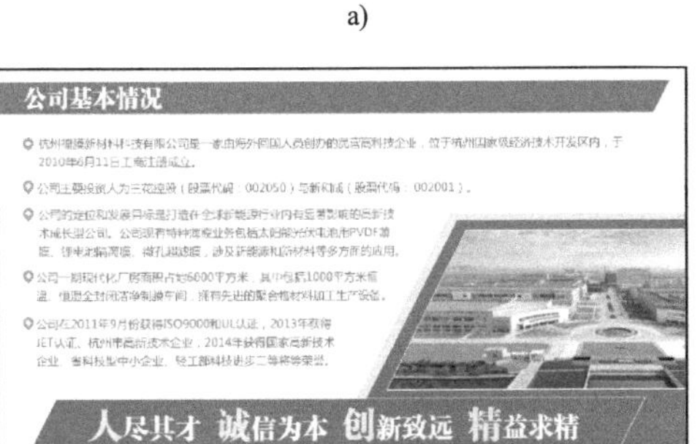

c)

d)

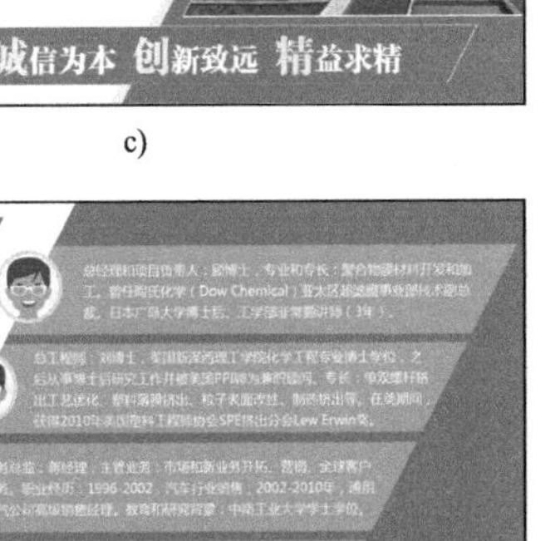

e)

f)

图 6-55　最终页面效果

a) 封面　b) 目录　c) 公司基本情况　d) 公司组织机构　e) 公司管理团队　f) 职业发展

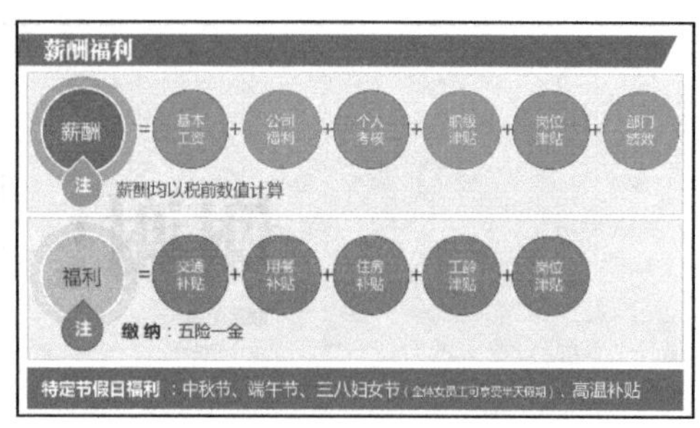

g)

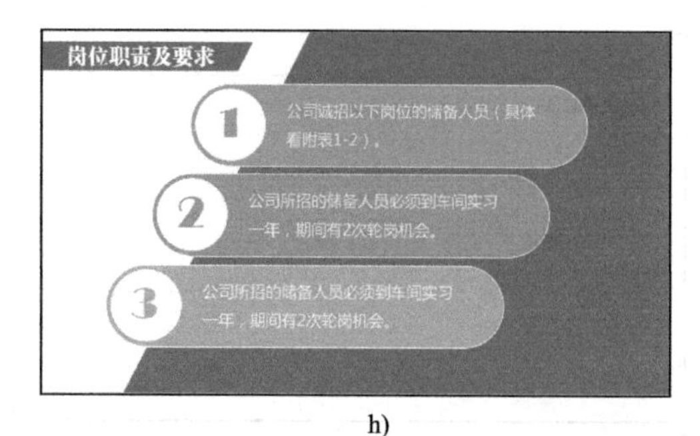

h)

i)

j)

图 6-55　最终页面效果（续）

g) 薪酬福利　h) 岗位职责及要求　i) 招聘岗位及流程　j) 尾页

6.7　拓展训练

曾教授要做一个“西方小学课程的历史与现状比较”的演示文稿，他的助教为他制作了一个版本，如图 6-56 所示。

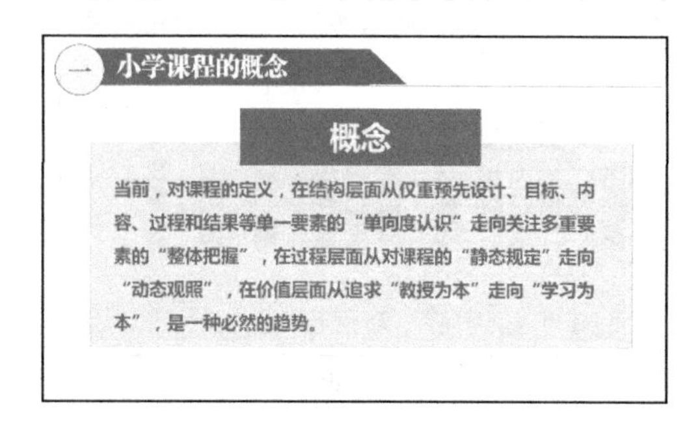

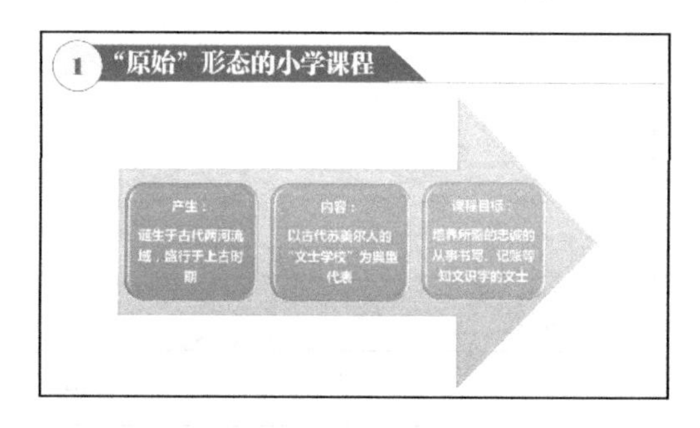

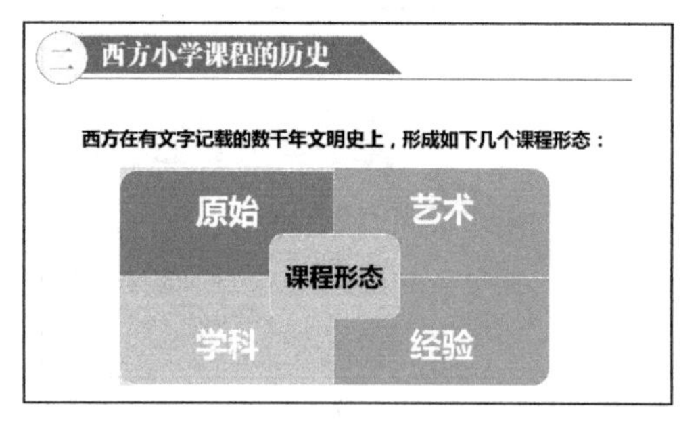

图 6-56　优化前效果

曾教授看过后，要求助教进行优化，优化后的效果如图 6-57 所示。

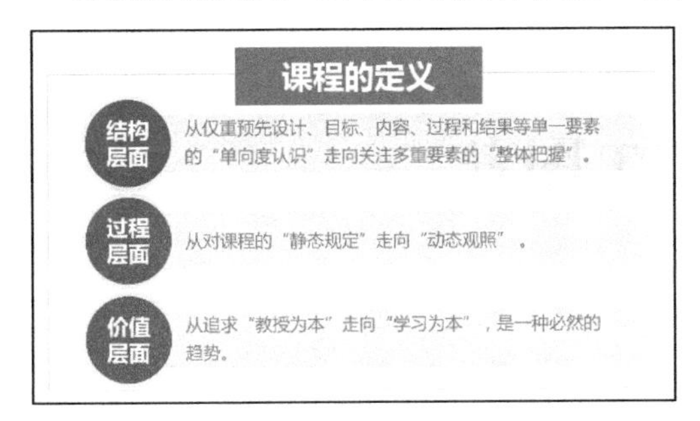

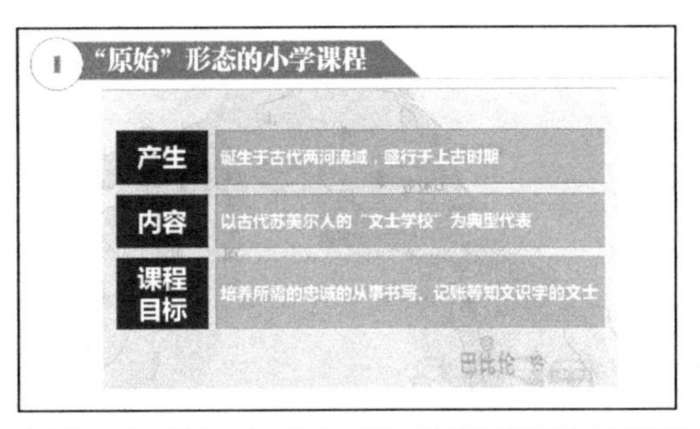

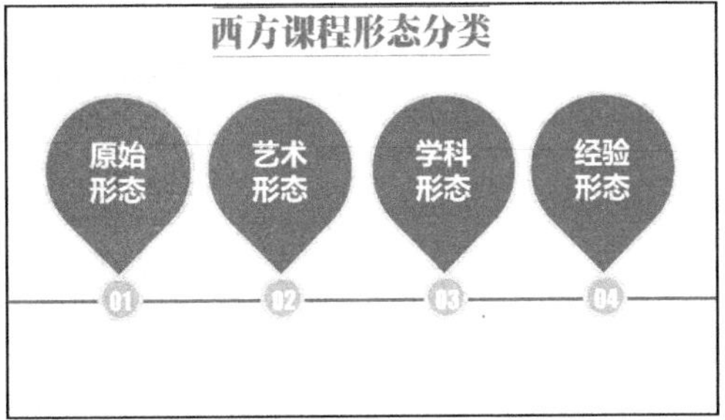

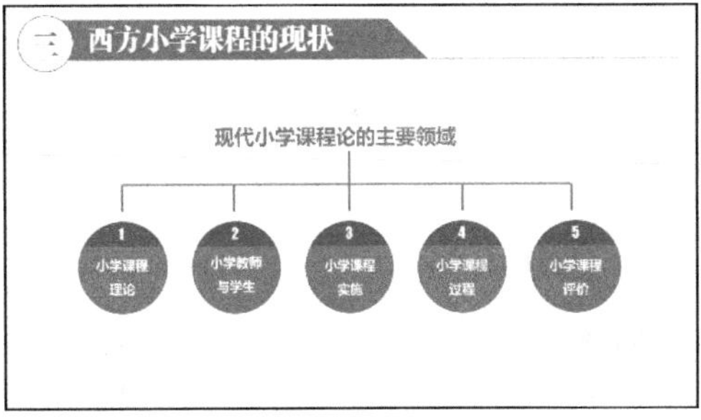

图 6-57　优化后效果

第 7 章　PPT 图表

7.1　使用表格

7-1　课件表格的颠覆使用

俗话说，“文不如表，表不如图”。表格的优点就在于能够通过多种维度对数据进行总结。本节首先介绍使用 PowerPoint 365 制作表格的方法与技巧。

7.1.1　创建表格

创建表格是指在 PowerPoint 365 中运用系统自带的表格插入功能，按要求插入规定行数与列数的表格，或者运用 PowerPoint 365 中的绘制表格的功能，按照数据需求绘制表格。

首先，选择幻灯片，在“插入”选项卡下单击“表格”按钮，在弹出的下拉列表中直接选择行数和列数，即可在幻灯片中插入相对应的表格，如图 7-1 所示。或者在图 7-1 中选择“插入表格”选项，在弹出的“插入表格”对话框中输入行数与列数，如图 7-2 所示。

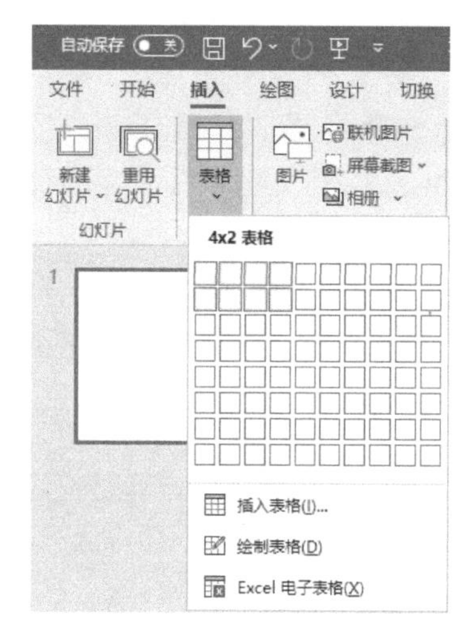

图 7-1　选择“插入表格”

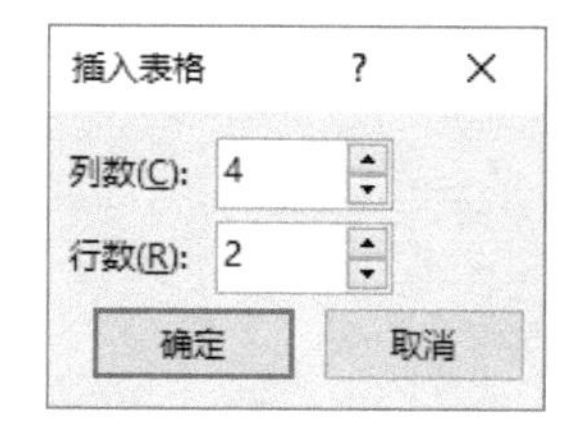

图 7-2　“插入表格”对话框

此外，还可以选择图 7-1 中的“绘制表格”，当光标变为笔形状时，拖动鼠标在幻灯片中绘制表格边框。在“表设计”选项卡下“绘制边框”组中单击“绘制表格”按钮，将光标放至在外边框内部，拖动鼠标绘制表格的行和列。

用户还可以将 Excel 电子表格导入幻灯片中，并利用公式功能计算表格数据。Excel 电子表格具备对表格中的数据进行排序、计算、使用公式等功能，而 PowerPoint 365 系统自带的表格不具备上述功能。导入 Excel 电子表格的方法是在图 7-1 中选择“Excel 电子表格”，输入数据或计算公式，单击幻灯片中想要插入表格的位置即可。

7.1.2　表格的编辑

在幻灯片中创建表格之后，需要通过调整表格的行高、列宽，以及插入行或列等操作来编辑表格，使表格具有美观性与实用性的同时达到数据对表格的各类要求。单击插入的表格，此时会显示“表设计”和“布局”选项卡，单击“布局”选项卡，如图 7-3 所示。

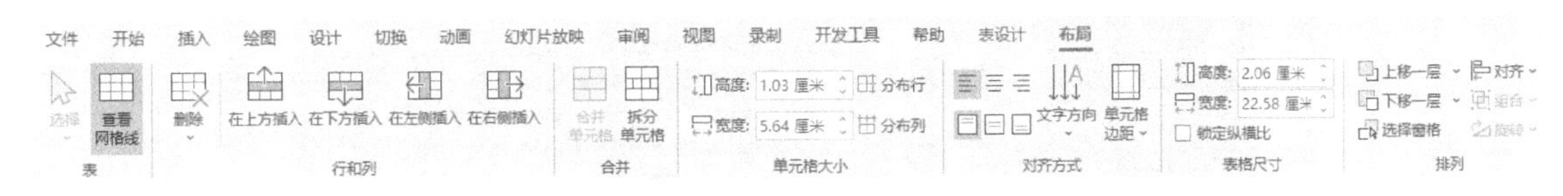

图 7-3　“布局”选项卡

通过“布局”选项卡能够很方便地完成表格的选择、表格行高及列宽的调整、单元格的合并与拆分等操作。这些操作与 Word 的表格操作相似，在此不赘述。

7.1.3　表格的美化

当在幻灯片中创建并编辑完表格之后，为了使表格适应演示文稿的主题色彩，需要美化表格。表格美化的目的就是降低表格的枯燥感，提高表格的视觉效果。表格的美化主要通过设置表格的整体样式、边框格式、填充颜色与表格字体等来实现。单击插入的表格，选择“表设计”选项卡，如图 7-4 所示。

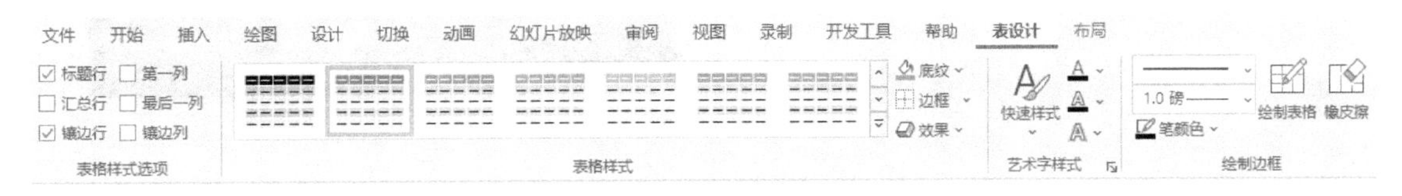

图 7-4　“表设计”选项卡

通过“表设计”选项卡能够很方便地完成表格的样式、表格的边框、表格的底纹、表格的效果、表格内的艺术字等方面的操作。

7.1.4　表格的形式

依据表格的信息表达方式，表格可以分为横向、纵向和矩阵三种形式，图 7-5 所示为表格横向与纵向的信息表达方式。

研发工程师（储备干部）	5名	大专及以上学历，化工、高分子材料专业	①参与公司新产品的立项、开发、验证、中试与产业化； ②对新产品的客户试用提供技术服务； ③参与产品售后服务，向客户解答产品相关的所有问题； ④撰写专利，并获得授权。
技术销售（储备干部）	5名	大专及以上学历，化工、高分子材料专业	①负责公司产品的销售及推广； ②根据市场营销计划，完成部门销售指标； ③开拓新市场，发展新客户，增加产品销售范围； ④定期与合作客户进行沟通，建立良好的长期合作关系。

a)

研发工程师（储备干部）	技术销售（储备干部）
5名	5名
大专及以上学历，化工、高分子材料专业	大专及以上学历，化工、高分子材料专业
①参与公司新产品的立项、开发、验证、中试与产业化； ②对新产品的客户试用提供技术服务； ③参与产品售后服务，向客户解答产品相关的所有问题； ④撰写专利，并获得授权。	①负责公司产品的销售及推广； ②根据市场营销计划，完成部门销售指标； ③开拓新市场，发展新客户，增加产品销售范围； ④定期与合作客户进行沟通，建立良好的长期合作关系。

b)

图 7-5　表格的信息表达方式

a) 横向表达　b) 纵向表达

在横向或纵向的信息表达方式基础之上增加数据信息的维度，就是矩阵表达形式，效果如图 7-6 所示。

岗位名称	人数	岗位要求	岗位职责
研发工程师（储备干部）	5名	大专及以上学历，化工、高分子材料专业	①参与公司新产品的立项、开发、验证、中试与产业化；②对新产品的客户试用提供技术服务；③参与产品售后服务，向客户解答产品相关的所有问题；④撰写专利，并获得授权。
技术销售（储备干部）	5名	大专及以上学历，化工、高分子材料专业	①负责公司产品的销售及推广；②根据市场营销计划，完成部门销售指标；③开拓新市场，发展新客户，增加产品销售范围；④定期与合作客户进行沟通，建立良好的长期合作关系。

图 7-6　表格的矩阵表达形式

7-2　表格的应用技巧

7.1.5　表格的应用技巧

1. 表格的封面设计

运用表格的方式设计 PPT 封面的页面效果如图 7-7 所示。

长白山自助游攻略

旅游爱好者

a)

b)

c)

赢扬：思维敏捷 创赢飞扬

降低护士24小时出入量统计错误发生率

d)

图 7-7　表格的封面设计

本案例中主要运用了对表格进行颜色填充以及将图片作为背景。设置图 7-7b 所示的背景图片时，需要选择表格，然后右击，执行“设置形状格式”命令，在“设置形状格式”面板中设置“图片或纹理填充”，单击“文件”按钮后选择所需图片即可，注意勾选“将图片平铺为纹理”复选框。

2. 表格的目录设计

运用表格的方式设计 PPT 目录的页面效果如图 7-8 所示。

图 7-8　表格的目录设计

3. 表格的常规设计

运用表格的方式可以设计 PPT 的正文页，页面效果如图 7-9 所示。

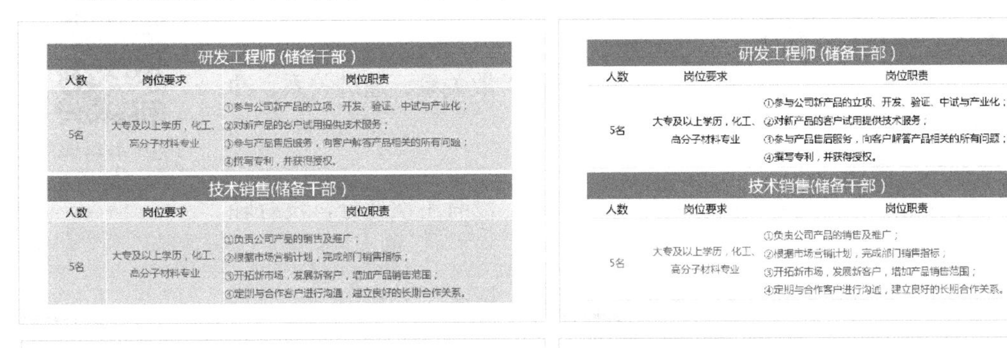

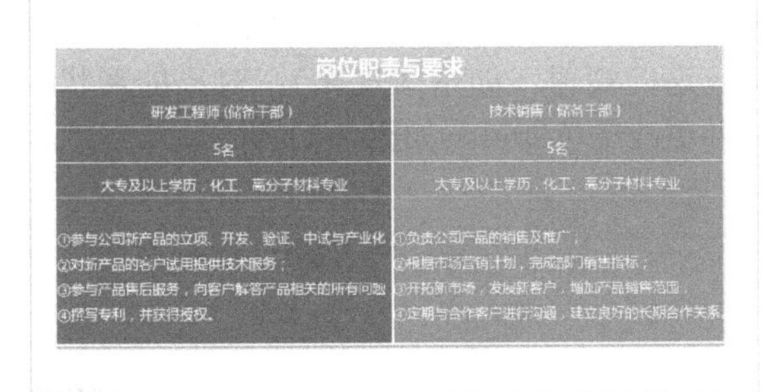

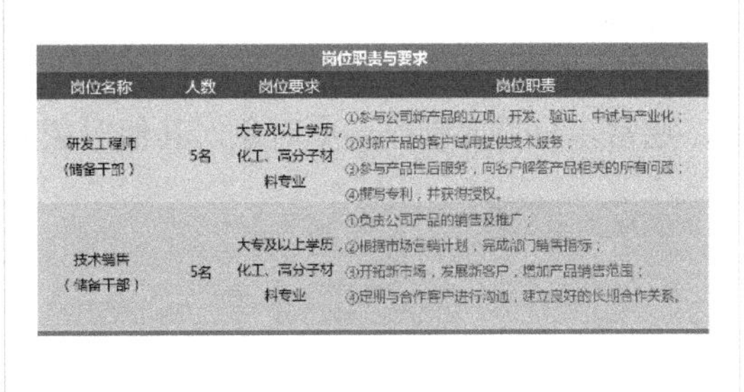

图 7-9　表格的常规设计

4. 表格中的图文混排设计

运用表格的方式可以设计 PPT 的正文页面的文字排版，效果如图 7-10 所示。

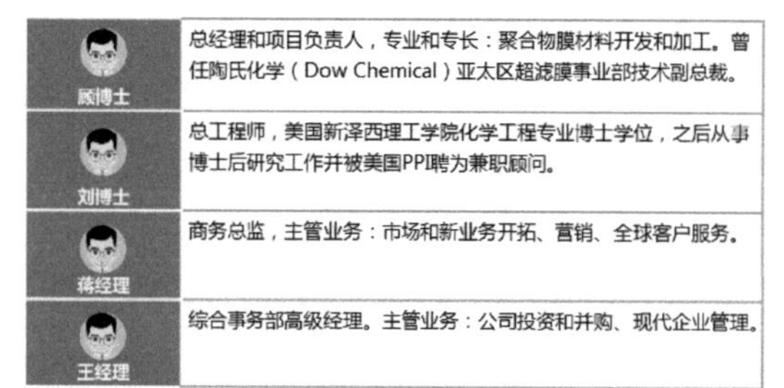

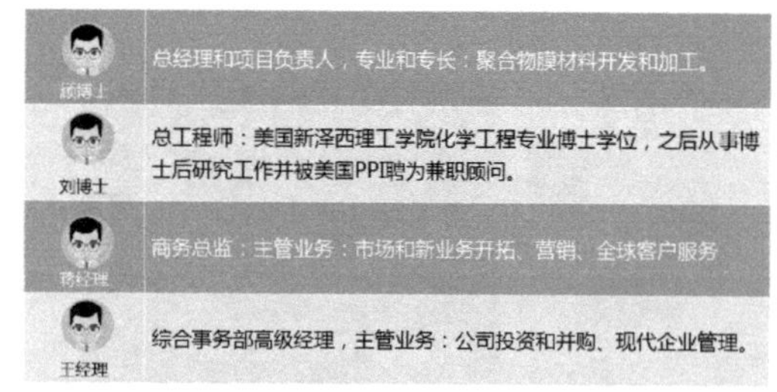

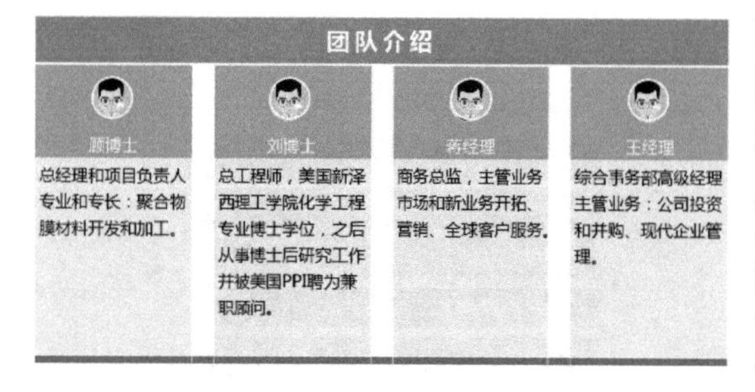

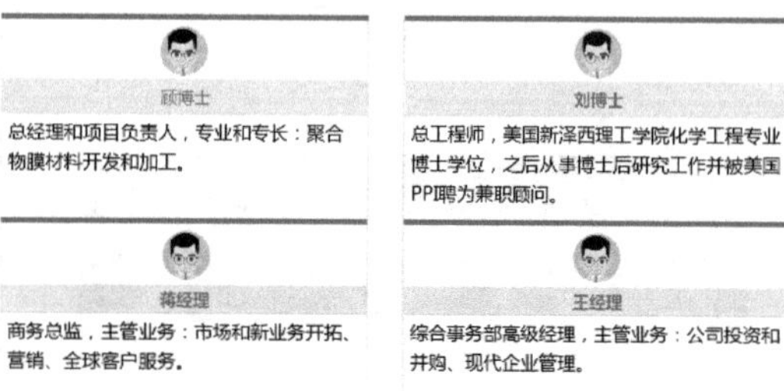

图 7-10　表格的文字排版设计

7.2　认识与绘制逻辑关系图表

7.2.1　认识逻辑关系图表

7-3　教学课件的逻辑图表

常见的逻辑关系包括并列关系、包含关系、扩散关系、递进关系、冲突关系、强调关系与循环关系等。

1. 并列关系图表

并列关系是指所有对象之间都是平等的关系，没有主次之分，没有轻重之别。

制作技巧：并列关系的对象一般设计成标题加解释性文本。

并列关系的对象在色彩、大小、形状等方面要保持一致，如：对象的颜色要相同或者亮度与饱和度数值接近；对象的大小要相同或有一定的规律（如空间规律）；对象的形状相同。通常，只需要制作一个对象，其他对象复制并更改颜色即可，如图 7-11 所示。

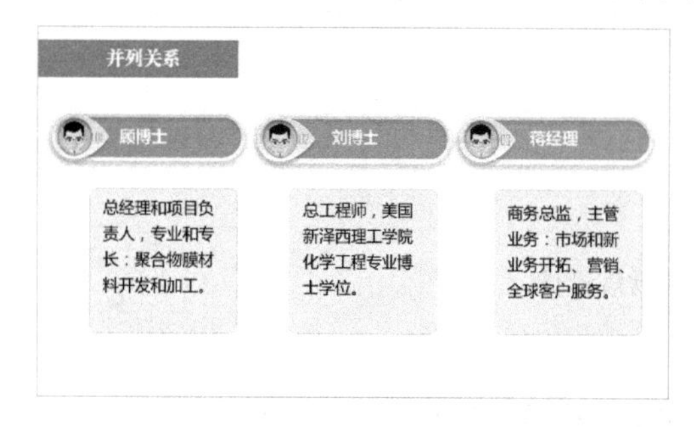

图 7-11　并列关系图表样例

2. 包含关系图表

包含关系是指一个对象包含另外一个或几个对象，被包含的对象之间可以是并列关系，也可以是其他更复杂的关系。

制作技巧： 制作包含关系图表的关键在于“包含”的概念如何体现，通常是用一个闭合的图形表示包含其他对象的对象，可以是层层包含关系（见图 7-12a），也可以嵌套包含关系（见图 7-12b），如图 7-12 所示。

a) b)

图 7-12 包含关系图表样例

a) 层层包含关系 b) 嵌套包含关系

3. 扩散关系图表

扩散关系是指一个对象分解、引申或演变为几个对象的情况，它和综合关系相反，通常用于解释性内容的幻灯片中。

制作技巧：“总”到“分”是扩散关系的典型特征。“总”可以看作是中心对象，“分”可以看作是分对象。

中心对象最显眼且分量最重，分对象通过各种方式与中心对象关联在一起，并与中心对象呈发散状分布，如图 7-13 所示。

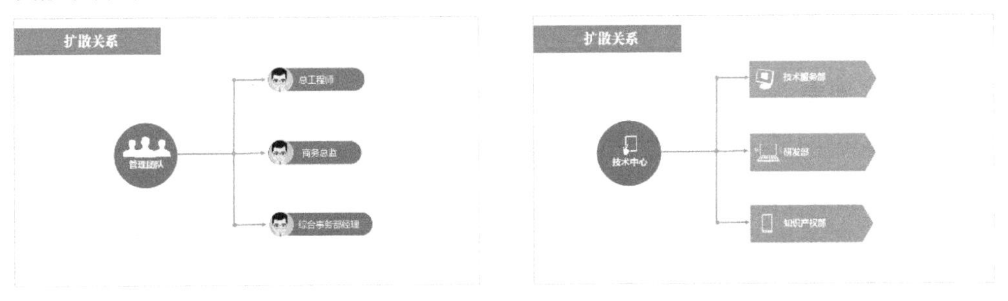

图 7-13 扩散关系图表样例

4. 递进关系图表

递进关系是指几个对象之间呈现层层推进的关系，主要强调先后顺序和递增趋势，包括时间上的先后、水平的提升、数量的增加、质量的变化等。

制作技巧： 递进关系的一个明显特征在于先后的顺序和量的变化，如何表现层次感是制作的关键。递进关系里几个对象的制作方法是相同的，只是在大小、高低、深浅等方面有所差异，如图 7-14 所示。

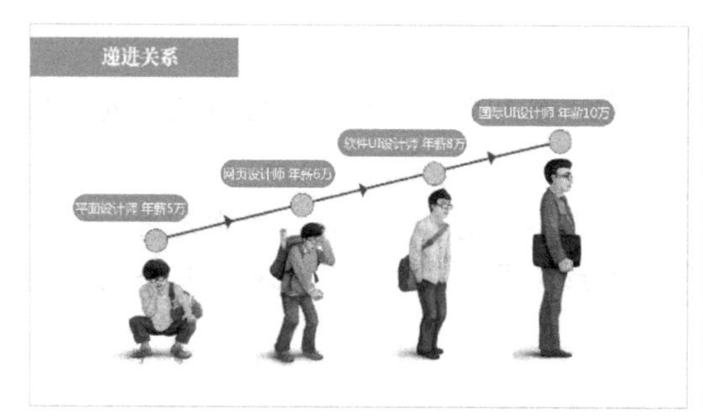

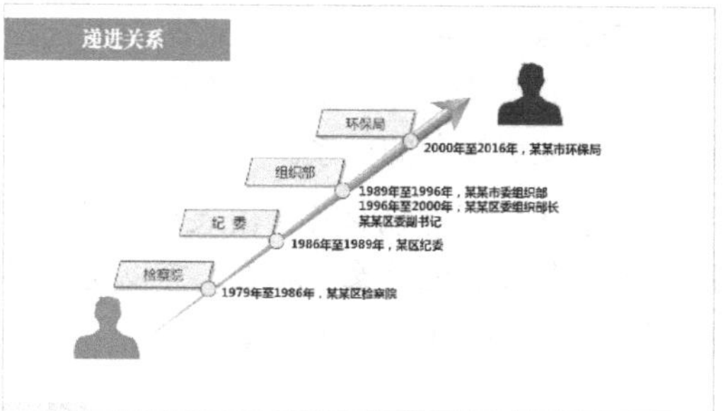

图 7-14　递进关系图表样例

5. 冲突关系图表

冲突关系是指两个及两个以上的对象在某些问题上的矛盾和对立，冲突的焦点可以是利益、观点等方面。展示冲突不是目的，预测趋势或寻找解决的方法才是根本所在。

制作技巧：通常情况下，不仅要列出冲突对象，还要列出冲突的焦点，双方的冲突策略、力量对比以及解决冲突的方法。制作这类图表时，要充分考虑以上诸要素的处理方法。通常冲突关系里的两个对象多采取水平摆放方式，如图 7-15 所示。为美观起见，存在冲突关系的对象也可以采用 45° 角摆放。

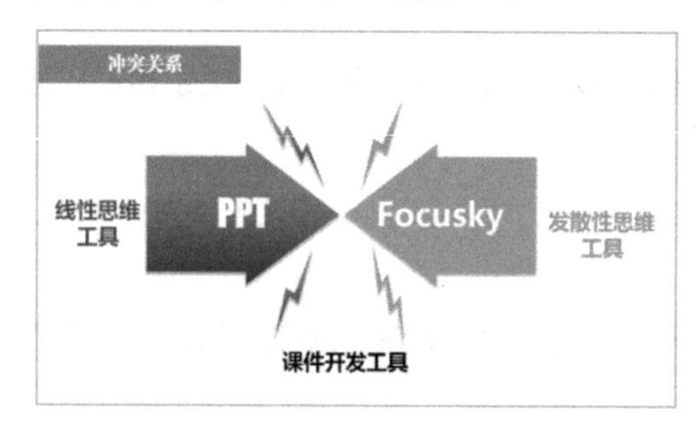

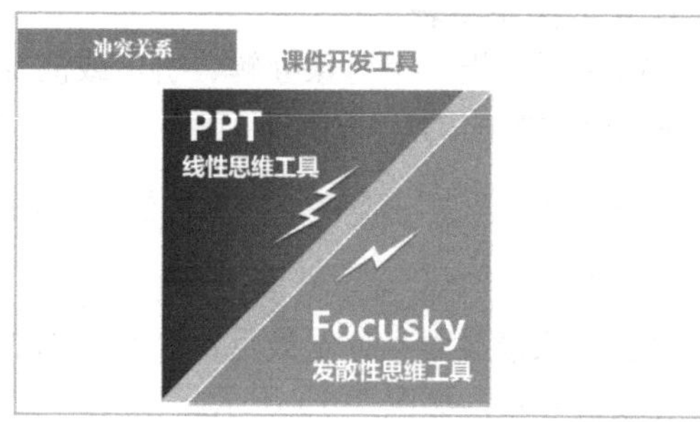

图 7-15　冲突关系图表样例

6. 强调关系图表

强调关系是指在几个并列的对象中更突出强调某一个或几个对象的情况。

制作技巧：强调可以通过下面几种形式来表现，如放大面积、突出颜色、用线条勾选、绘制特殊形状、置于核心位置等，也可以是单独强调、二重强调、多重强调，如图 7-16 所示。

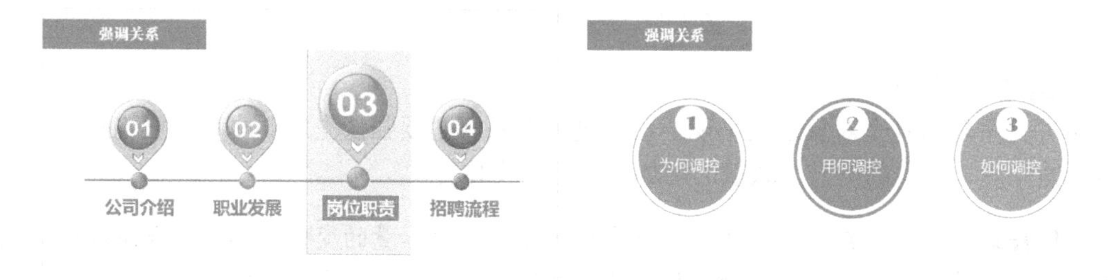

图 7-16　强调关系图表样例

7. 循环关系图表

循环关系是指几个对象按照一定的顺序循环发展的动态过程，它强调对象的循环往复。

制作技巧：循环关系是一种闭合的关系，通常用箭头表示循环方向，对象本身也可以是箭头。循环的过程一般较复杂，所以在制作图表时应尽可能去除无关的元素，把循环的对象突显出来，使画面一目了然，如图 7-17 所示。

图 7-17 循环关系图表样例

8. 组织结构图表

组织结构图表是政府、企业、事业单位最常用的图表之一，通过树状的组织结构图把机构设置、管理职责、人员分工等一一展示出来。

制作技巧：组织结构图表制作的难点在于如何把复杂的架构和画面的整体美观结合起来。

绘制组织结构图的基本的原则是简洁。首先，删除无关的内容；其次，淡化不重要的内容；最后，让线条尽可能清晰，如图 7-18 所示。

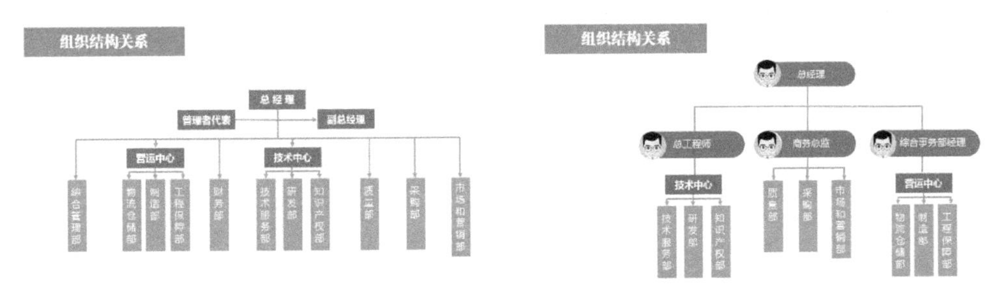

图 7-18 组织结构图表样例

9. 时间线关系图表

时间线能帮助观众构建稳健而直观的框架，使观众更好地建立事件间的联系。

按照时间线阐述信息的方式已经广泛应用于企业传播、营销的各个领域。在关于新产品介绍、年报、里程碑事件的 PPT 中，几乎都能找到时间线关系图表。

制作技巧：时间线的构成元素有以下四种。

第一，描述时间的轨迹或路径，如以何种方式呈现时间线，它的发展轨迹如何，如何体现时间的变化。

第二，点或段的定义，如时间线上排布哪些要素，某一个时间节点如何展开。

第三，文本或图形的定义，如文本和图形的位置，它们是否需要呈现某种变化关系。

第四，标签和调用的定义，如补充说明的标签如何植入，需要调用哪些图文来增强说明作用。

常用的时间线有三维螺旋时间线、交互时间线、棋盘时间线、大数据时间线、关系时间线、甘特时间线、复杂时间线等。图 7-19 所示为三维螺旋时间线和关系时间线的效果。

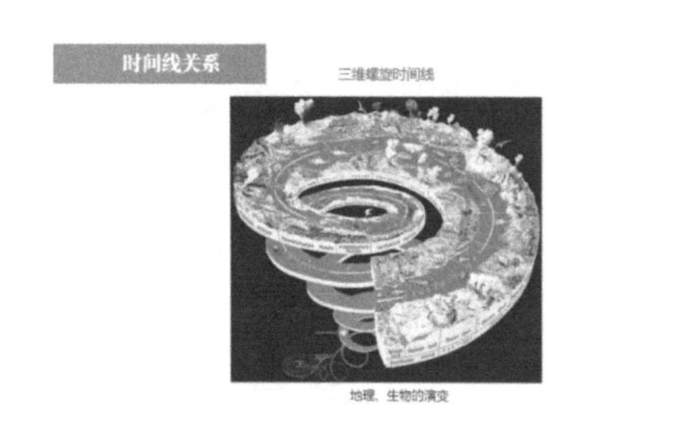

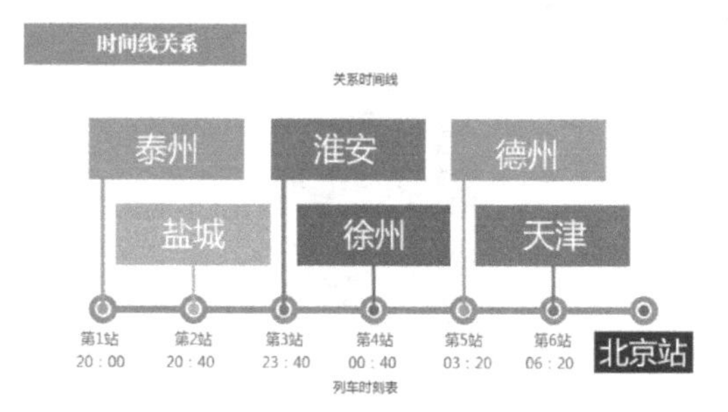

图 7-19　时间线关系图表样例

10. 综合关系图表

综合关系是指由几个对象推导出同一个对象的关系形态，用来表示因果、集中、总结等关系。

制作技巧：综合关系的一个明显特征是中心对象非常明确，即由几个对象最终推导出同一对象。中心对象一般颜色最突出、尺寸与其他对象不同，处于中心，也有处于幻灯片右侧的。其他对象属于并列关系，一般形状相同，颜色相同或相近，如图 7-20 所示。

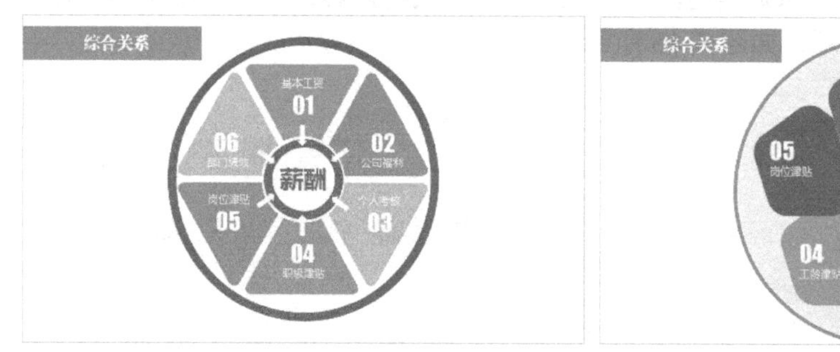

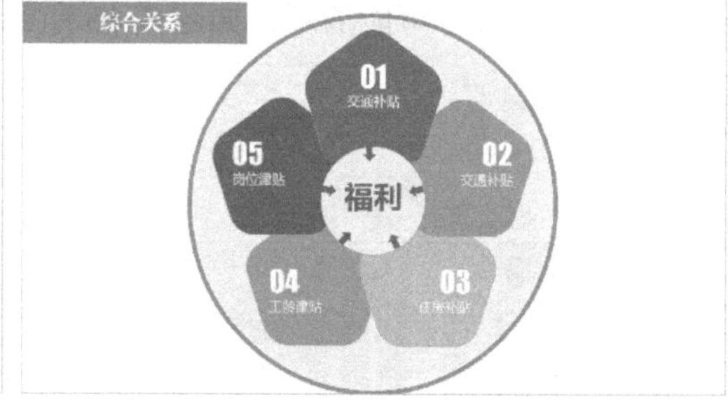

图 7-20　综合关系图表样例

7.2.2　绘制自选图形

在制作演示文稿的过程中，对于一些说明性的图形内容，用户可以在幻灯片中插入自选图形，并根据需要对其进行编辑，从而使幻灯片达到图文并茂的效果。PowerPoint 365 中提供的自选图形包括线条、矩形、基本形状、箭头总汇、公式形状、流程图、星与旗帜和标注等。下面以“易百米快递-创业案例介绍”为例，充分利用绘制自选图形来制作一套模板，页面效果如图 7-21 所示。

7-4　绘制自选图形

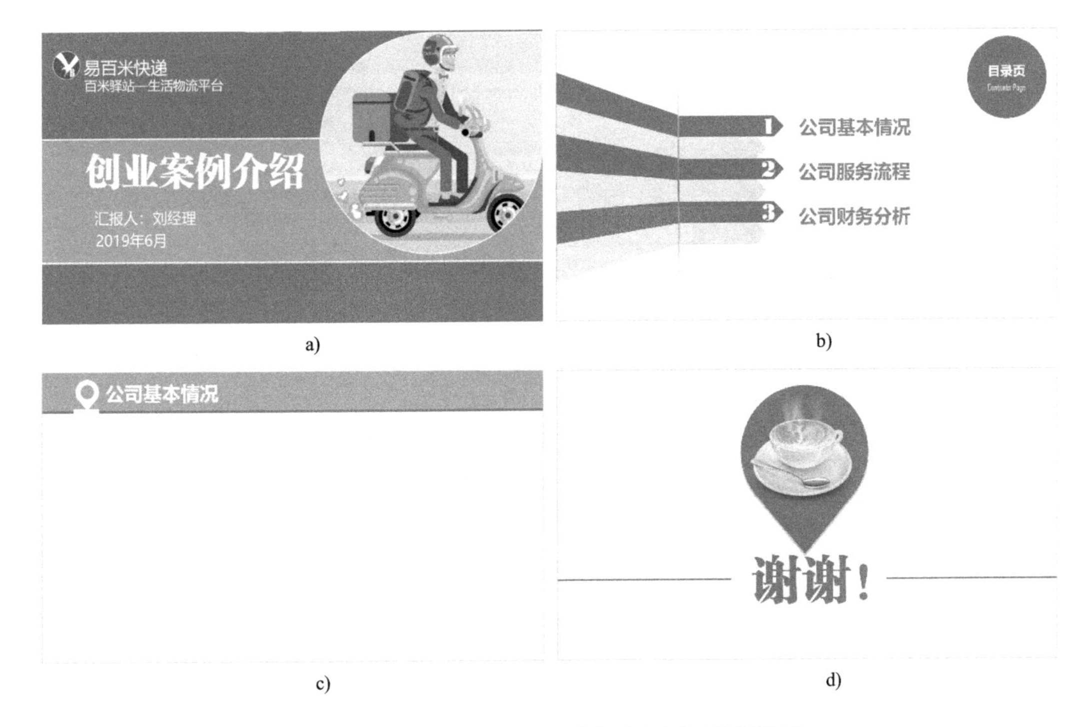

图 7-21　易百米快递-创业案例介绍图形绘制模板

a) 封面　b) 目录页　c) 正文页　d) 封底

图 7-21a 中主要使用了自选绘制图形，例如矩形、泪滴形、任意多边形等，还使用了图形绘制的“合并形状”功能。

1. 绘制泪滴形

在图 7-21 中，封面、正文页和封底都使用了泪滴形。泪滴形的具体绘制方法如下。

1）选择“插入”选项卡，单击“形状”按钮，选择“基本形状”中的“泪滴形”，如图 7-22 所示，在页面中拖动鼠标绘制一个泪滴形，如图 7-23 所示。

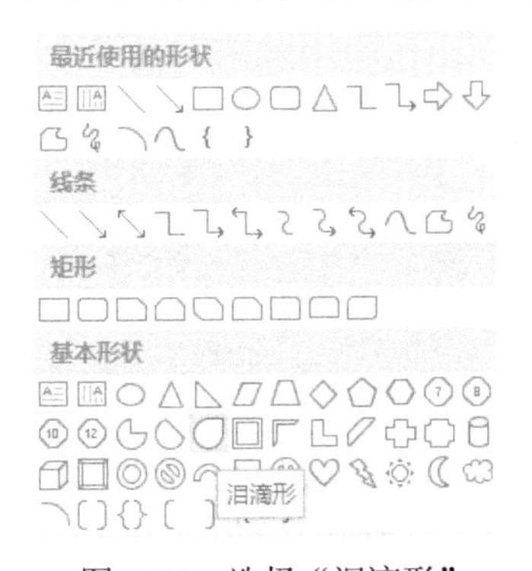

图 7-22　选择“泪滴形”

图 7-23　插入的泪滴形效果

2）选择绘制的泪滴形，设置图形的格式，进行图片填充（本书配套资源中的“封面图片.jpg”），效果如图 7-24 所示。

PPT 封底中的泪滴形的制作方法为：选择绘制的泪滴形，将其旋转 90°，然后插入图片并放置在泪滴图形的上方，效果如图 7-25 所示。

图 7-24　封面中的泪滴形效果

图 7-25　封底中的泪滴形效果

2. 图形的“合并形状”功能

图 7-21c 中的正文页的空心泪滴形的设计示意图如图 7-26 所示。

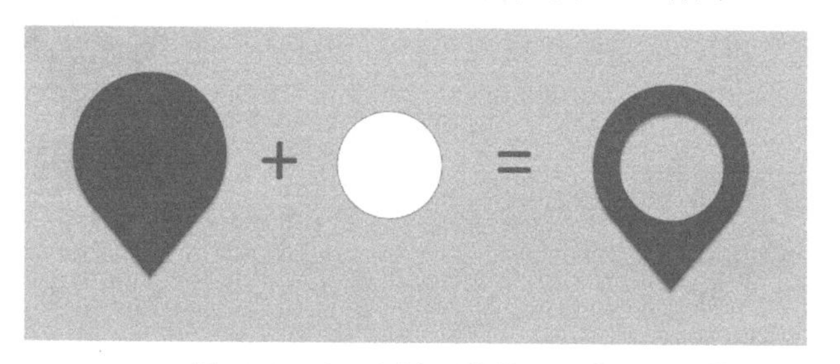

图 7-26　空心泪滴形的设计示意图

图 7-26c 中空心泪滴形的制作方法为：先绘制一个泪滴形，然后绘制一个圆形，将圆形与泪滴形重叠并置于上层，使用鼠标先选择泪滴形，然后选择圆形，然后调整到合适的位置，如图 7-27 所示。选择“格式”选项卡，单击 “插入形状”组中的“合并形状”按钮，在弹出的下拉列表中选择“组合”，如图 7-28 所示。

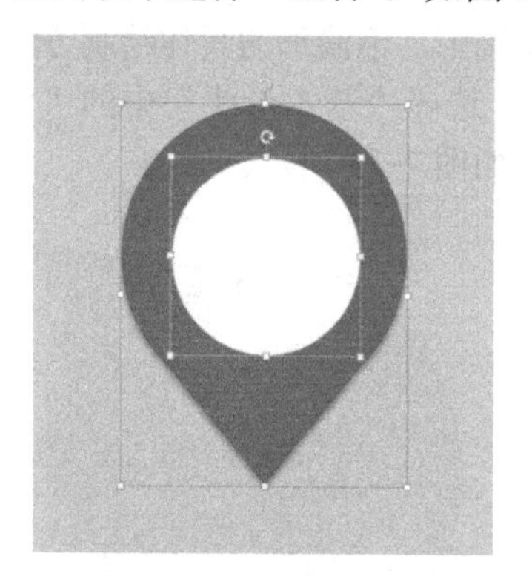

图 7-27　选择两个图形

图 7-28　选择“合并形状的组合”

此外，读者可以练习使用“结合”“拆分”“相交”“剪除”等命令。

3. 绘制自选形状

图 7-21b 中的目录页主要使用了图 7-22 中的“任意多边形” （“线条”中的倒数第 2 个）图形实现。选择“任意多边形”工具，依次绘制 4 个点，闭合后即可形成四边形，如图 7-29 所示。按照此法绘制的立体图形效果如图 7-30 所示。

在幻灯片中绘制完图形后，还可以在所绘制的图形中添加一些文字，以说明所绘制的图形，进而诠释幻灯片的主要内容。

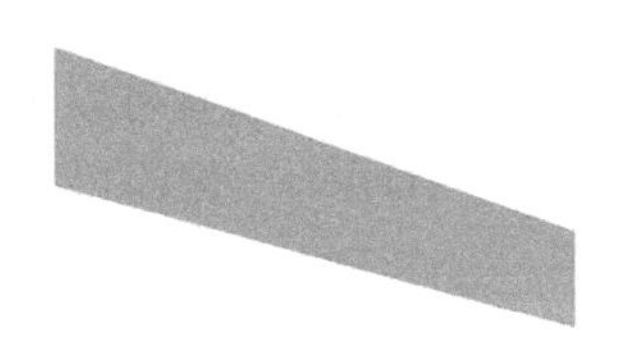

图 7-29　绘制任意多边形

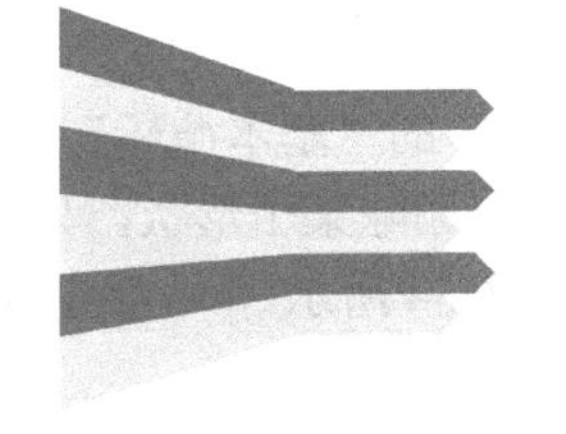

图 7-30　绘制的立体图形效果

4. 对齐多个图形

如果绘制的图形较多，图形摆放不整齐，会使幻灯片页面显得杂乱无章，用户可以将多个图形进行对齐显示，这样会使幻灯片整洁干净。对齐多个图形的操作方法如下。

单击选中一个图形，按住〈Shift〉键，依次将所有图形选中，选择“格式”选项卡，单击“排列”组中的“对齐”按钮，在弹出的下拉列表中选择对齐方式即可。

5. 设置叠放次序

在幻灯片中插入多张图片后，用户可以根据排版的需要，对图片的叠放次序进行设置。具体方法如下。

选择图片，右击并在弹出的快捷菜单中选择“置于底层”命令，可将图片置于底层。如果要将图片置顶，就选择“置于顶层”命令。

7-5　SmartArt 图形的使用

7.2.3　创建 SmartArt 图形

SmartArt 图形是信息和观点的视觉表示形式，用不同形式和布局的图形代替枯燥的文字，从而快速、轻松、有效地传达信息。

1. 插入与编辑 SmartArt 图形

SmartArt 图形在幻灯片中有两种插入方法，一种是直接在“插入”选项卡中单击“SmartArt”按钮；另一种是先在文字占位符或文本框中输入文字，再利用转换的方法将文字转换成 SmartArt 图形。

下面以绘制一张循环图为例介绍如何直接插入 SmartArt 图形。具体方法如下。

1）打开需要插入 SmartArt 图形的幻灯片，切换到“插入”选项卡，单击“插图”组中的“SmartArt”按钮，如图 7-31 所示。

2）弹出“选择 SmartArt 图形”对话框，在左侧窗格中选择“循环”分类，在中间窗格中选择一种图形样式，这里选择“基本循环”图形，如图 7-32 所示，完成后单击“确定”按钮，插入的“基本循环”图形如图 7-33 所示。

图 7-31　“SmartArt”按钮

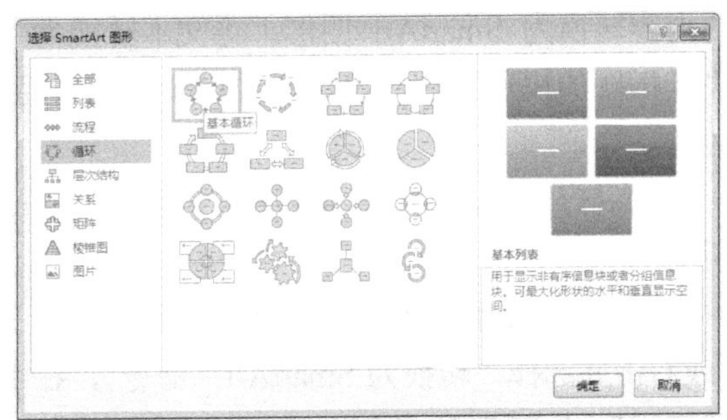

图 7-32　“选择 SmartArt 图形”对话框

注： SmartArt 图形包括列表、流程、循环、层次结构、关系、矩阵和棱锥图等多种分类。

3）幻灯片中的“基本循环”图形默认由 5 个形状对象组成，读者可以根据实际需要进行调整，如果要删除某个形状，只须在选中某个形状后按〈Delete〉键即可。删除一个形状后的效果如图 7-34 所示。

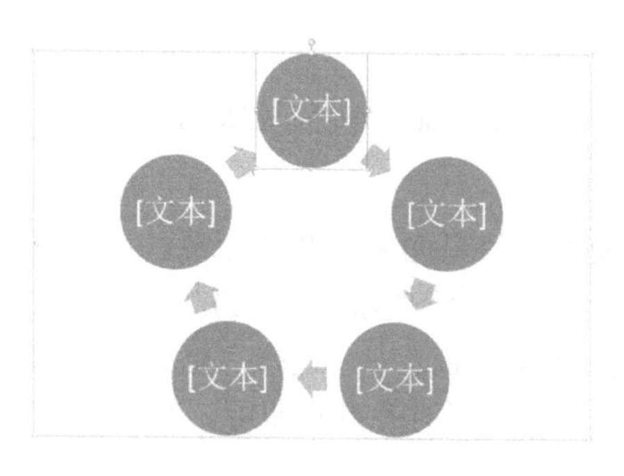

图 7-33　插入后的基本循环效果

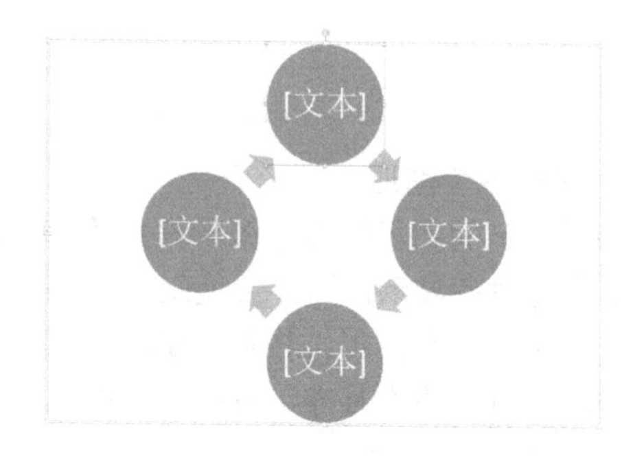

图 7-34　删除一个形状后的效果

如果要添加形状，则在某个形状上单击鼠标右键，在弹出的快捷菜单中选择“添加形状”→“在后面添加形状”命令即可。

设置好 SmartArt 图形的结构后，接下来在每个形状中输入相应的文字，最终效果如图 7-35 所示。还可以单击“SmartArt 设计”选项卡中的“更改颜色”按钮，选择恰当的颜色方案，效果如图 7-36 所示。

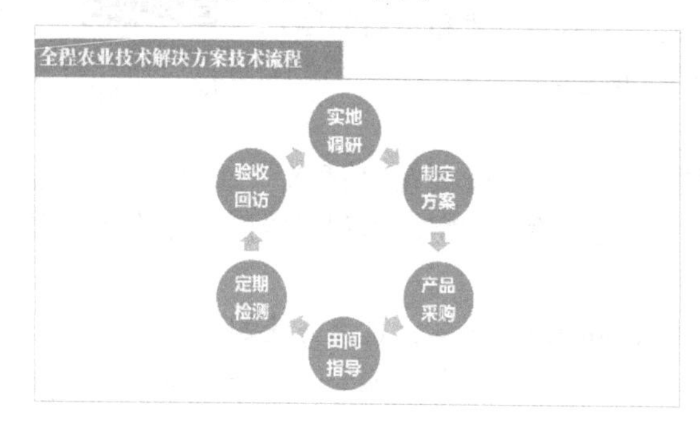

图 7-35　输入文字后的效果

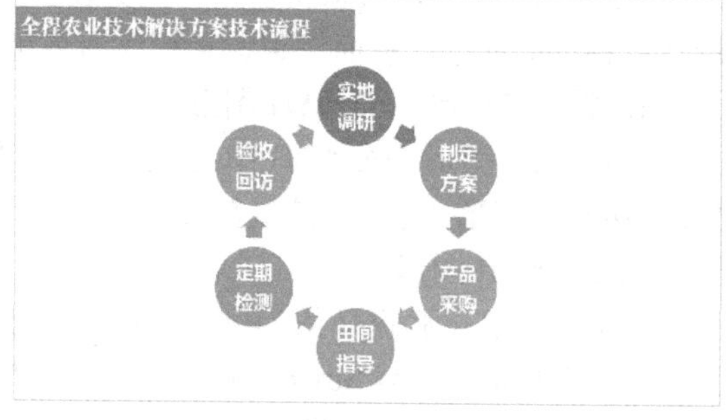

图 7-36　修改颜色方案后的效果

2. 将文本转换成 SmartArt 图形

除了上述插入与编辑 SmartArt 图形的方法外，还可以先整理出文字内容，再将整理好的内容转换为 SmartArt 图形。将文本转换为 SmartArt 图形是一种将现有幻灯片转换为工艺设计插图的快速方法，可以通过许多内置布局来实现，以有效传达消息或演讲者的想法。具体方法如下。

1）打开 PowerPoint 365 演示文稿，创建一个新文件，插入文本框，输入文本，如图 7-37 所示。

2）选中文本框中的所有文字，切换到“开始”选项卡，单击“转换为 SmartArt”按钮（或右击并选择“转换为 SmartArt”命令），在下拉列表中选择所需的图形，例如选择“连续块状流程”，如图 7-38 所示。

图 7-37　输入文本后的效果

图 7-38　转换为 SmartArt 图形后的效果

可以根据需要进行图形的修改，如更改颜色方案、修改文字字体、颜色等。

3）切换至“SmartArt 设计”选项卡，单击“SmartArt 样式”组右下角的“其他”按钮，在弹出的下拉列表中选择“三维”中的第 5 种效果“砖块场景”，SmartArt 图形变化为如图 7-40 所示的效果。

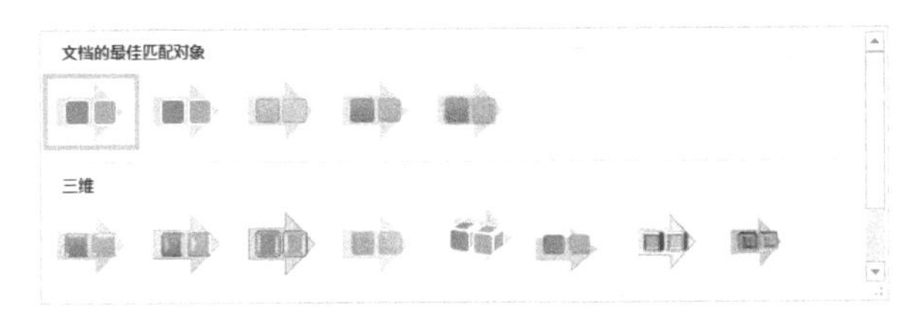

图 7-39　SmartArt 样式

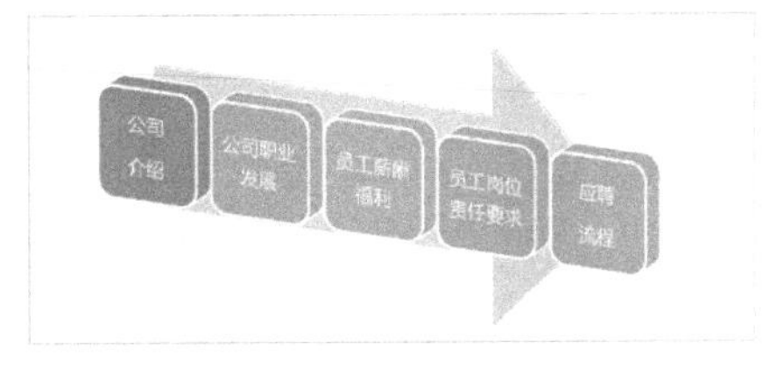

图 7-40　设置“砖块场景”SmartArt 样式后的效果

3. 调整 SmartArt 图形布局

所谓调整布局就是更改或更换图形，利用“布局”的调整，可以将现有的 SmartArt 图形改为其他的图形效果。选中图 7-40 所示的图形，切换至“SmartArt 设计”选项卡，在“版式”组中单击右下角的“其他”按钮，选择“子步骤流程”选项，如图 7-41 所示，图形的结构发生了变化，如图 7-42 所示。

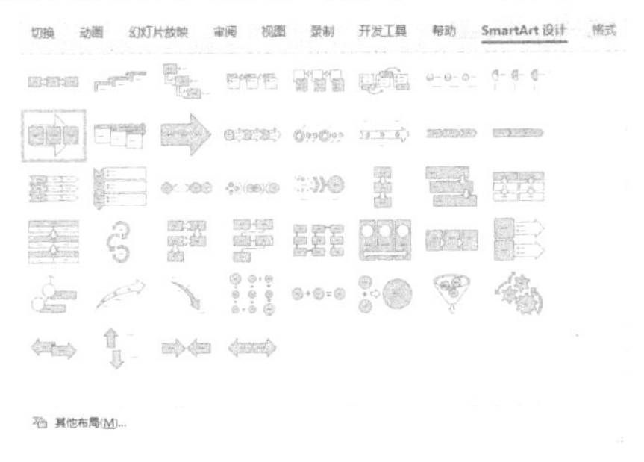

图 7-41　修改 SmartArt 图形布局

图 7-42　修改 SmartArt 图形布局后的效果

制作好一个 SmartArt 图形后，可以根据需要对图形的结构进行调整，包括层次、相对关系等。SmartArt 图形中的每个元素都是一个独立的图形，读者也可以根据需要改变其中一个或多个图形的形状。

7-6　课件图表的花样编辑

7.3　数据分析图表

7.3.1　认识数据图表

数据图表主要由图表区域及区域中的图表对象组成，图表对象主要包括标题、图例、垂直轴（值）、水平轴（分类）、数据系列等。在图表中，每个数据点都与工作表中的单元格数据相对应，而图例则显示了图表数据的种类与对应的颜色。图表的各个组成元素如图 7-43 所示。

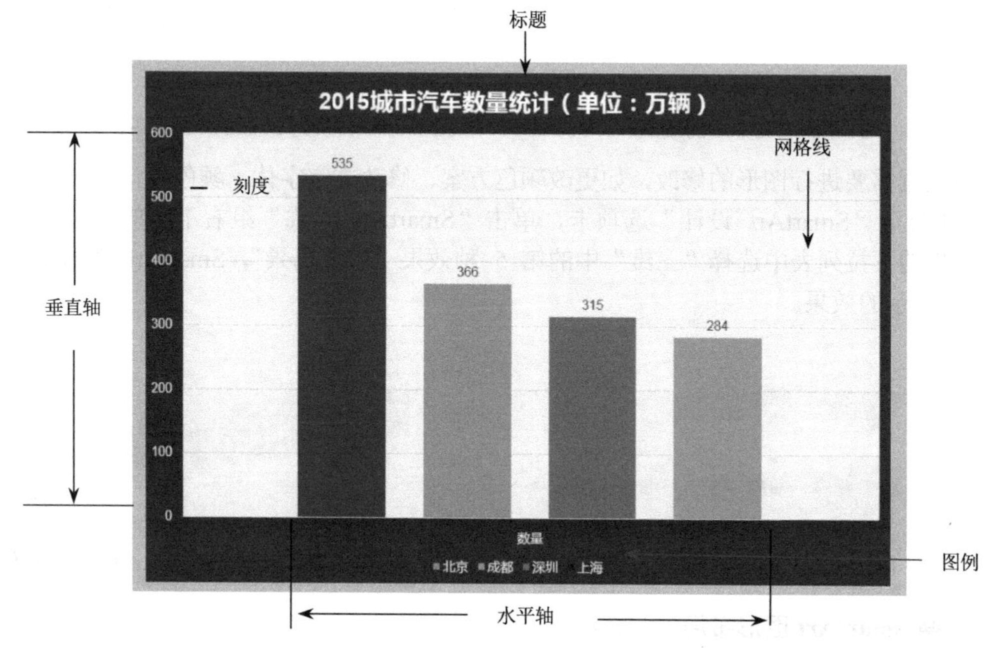

图 7-43　图表的组成元素

PowerPoint 365 为用户提供了柱形图、折线图、饼图等 15 种标准的图表类型，每种图表类型又包含若干子类型。常用的标准图表类型的功能与子类型如表 7-1 所示。

表 7-1　常用标准图表类型的功能与子类型

类型	功　　能	子　类　型
柱形图	柱形图用于显示一段时间内的数据变化或显示各项之间的比较情况。在柱形图中，通常沿水平轴组织类别，而沿垂直轴组织数值	二维柱形图、三维柱形图、圆柱形、圆锥形、棱锥形
折线图	可以显示随时间（根据常用比例设置）而变化的连续数据，因此非常适用于显示在相等时间间隔下数据的趋势。在折线图中，类别数据沿水平轴均匀分布，所有值数据沿垂直轴均匀分布	折线图、带数据标记的折线图、三维折线图
饼图	饼图显示一个数据系列中各项的大小与各项总和的比例。饼图中的数据点显示为整个饼图的百分比	二维饼图、三维饼图
条形图	类似于柱形图，条形图显示各个项目之间的比较情况	二维条形图、三维条形图、圆柱图、圆锥图、棱锥图
面积图	面积图强调数量随时间而变化的程度，也可用于引起人们对总值趋势的注意。例如，表示随时间而变化的利润的数据可以绘制在面积图中以强调总利润	面积图、堆积面积图、百分比堆积面积图、三维面积图、三维堆积面积图、百分比三维堆积面积图
XY 散点图	散点图显示若干数据系列中各数值之间的关系，或者将两组数绘制为 XY 坐标的一个系列	带数据标记的散点图、带平滑线及数据标记的散点图、带平滑线的散点图、带直线和数据标记的散点图、带直线的散点图
股价图	以特定顺序排列在工作表的列或行中的数据可以绘制到股价图中。顾名思义，股价图经常用来显示股价的波动。然而，这种图表也可用于科学数据	盘高-盘低-收盘图、开盘-盘高-盘低图、收盘图、成交量-盘高-盘低-收盘图 4 种类型
曲面图	如果需要找到两组数据之间的最佳组合，可以使用曲面图。就像在地形图中一样，颜色和图案表示具有相同数值范围的区域	三维曲面图、三维曲面图（框架图）、曲面图、曲面图（俯视框架图）
雷达图	雷达图用于比较若干数据系列的聚合值	雷达图、带数据标记的雷达图
组合	组合是将前面的 9 种图表进行组合的结果	簇状柱形图-折线图的组合

7.3.2　插入数据图表

一般情况下，可以运用“插图”的方法来创建不同类型的图表。具体方法如下。

在“插入”选项卡中单击“插图”组的“图表”按钮，在弹出的“插入图表”对话框中选择相应的图表类型，如图 7-44 所示，并在弹出的 Excel 工作表中输入数据，如图 7-45 所示，关闭 Excel 后，就完成数据图表的插入了。

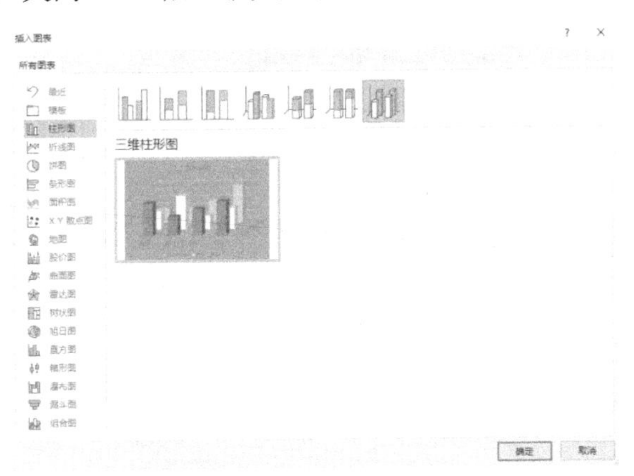

图 7-44　“插入图表”对话框

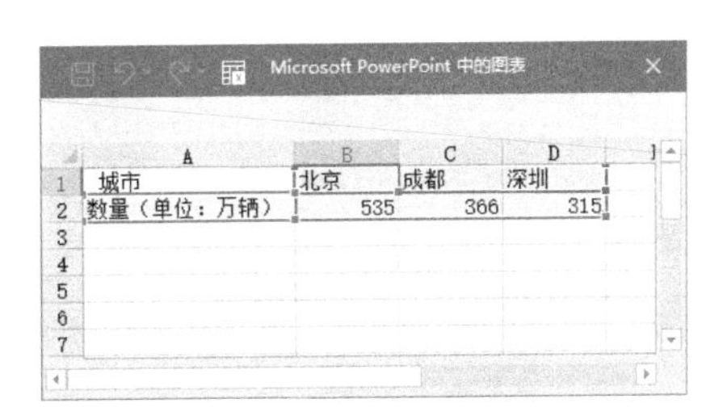

图 7-45　在 Excel 表中输入数据

7.3.3　编辑数据图表

创建完图表之后，为了使图表风格与整体效果一致，需要对图表进行编辑操作。选中图表，在“图表设计”选项卡中，单击“编辑数据”按钮即可重新打开 Excel 窗口，如图 7-46 所示。

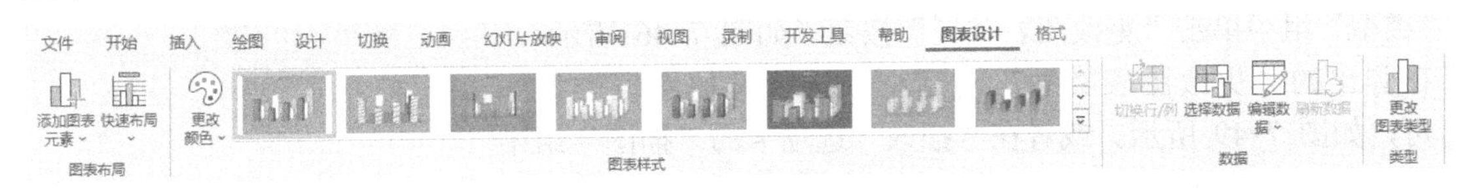

图 7-46　“图表设计”选项卡

单击“选择数据”按钮后，可指定生成图表的数据序列；单击“切换行/列”按钮，可以调换图表的横纵坐标轴。除此之外，还可以进行调整图表大小、添加图表数据、为图表添加数据标签元素等操作。

1．更改图表标题

选择标题文字后，按〈Delete〉键删除原有标题文本，再输入替换文本即可。另外，用户还可以右击标题并执行“设置图表标题格式”命令，按〈Delete〉键删除原有标题文本再输入替换文本即可。

2．调整数据图表

在幻灯片中创建图表之后，需要通过调整图表的位置、大小与类型等编辑图表的操作来使图表符合幻灯片的布局要求与数据要求。

选择图表，将鼠标移至图表边框或图表空白处，当鼠标变为“四向箭头”✣时，拖动鼠标即可调整图表位置。

3. 调整图表的大小

选择图表，将鼠标移至图表四周边框的控制点上，当鼠标变为“双向箭头”时，拖动即可调整图表大小，如图 7-47 所示。

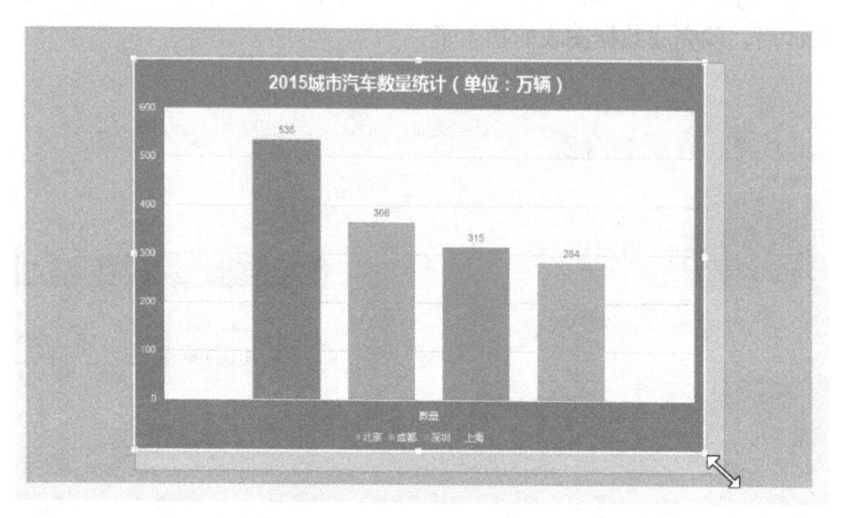

图 7-47　调整图表的大小

另外，在“格式”选项卡的“大小”组中，输入图表的“高度”与“宽度”值，也可调整图表的大小，如图 7-48 所示。

4. 更改图表类型

图 7-48　设置图表的宽与高

更改图表类型是指将图表由当前的类型更改为另外一种类型，通常用于多方位分析数据。在“图表设计”选项卡的“类型”组中单击“更改图表类型”按钮（如图 7-46 所示），在弹出的“更改图表类型”对话框中选择其他图表类型即可，如图 7-49 所示。或者在“插入”选项卡的“插图”组中单击“图表”按钮，在弹出的“更改图表类型”对话框中选择相应的图表类型，例如选择“条形图”，并单击“确定”按钮，效果如图 7-50 所示。

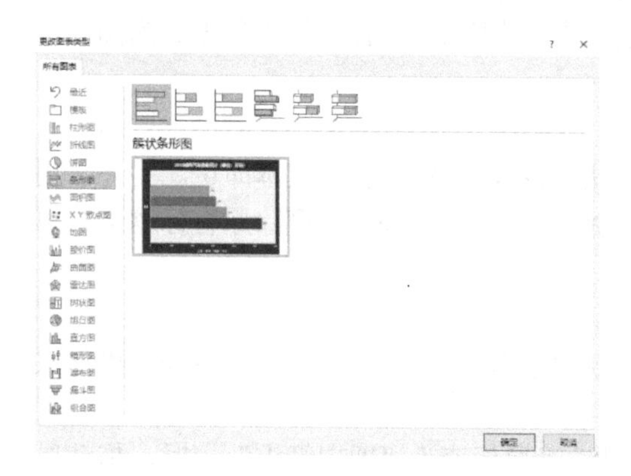

图 7-49　“更改图表类型”对话框

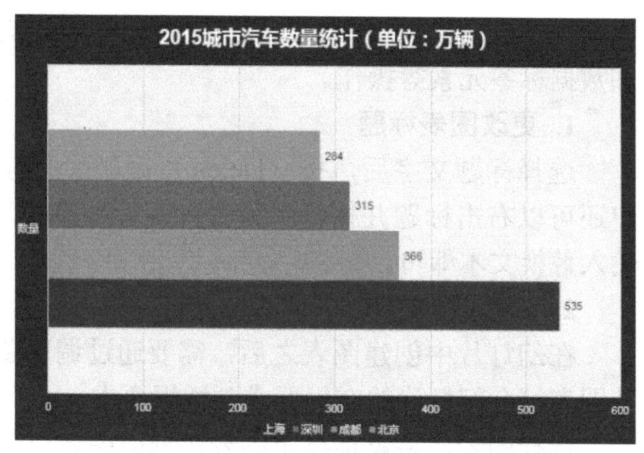

图 7-50　更改图表类型后的效果

7.3.4　编辑图表数据

创建图表之后，为了达到详细分析图表数据的目的，用户还需要对图表中的数据进行选择、添加与删除操作，以满足分析各类数据的要求。

1．编辑现有数据

选择需要编辑数据的图表（编辑图表数据.pptx），在“图表设计”选项卡的“数据”组中单击“编辑数据”按钮（如图 7-46 所示），在弹出的 Excel 工作表中编辑图表数据即可，如图 7-51 所示。

2．重新定位数据区域

选择需要编辑数据的图表（编辑图表数据.pptx），在“图表设计”选项卡的“数据”组中单击“选择数据”按钮，在弹出的“选择数据源”对话框中，单击“图表数据区域”右侧的折叠按钮，在 Excel 工作表中选择数据区域即可，如图 7-52 所示。

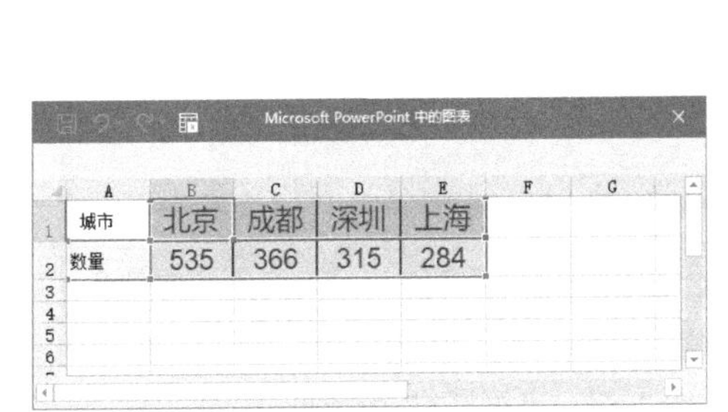

图 7-51　编辑图表数据

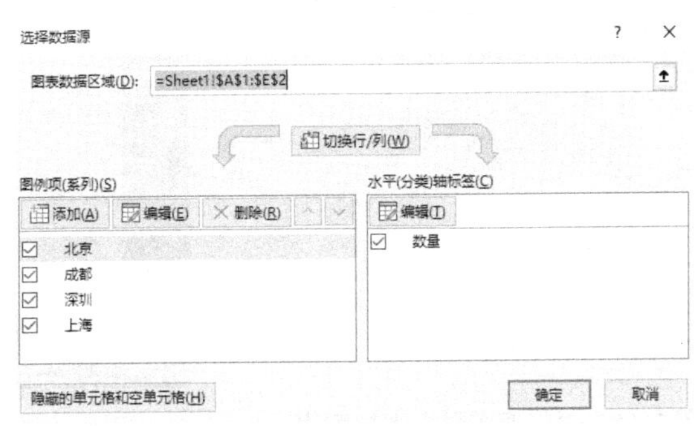

图 7-52　“选择数据源”对话框

3．添加数据区域

选择需要编辑数据的图表（编辑图表数据.pptx），在“图表设计”选项卡的“数据”组中单击“选择数据”按钮，在弹出的“选择数据源”对话框中单击“添加”按钮。然后，在弹出的“编辑数据系列”对话框中，分别设置“系列名称”和“系列值”选项即可，如图 7-53 所示，添加数据源后的“选择数据源”对话框如图 7-54 所示。

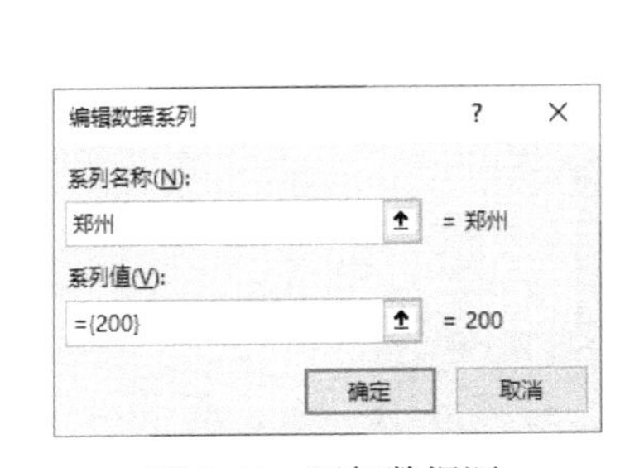

图 7-53　添加数据源

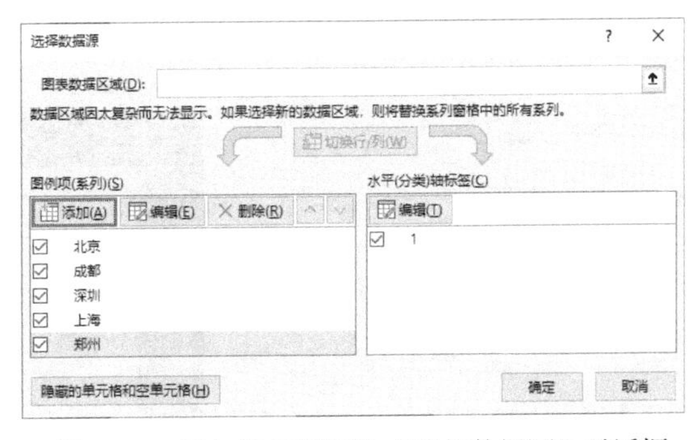

图 7-54　添加数据源后的“选择数据源”对话框

4．删除数据区域

选择需要编辑数据的图表（编辑图表数据.pptx），在“图表设计”选项卡的“数据”组中单击“选择数据”按钮，在弹出的“选择数据源”对话框中选择需要删除的系列名称，并单击“删除”按钮，可以删除数据区域。

7.3.5 设置图表布局与样式

图表布局直接影响到图表的整体效果，用户可根据工作习惯设置图表的布局。例如，添加图表坐标轴、数据系列、趋势线等图表元素。另外，用户还可以通过更改图表样式达到美化图表的目的。

1．使用图表快速布局

PowerPoint 365 为用户提供了多种预定义布局，用户可以通过在“图表设计”选项卡的“图表布局”组中单击“快速布局”按钮（如图 7-46 所示），在下拉列表中选择相应的布局即可，如图 7-55 所示，例如选择“布局 5”，PPT 页面效果如图 7-56 所示。

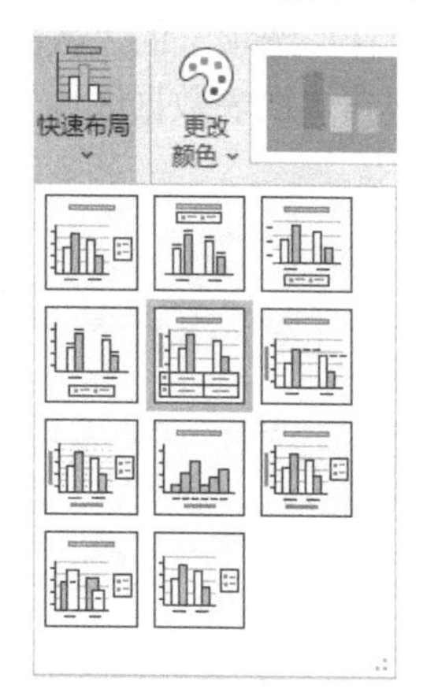

图 7-55 “快速布局”下拉列表

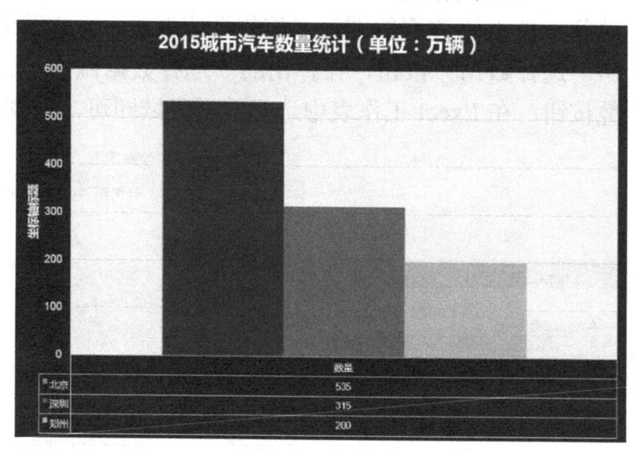

图 7-56 “布局 5”的效果

2．添加图表元素

选择需要编辑数据的图表（设置图表布局与样式.pptx），在“图表设计”选项卡的“图表布局”组中单击“添加图表元素”按钮（如图 7-46 所示），在下拉列表中选择相应的图表元素即可，例如选择“数据标签”下的“居中”，如图 7-57 所示，PPT 页面效果如图 7-58 所示。

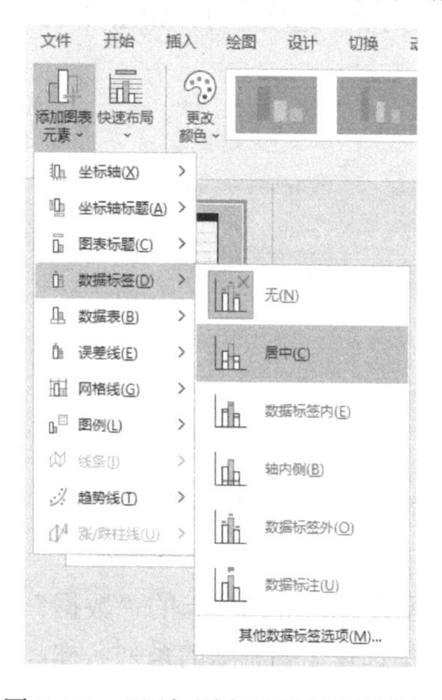

图 7-57 “添加图表元素”下拉列表

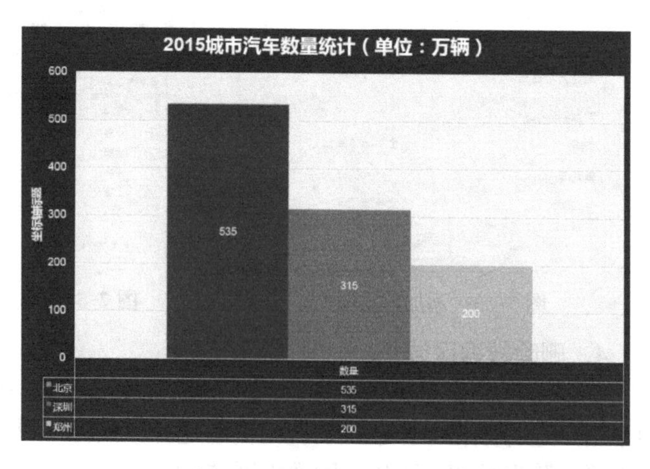

图 7-58 添加图表元素后的效果

3. 设置图表样式

选择需要编辑数据的图表（设置图表布局与样式.pptx），在“图标设计”选项卡的“图表样式”组中单击“其他”按钮（如图 7-46 所示），在下拉列表中选择图表样式即可，例如选择“样式 3”，如图 7-59 所示，PPT 页面效果如图 7-60 所示。

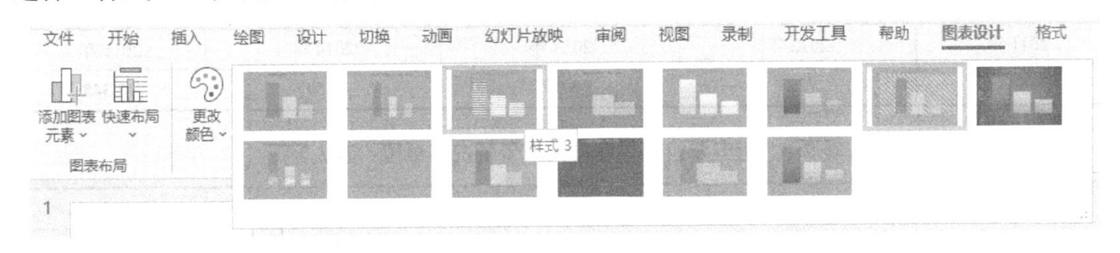

图 7-59 选择“样式 3”

图 7-60 应用“样式 3”后的效果

7.4 案例：使用图表制作中国汽车权威数据发布 PPT

在 PowerPoint 365 中，图表的制作主要包括以下几步：直接在 PPT 中插入默认的图表；利用辅助数据扩展数据类型；使用多个默认图表叠加制作更多图表；使用绘图工具绘制图表等。本例将综合应用表格以及上述各种图表的实现方法，展示 PPT 中图表的应用。

7-7 实例介绍

7.4.1 案例介绍

本案例文本内容参考素材文件夹“2015 年度中国汽车权威数据发布.docx”。核心内容如下。

案例文稿

案例标题：2015 年度中国汽车权威数据发布

驾驶私家车已经成为很多人的日常出行方式，但城市中机动车的快速增加也带来不少问题，不少地方都在酝酿实施相关的限制措施。那么，全国机动车的保有量到底有多少？其中私家车又有多少？公安部交管局日前公布的数据显示，截至 2015 年底，全国机动车保有量达 2.79 亿辆，其中汽车 1.72 亿辆，汽车新注册量和年增量均达历史最高水平（见表 7-2 和表 7-3）。

表 7-2　近五年私家车保有量情况（单位：万辆）

2011 年	2012 年	2013 年	2014 年	2015 年
5814	7222	8807	10 599	12 345

表 7-3　近五年机动车驾驶人数量情况（单位：万人）

2011 年	2012 年	2013 年	2014 年	2015 年
23 562	26 122	27 912	30 209	32 737

私家车到底有多少？

2015 年，以个人名义登记的小型载客汽车（私家车）超 1.24 亿辆，比 2014 年增加了 1877 万辆。全国平均每百户家庭拥有 31 辆私家车。北京、成都、深圳等大城市每百户家庭拥有私家车超过 60 辆。

今年新增汽车多少？

2015 年，新注册登记的汽车达 2385 万辆，保有量净增 1781 万辆，均为历史最高水平。近 5 年来，汽车占机动车比例从 47.06%提高到 61.82%，民众机动化出行方式经历了从摩托车到汽车的转变。

新能源车有多少？

近来，很多地方都在大力发展新能源汽车，不仅购车提供补贴，同时在上牌方面也提供诸多便利。2015 年，新能源汽车保有量达 58.32 万辆，比 2014 年增长 169.48%，其中，纯电动汽车保有量 33.2 万辆，比 2014 年增长 317.06%。

多少城市汽车保有量超两百万？

全国有 40 个城市的汽车保有量超百万辆，其中北京、成都、深圳、上海、重庆、天津、苏州、郑州、杭州、广州、西安 11 个城市汽车保有量超过 200 万辆（见表 7-4）。

表 7-4　汽车保有量超过 200 万的城市（单位：万辆）

北京	成都	深圳	上海	重庆	天津	苏州	郑州	杭州	广州	西安
535	366	315	284	279	273	269	239	224	224	219

驾驶员有多少？

与机动车保有量快速增长相适应，机动车驾驶人数量也呈现大幅增长趋势，近五年年均增量达 2299 万人。2015 年，全国机动车驾驶人数量超 3.2 亿人，汽车驾驶人 2.8 亿人，占驾驶人总量的 85.63%，全年新增汽车驾驶人 3375 万人。

从驾驶人驾龄看，驾龄不满 1 年的驾驶人 3613 万人，占驾驶人总数的 11.04%。春节将至，全国交通将迎来高峰。公安部交管局提醒低驾龄（1 年以下）驾驶人驾车出行要谨慎，按规定悬挂“实习”标志。

男性驾驶人 2.4 亿人，占 74.29%，女性驾驶人 8415 万人，占 25.71%，与 2014 年相比提高了 2.23 个百分点。

案例结束

7.4.2 案例分析

从中国汽车工业协会发布的数据可以看出，本案例主要介绍五个方面的内容，具体如下。

（一）私家车到底有多少？

（二）今年新增汽车多少？

（三）新能源车有多少？

（四）多少城市汽车保有量超两百万？

（五）驾驶员有多少？

第一个问题可以采用图形来表达，例如，通过绘制的小汽车的数量，表达 2011—2015 年汽车的数量变化。

第二个问题可以采用图形与文本结合的方式表达，例如，使用圆圈的大小表示数量的多少。

第三个问题可以采用数据表的方式表达，例如，主要表达 2015 年新能源汽车保有量达 58.32 万辆，比 2014 年增长 169.48%，其中，纯电动汽车保有量 33.2 万辆，比 2014 年增长 317.06%。

第四个问题可以采用数据表格的方式表达，也可以采用数据图表的方式表达。

第五个问题中，男女驾驶员的比例可以采用饼图来表达，也可以用圆形图来表达，近五年机动车驾驶员数量情况可以采用人物卡通图标的高度来表达。

7.4.3 整体页面效果

根据本案例的需求设计的模板页面效果如图 7-61 所示。

a)

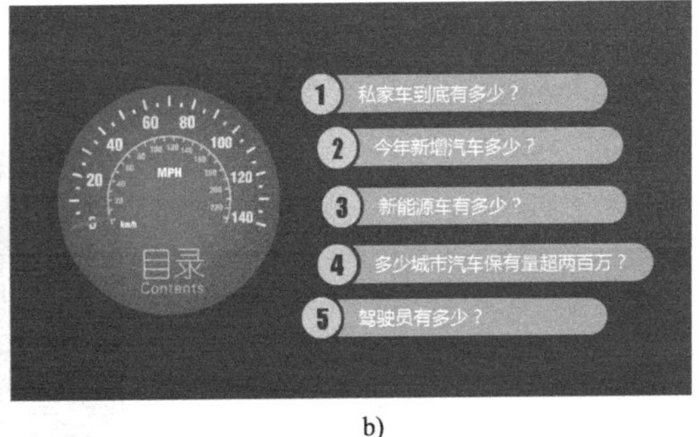

b)

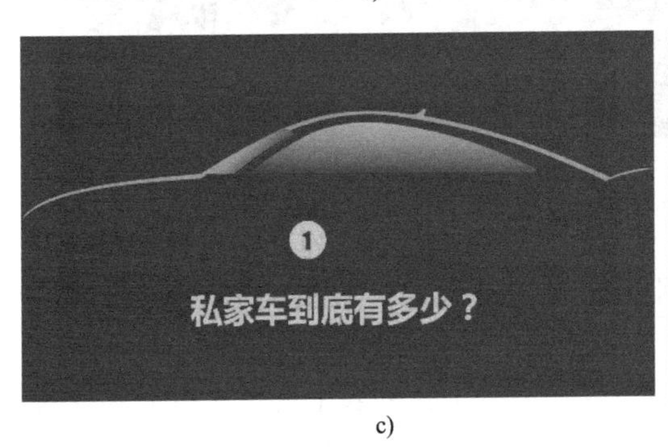

c)

d)

图 7-61　案例整体效果

a) 封面　b) 目录　c) 转场页　d) 正文页 1

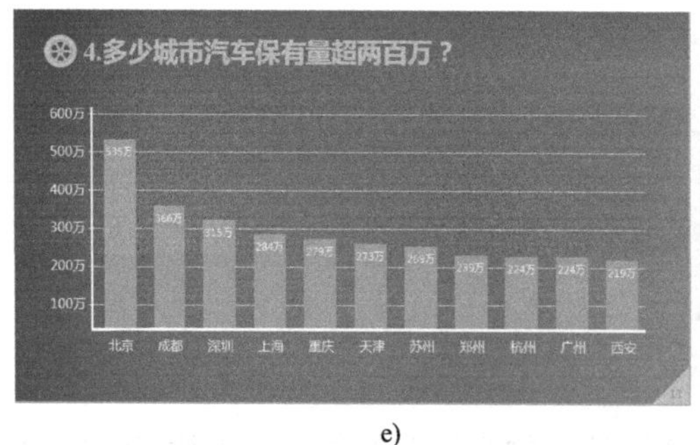

e)

f)

图 7-61　案例整体效果（续）

e) 正文页 2　f) 封底

7.4.4　封面与封底的制作

7-8　封面与封底的制作

经过设计，整个演示文稿的封面与封底页面相似，选择汽车作为背景图片，然后在汽车图片左侧放置标题文本和制作者单位信息。具体制作过程如下。

1）启动 PowerPoint 365 软件，新建一个 PPT 文档，命名为“2015 年度中国汽车权威数据发布.pptx”，在“设计”选项卡的“幻灯片大小”组中单击“自定义幻灯片大小”按钮，设置幻灯片的宽度为 33.88cm，高度为 19.05cm。

2）单击鼠标右键，执行“设置背景格式”命令，单击“填充”选项卡下的“图片或纹理填充”单选按钮，如图 7-62 所示，单击“插入”按钮，弹出“插入图片”对话框，选择“素材”文件夹下的“汽车背景.jpg”作为背景图片，插入后的效果如图 7-63 所示。

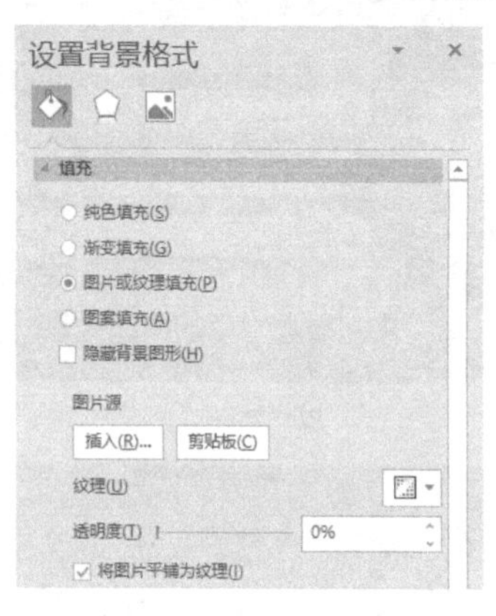

图 7-62　设置背景图片

图 7-63　设置背景图片后的效果

3）在“插入”选项卡中单击“文本框”按钮，在弹出的下拉列表中选择“横排文本框”，输入文本“2015 年度中国汽车权威数据发布”，选中文本，设置文本字体为“微软雅黑”，颜色为白色，调整文本框的大小与位置，效果如图 7-64 所示。

4）在“插入”选项卡中单击“形状”按钮，在弹出的下拉列表中选择“矩形”，绘制一个矩形，矩形填充为“橙色”，边框设置为“无边框”，选择矩形，单击鼠标右键，执行“编辑文字”命令，输入文本“发布单位”，设置文字颜色为白色，字体为“微软雅黑”，字体大小为 20，水平居中对齐，调整位置后的页面效果如图 7-65 所示。

图 7-64　插入文本后的效果

图 7-65　插入矩形并输入文本

5）复制刚刚绘制的矩形，设置背景颜色为土黄色，修改文本内容为“中国汽车工业协会”，调整位置后的页面效果如图 7-61a 所示。

6）复制封面 PPT 页面，修改“2015 年度中国汽车权威数据发布”为“谢谢大家!”，然后调整位置，封底页面效果如图 7-61f 所示。

7-9　目录页的制作

7.4.5　目录页的制作

1．目录页面效果实现分析

本页面采用左右结构，左侧制作一个汽车的仪表盘图案，形象地体现汽车主体，右侧绘制图形体现要讲解的 5 个方面内容，目录页面示意图如图 7-66 所示。

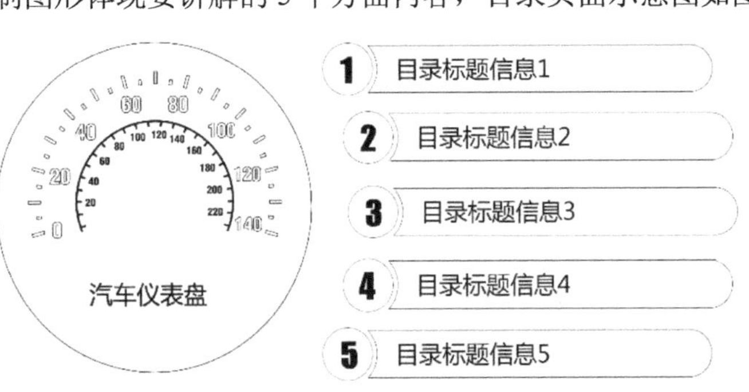

图 7-66　目录页面示意图

2．目录页面中左侧仪表盘的制作过程

1）按〈Enter〉键，新创建一页幻灯片，单击鼠标右键，执行“设置背景格式”命令，选择“填充”选项卡下的“图片或纹理填充”单选按钮，如图 7-62 所示，单击“插入”按钮，弹出“插入图片”对话框，选择“素材”文件夹下的“背景图片.jpg”作为图片背景。

2）在“插入”选项卡中单击“形状”按钮，在弹出的下拉列表中选择“椭圆”，按住〈Shift〉键绘制一个圆形，填充深灰色，边框设置为“无边框”，调整大小与位置后的效果如图 7-67 所示。

3）在“插入”选项卡中单击“图片”按钮，弹出“插入图片”对话框，选择“表盘 1.png”，单击“插入”按钮，依次插入“表盘 2.png”与“表针.png”图片，选择绘制的圆形，以及插入的所有图片，在“开始”选项卡中单击“排列”按钮，在弹出的下拉列表中选择“对齐”→“左右居中”，使其表盘水平方向居中，然后依次选择图片，通过方向键调节上下的位置，效果如图 7-68 所示。

图 7-67　插入的圆形

图 7-68　仪表盘效果

4）在“插入”选项卡中单击“文本框”按钮，在弹出的下拉列表中选择“横排文本框”，输入文本“目录”，选中文本，设置文本字体大小为 40，字体为“幼圆”，颜色为橙色；采用同样的方法插入文本“Contents”，设置文本字体大小为 20，字体为“Arial”，颜色为橙色，调整位置即可。

3．目录页面右侧图形的制作过程

1）在“插入”选项卡中单击“形状”按钮，在弹出的下拉列表中选择“椭圆”，按住〈Shift〉键绘制一个圆形，填充橙色，边框设置为“无边框”，调整大小与位置。

2）在“插入”选项卡中单击“文本框”按钮，在弹出的下拉列表中选择“横排文本框”，输入文本“1”，选择文本，设置文本字体大小为 36，字体为“Impact”，颜色为深灰色，把文字与橙色的圆圈重叠并置于上方，调整其位置与大小，如图 7-69 所示。

3）选择橙色圆形与文本，按住〈Ctrl+Alt〉键，拖动鼠标即可复制图形与文本，修改文本内容，创建其他目录项目号，如图 7-70 所示。

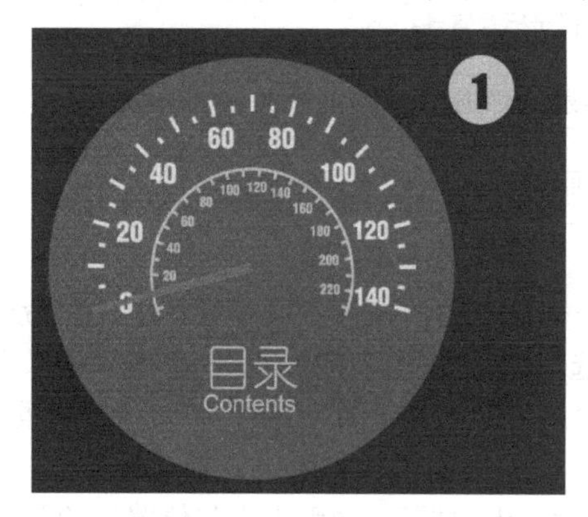

图 7-69　插入圆形与文本

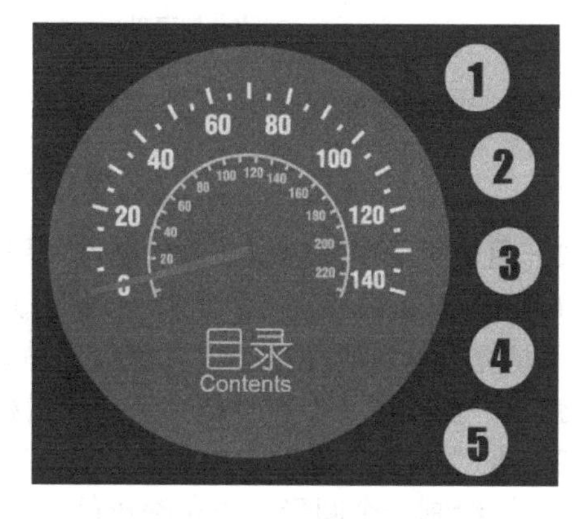

图 7-70　插入其他图形元素

4）在“插入”选项卡中单击“形状”按钮，在弹出的下拉列表中选择“椭圆”，按住〈Shift〉键依次绘制两个圆形（左右两侧各一个）在“插入”选项卡中单击“形状”按钮，在弹出的下拉列表中选择“矩形”，绘制一个矩形，如图 7-71 所示。

5）选择矩形与右侧的圆形，在“开始”选项卡中单击“排列”按钮，在弹出的下拉列表中选择“对齐”→“顶端对齐”，选择圆形，使其水平向左移动与矩形重叠。先选择圆形，按住〈Shift〉键，再次选择矩形，如图 7-72 所示，在“格式”选项卡中单击“合并形状”按钮，选择“组合”，效果如图 7-73 所示。

6）选择左侧的圆形与刚合并的图形，在“开始”选项卡中单击“排列”按钮，在弹出的下拉列表中选择“对齐”→“上下居中”，选择左侧的圆形，使其水平向右移动与矩形重叠，如图 7-74 所示。

图 7-71　绘制所需的图形

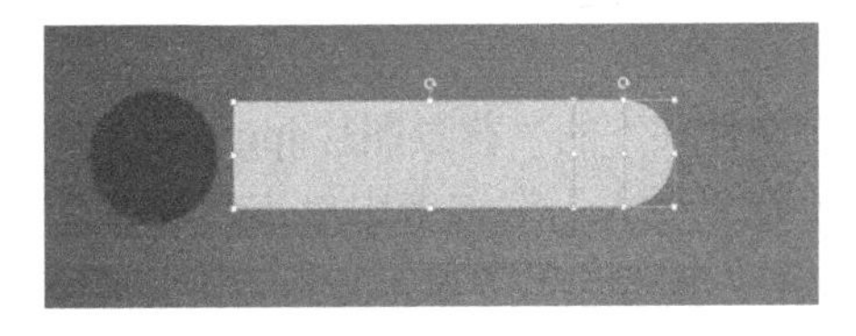

图 7-72　使矩形与右侧的圆形顶端对齐

图 7-73　合并后的图形

图 7-74　使左侧的圆形与矩形重叠

7）先选择合并后的图形，按住〈Shift〉键，再次选择左侧的圆形，如图 7-75 所示，在“格式”选项卡中单击“合并形状”按钮，选择“剪除”，效果如图 7-76 所示。

图 7-75　选择两个图形

图 7-76　剪除效果

8）调整图形的位置，在“插入”选项卡中单击“文本框”按钮，在弹出的下拉列表中选择“横排文本框”，输入文本“私家车到底有多少？”，选择文本，设置文本字体大小为 26，字体为“微软雅黑”，颜色为白色，调整其位置，如图 7-77 所示。

9）依次制作其他标题，页面效果如图 7-78 所示。

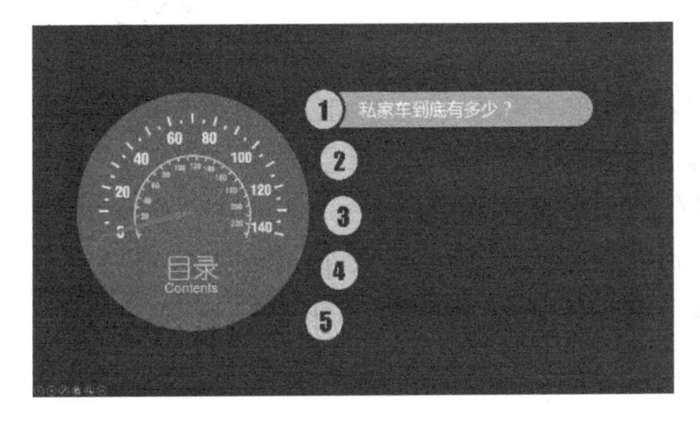

图 7-77　目录页的选项 1

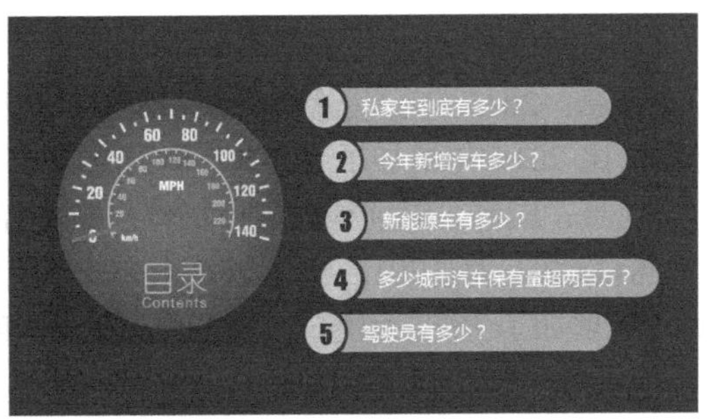

图 7-78　添加其他选项后的效果

7.4.6 转场页的制作

5 个转场页的页面风格一致，制作时先设置背景图片，再插入汽车卡通图形，然后输入数字标题与每个模块的名称。具体制作过程如下。

7-10 过渡页的制作

1）按〈Enter〉键，新建一页幻灯片，单击鼠标右键，执行“设置背景格式”命令，选择“填充”选项卡下的“图片或纹理填充”单选按钮，如图 7-62 所示，单击“插入”按钮，弹出“插入图片”对话框，选择“素材”文件夹下的“背景图片.jpg”作为图片背景。

2）在“插入”选项卡中单击“图片”按钮，弹出“插入图片”对话框，选择“卡通汽车形象.png”，单击“插入”按钮，调整位置，使其在整个幻灯片的中央水平居中，如图 7-79 所示。

3）在“插入”选项卡中单击“形状”按钮，在弹出的下拉列表中选择“椭圆”，按住〈Shift〉键绘制一个圆形，填充橙色，边框设置为“无边框”，调整大小与位置。

4）在“插入”选项卡中单击“文本框”按钮，在弹出的下拉列表中选择“横排文本框”，输入文本“1”，选择文本，设置文本字体大小为 36；字体为“Impact”，颜色为深灰色，把文字与橙色的圆圈重叠并置于上方，调整其位置与大小，如图 7-80 所示。

图 7-79 插入汽车卡通形象

图 7-80 插入标题符号

5）在“插入”选项卡中单击“文本框”按钮，在弹出的下拉列表中选择“横排文本框”，输入文本“私家车到底有多少？”，选择文本，设置文本字体大小为 50，字体为“微软雅黑”，颜色为深灰色，把文字与橙色的圆圈重叠并置于上方，调整其位置与大小，如图 7-61c 所示。

7.4.7 数据图表页面的制作

7-11 使用图像表达数据表

1. 正文页：私家车到底有多少？

信息：2015 年，以个人名义登记的小型载客汽车（私家车）超 1.24 亿辆，比 2014 年增加了 1877 万辆。全国平均每百户家庭拥有 31 辆私家车。北京、成都、深圳等大城市每百户家庭拥有私家车超过 60 辆。

信息重点为“2015 年，以个人名义登记的小型载客汽车（私家车）超 1.24 亿辆，比 2014 年增加了 1877 万辆。”，核心是：2014 年私家车 1.05 亿辆，2015 年 1.24 亿辆，2015 年比 2014 年增加了 1877 万辆。

本例可以汽车图标的数量来表达私家车的数量，制作步骤如下。

1）按〈Enter〉键，新创建一页幻灯片，单击鼠标右键，执行“设置背景格式”命令，选择“填充”选项卡下的“图片或纹理填充”单选按钮，单击“插入”按钮，弹出“插入图片”对话框，选择“素材”文件夹下的“内容背景.jpg”作为图片背景。

2）在“插入”选项卡中单击“图片”按钮，弹出“插入图片”对话框，选择“汽车轮子.png”，单击“插入”按钮，调整图片位置。

3）在“插入”选项卡中单击“文本框”按钮，在弹出的下拉列表中选择“横排文本框”，输入文本“1.私家车到底有多少？”，选择文本，设置文本字体大小为 36，字体为“微软雅黑”，颜色为橙色，把文字放置到汽车轮子图标的右侧，调整其位置。

4）在执行“插入”选项卡中单击“图片”按钮，弹出“插入图片”对话框，选择“汽车 1.png”，单击“插入”按钮，复制 6 次，设定第 1 个与第 7 个汽车图标的位置，在“开始”选项卡中单击“排列”按钮，在弹出的下拉列表中选择“对齐”→“横向分布”，输入文本“2014 年”与“1.05 亿辆”，设置字体为“微软雅黑”，颜色为橙色，如图 7-81 所示。

5）采用同样的方法表示 2015 年汽车的数量，添加 9 个汽车图标（汽车 2.png），页面效果如图 7-82 所示。

图 7-81　2014 年的私家车数量效果

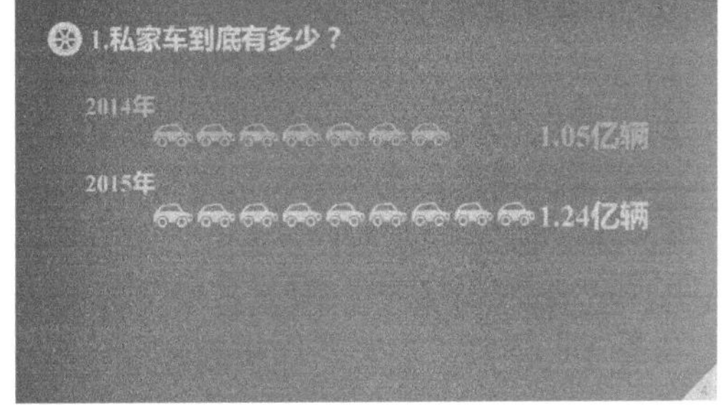

图 7-82　2015 年的私家车数量效果

6）在“插入”选项卡中单击“形状”按钮，在弹出的下拉列表中选择“直线”，按住〈Shift〉键绘制一条水平直线，设置直线的样式为虚线，颜色为白色。

7）在“插入”选项卡中单击“文本框”按钮，在弹出的下拉列表中选择“横排文本框”，插入相应的文本，将数字颜色设置为橙色，效果如图 7-61d 所示。

2．正文页：今年新增汽车多少？

信息：2011—2015 年每年的私家车保有量的统计信息如下。2011 年为 5814 万辆，2012 年为 7222 万辆，2013 年为 8807 万辆，2014 年为 10 599 万辆，2015 年为 12 345 万辆。

7-12　使用图形表达数据表

这组数据仍然可以采用绘制图形的方式来表示，例如采用圆形的方式，圆圈的大小表示数量的多少，形象地反映数据变化。制作步骤如下。

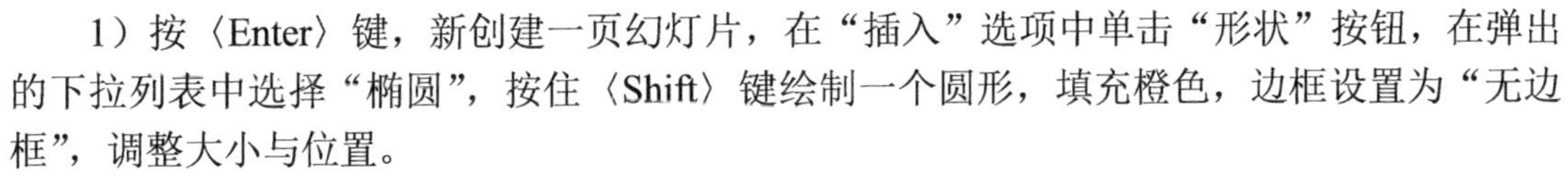

1）按〈Enter〉键，新创建一页幻灯片，在“插入”选项中单击“形状”按钮，在弹出的下拉列表中选择“椭圆”，按住〈Shift〉键绘制一个圆形，填充橙色，边框设置为“无边框”，调整大小与位置。

2）在“插入”选项卡中单击“文本框”按钮，在弹出的下拉列表中选择“横排文本框”命令，输入文本“5814”，选择文本，设置文本字体大小为32，字体为“微软雅黑”，颜色为白色，把文字与橙色的圆圈重叠并置于上方，调整其位置与大小，用同样的方法插入文本“2011 年”，如图 7-83 所示。

3）用同样的方法插入 2012—2015 年的数据，把背景的圆圈逐渐放大，如图 7-84 所示。

图 7-83　2011 年的私家车保有量数据效果

5814　7222　8807　10559　12435

2011年　2012年　2013年　2014年　2015年

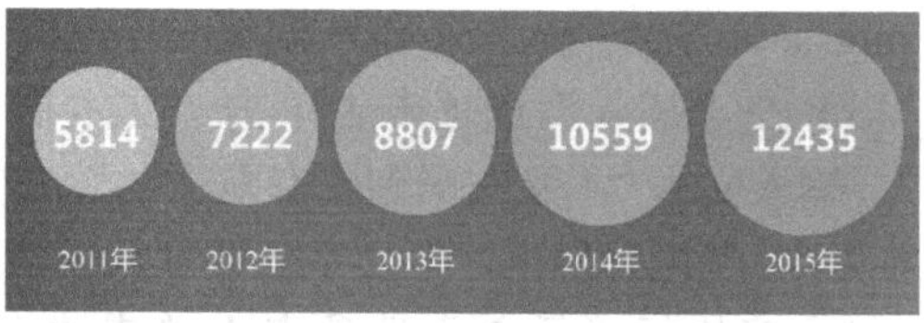

图 7-84　连续 5 年的私家车保有量数据效果

4）用同样的方法插入幻灯片所需的文本内容与线条即可。

7-13　数据图表的使用

3．正文页：新能源车有多少？

信息：近来，很多地方都在大力发展新能源汽车，不仅购车提供补贴，同时在上牌方面也提供诸多便利。2015 年，新能源汽车保有量达 58.32 万辆，比 2014 年增长 169.48%，其中，纯电动汽车保有量 33.2 万辆，比 2014 年增长 317.06%。

信息重点为“2015 年，新能源汽车保有量达 58.32 万辆，比 2014 年增长 169.48%，其中，纯电动汽车保有量 33.2 万辆，比 2014 年增长 317.06%”。

本例可以通过柱形图来表达数量的变化，制作步骤如下。

1）在“插入”选项卡中单击“图表”按钮，在弹出的“插入图表”对话框（如图 7-44 所示）中选择“柱形图”图表类型，并在弹出的 Excel 工作表中输入数据，如图 7-85 所示，关闭 Excel 后，插入的柱状图效果如图 7-86 所示。

	A	B	C
1		2014	2015
2	新能源汽车	34.41	58.32
3	纯电动汽车	10.47	33.2

图 7-85　在 Excel 表中输入数据

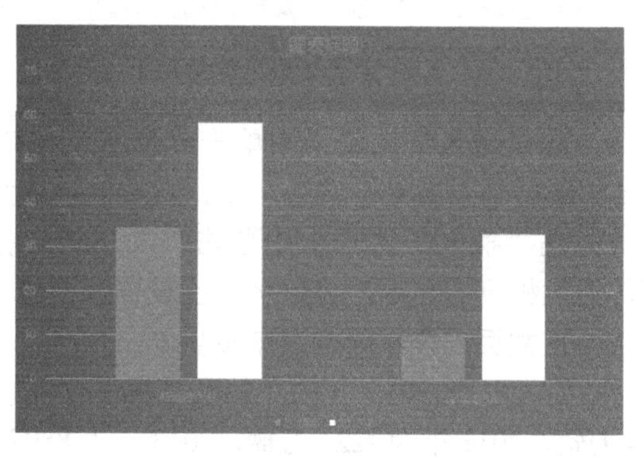

图 7-86　插入的柱形图效果

2）选择插入的柱形图，选择标题，按〈Delete〉键删除标题，同样，分别选择网格线、纵向坐标轴和图例并将其删除，页面效果如图 7-87 所示。

3）选择插入的柱形图，在“图表设计”选项卡中单击“添加图表元素”按钮，在下拉列表中选择“数据标签”→“其他数据标签选项”，设置数据标签的文字颜色为白色，选择横向“坐标轴”，设置其文字颜色为白色，效果如图 7-88 所示。

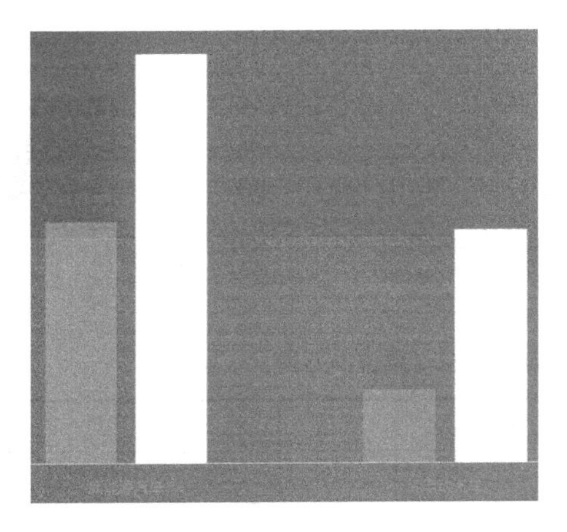

图 7-87　删除标题等后的效果

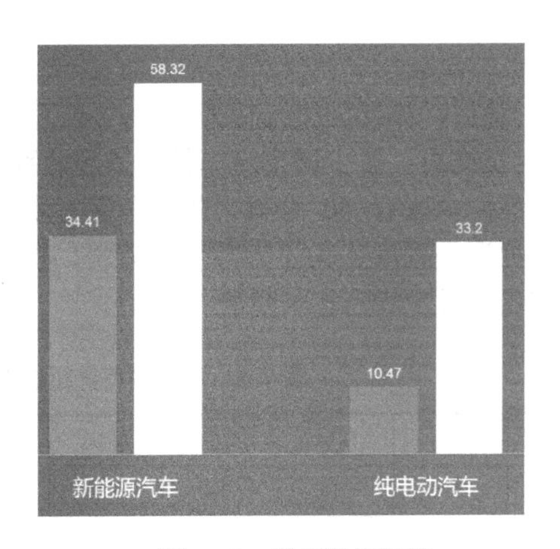

图 7-88　设置数据标签

4）选择插入的柱形图，例如 2014 年的深灰色块，单击鼠标右键，执行“设置数据系列格式”命令，设置“系列重叠”为 30%，“间隙宽度”为 50%，如图 7-89 所示，效果如图 7-90 所示。

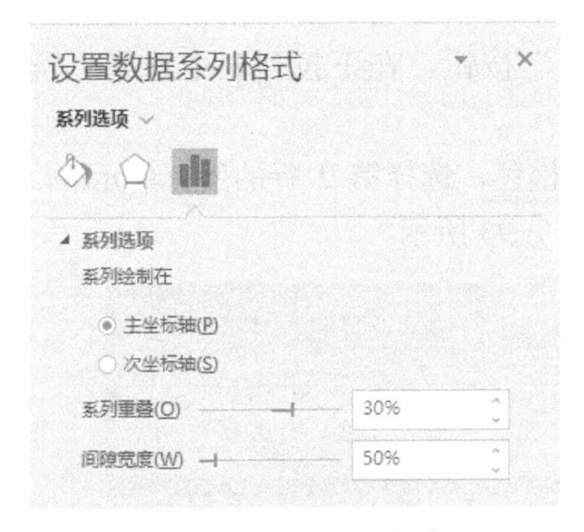

图 7-89　设置系列选项

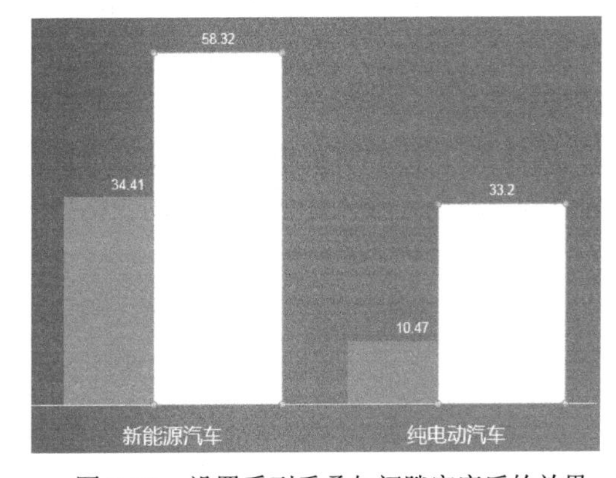

图 7-90　设置系列重叠与间隙宽度后的效果

5）在“设置数据系列格式”面板中，切换至“填充”选项卡，如图 7-91 所示，设置 2014 年的数据为浅橙色，设置 2015 年的数据为橙色，效果如图 7-92 所示。

图 7-91　“填充”选项卡

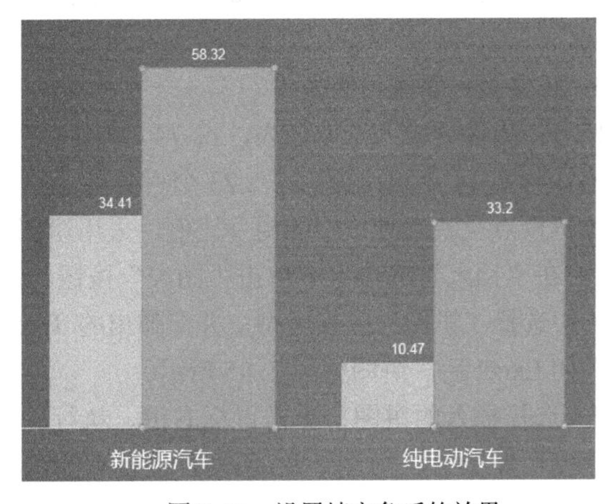

图 7-92　设置填充色后的效果

6）最后，添加竖线与相关文本。

7-14　使用表格表示数据

4．正文页：多少城市汽车保有量超两百万？

信息：全国有 40 个城市的汽车保有量超百万辆，其中北京、成都、深圳、上海、重庆、天津、苏州、郑州、杭州、广州、西安 11 个城市汽车保有量超过 200 万辆（见表 7-5）。

表 7-5　汽车保有量超过 200 万的城市（单位：万辆）

北京	成都	深圳	上海	重庆	天津	苏州	郑州	杭州	广州	西安
535	366	315	284	279	273	269	239	224	224	219

本例可以直接采用表格来实现，插入表格后，设置表格的相关属性即可，制作步骤如下。

1）在“插入”选项卡中单击“表格”按钮，在弹出的下拉列表中选择“插入表格”，在弹出的“插入表格”对话框中设置列数为 12，行数为 2，单击“确定”按钮。

2）在“表设计”选项卡的“绘制边框”组中单击“绘制表格”按钮，绘制表格，选择笔触颜色为黑色，粗细为 1 磅，单击“边框”按钮，在下拉列表中选择“所有边框”即可。

3）选择第 1 行的所有单元格，设置背景颜色为橙色，选择第 2 行的所有单元格，设置背景颜色为浅灰色，输入相关数据后的表格效果如图 7-93 所示。

城市	北京	成都	深圳	上海	重庆	天津	苏州	郑州	杭州	广州	西安
数量	535	366	315	284	279	273	269	239	224	224	219

图 7-93　表格效果

如果采用柱形图方式，具体制作步骤与第三个问题“新能源车有多少？”类似，页面效果如图 7-61e 所示。当然，也可以使用绘图的方式进行绘制。

7-15　饼状图的使用

5．正文页：驾驶员有多少？

信息：男性驾驶人 2.4 亿人，占 74.29%，女性驾驶人 8415 万人，占 25.71%，与 2014 年相比提高了 2.23 个百分点。

本例重点反映驾驶员中的男女比例，采用饼图的方式较好。制作步骤如下。

1）在“插入”选项卡中单击“图表”按钮，在弹出的“插入图表”对话框（如图 7-44 所示）中选择“饼图”图表类型，并在弹出的 Excel 工作表中输入示例数据，如图 7-94 所示，关闭 Excel 后，饼图如图 7-95 所示。

2）选择插入的饼图，单击鼠标右键，执行“设置数据点格式”命令，设置“第一扇区起始角度”为 315°，如图 7-96 所示，设置后的饼图效果如图 7-97 所示。

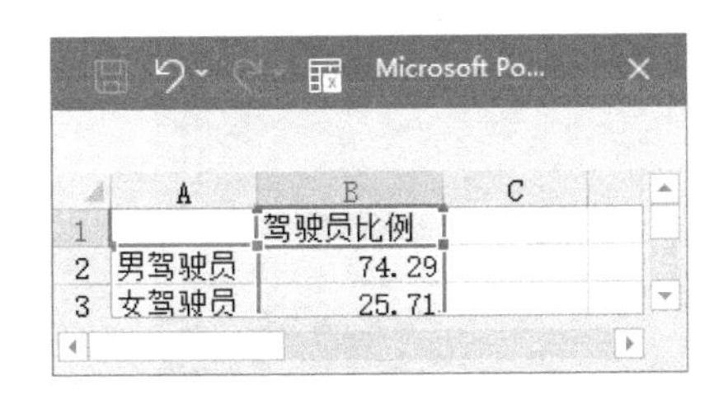

图 7-94　在 Excel 表中输入数据

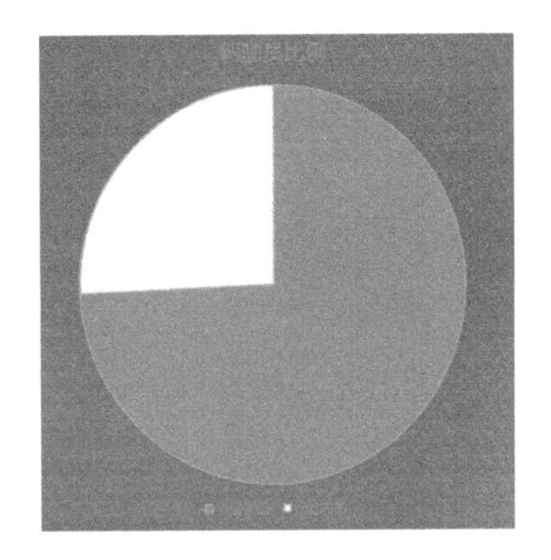

图 7-95　饼图效果

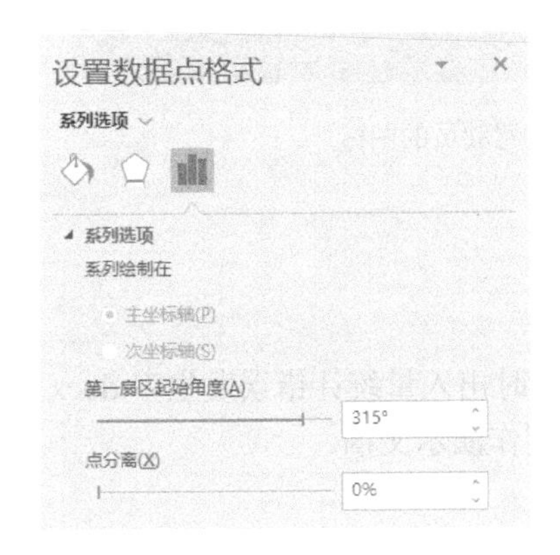

图 7-96　设置第一扇区的起始角度

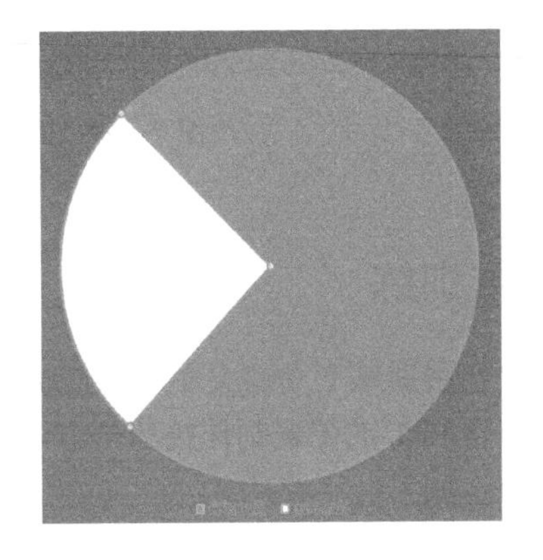

图 7-97　设置后的饼图效果

3）分别选择标题和图例，按〈Delete〉键将其删除。

4）选择左侧的白色扇形，按住鼠标左键将其向左移动一点，在图 7-96 中，切换至“填充”选项卡，设置填充颜色为浅橙色，设置边框颜色为橙色，选择右侧深灰色的扇形，把边框颜色与填充颜色都设置为橙色，效果如图 7-98 所示。

5）添加数据标签，效果如图 7-99 所示。

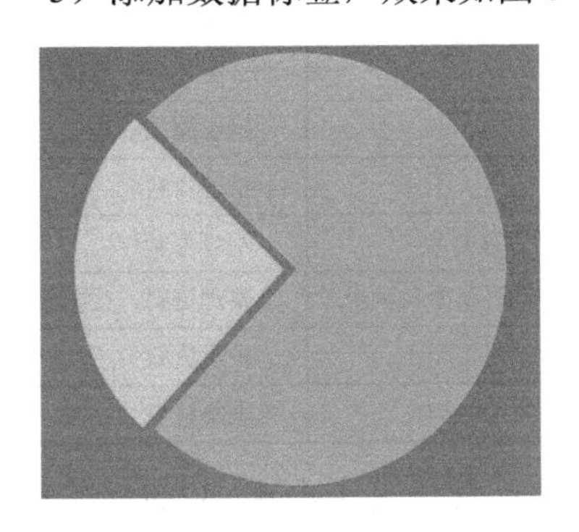

图 7-98　设置扇形的填充颜色和边框颜色

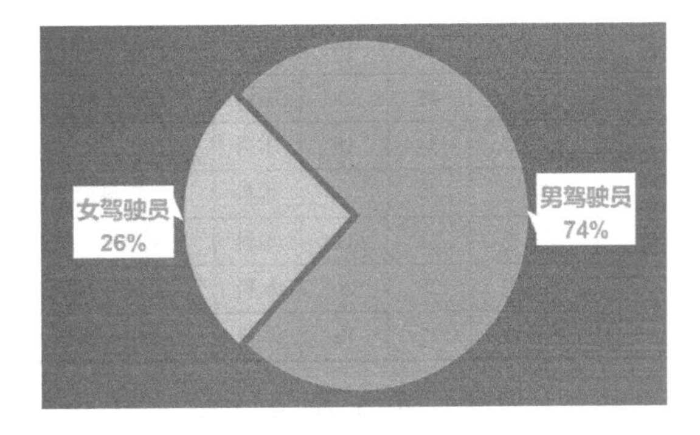

图 7-99　添加数据标签

6）为了更加直观，插入两个图标分别表示女驾驶员与男驾驶员，效果如图 7-100 所示。

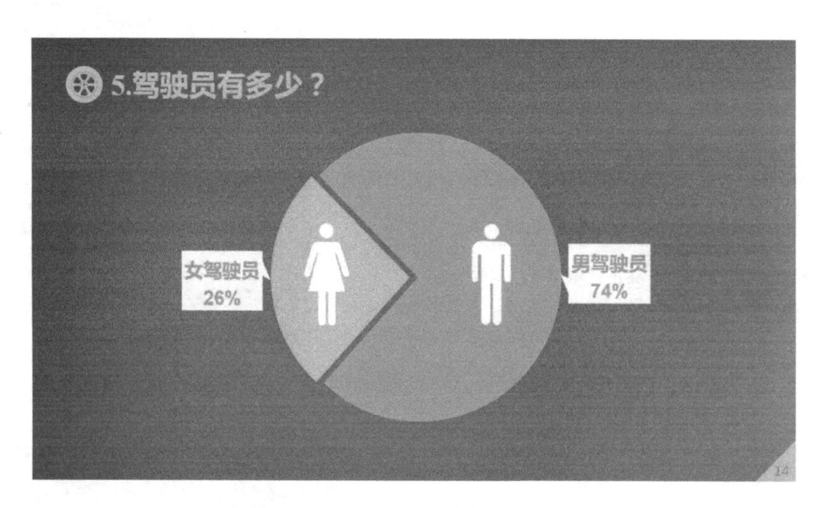

图 7-100　插入表示男女驾驶员的图标

7.5　拓展训练

根据“拓展训练”文件夹中“降低护士 24 小时出入量统计错误发生率.docx”文件的信息内容，结合 PPT 的图表制作技巧与方法设计并制作演示文稿。

部分节选如下：

--文本信息 --

降低护士 24 小时出入量统计错误发生率

2014 年 12 月成立“意扬圈”，成员人数：8 人，平均年龄：35 岁，圈长：沈霖，辅导员：唐金凤（见表 7-6）。

表 7-6　“意扬圈”成员信息表

圈内职务	姓名	年龄	资历	学历	职务	主要工作内容
辅导员	唐金凤	52	34	本科	护理部主任	指导
圈长	沈霖	34	16	硕士	护理部副主任	分配任务、安排活动
副圈长	王惠	45	25	本科	妇产大科护士长	组织圈员活动
圈员	仓艳红	34	18	本科	骨科护士长	整理资料
	李娟	40	21	本科	血液科护士长、江苏省肿瘤专科护士	幻灯片制作
	罗书引	31	11	本科	神经外科护士长、江苏省神经外科专科护士	整理资料、数据统计
	席卫卫	28	8	本科	泌尿外科护士	采集资料
	杨正侠	37	18	本科	消化内科护士、江苏省消化科专科护士	采集资料

目标值的设定：2015 年 4 月前，24 小时出入量记录错误发生率由 32.50%下降到 12.00%。

-- 结束 --

根据以上内容制作的 PPT 页面效果如图 7-101 所示。

a)

b)

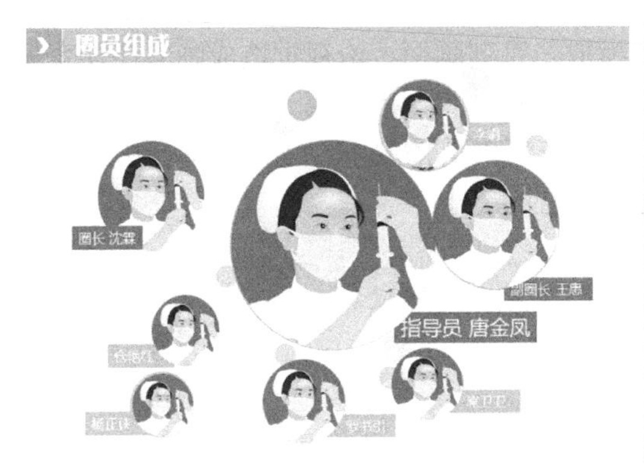

c)

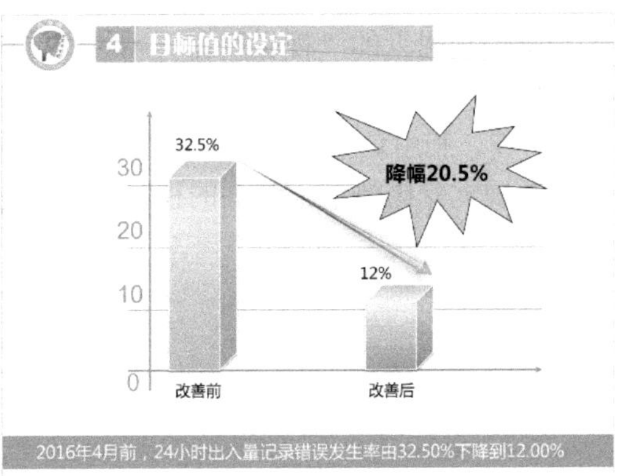

d)

图 7-101 “意扬圈”制作的 PPT 页面效果

a) 封面 b) 成员信息 c) 成员图片 d) 目标设置

第 8 章　PPT 动画

8.1　动画概述

8-1　课件的动画设计

8.1.1　动画的原理

动画是利用人的“视觉暂留”特性，连续播放一系列画面，给视觉造成画面连续变化的感觉，如图 8-1 所示。“视觉暂留”特性是指人的眼睛看到一幅画或一个物体后，影像会暂留 1/24 秒。利用这个原理，在一幅画的影像还没有消失前播放下一幅画，就会给人造成一种流畅的视觉变化效果。动画的视觉原理与电影、电视一样。

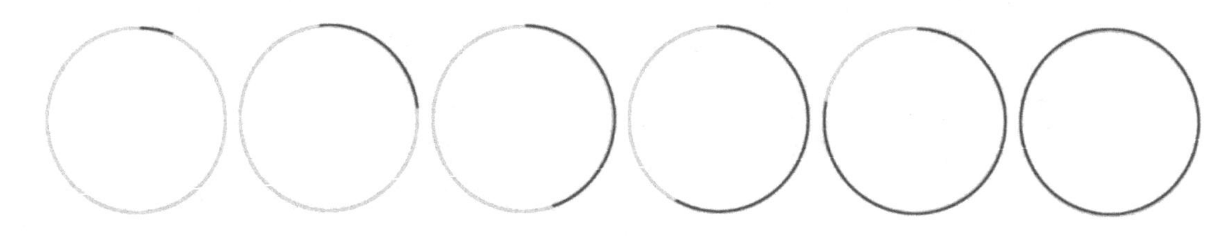

图 8-1　连续画面

8.1.2　动画的作用

在制作 PPT 时，用好动画可以达到以下效果。

- 可以抓住观众的视觉焦点，例如：逐条显示时可以通过放大、变色、闪烁等方法突出关键词，也可以利用内容的逐条出现引导观众跟随演示者的节奏。
- 可以显示各个页面的层次关系，例如：通过页面之间的过渡区分页面的层次。
- 可以使内容视觉化。动画本身也是有含义的，它在含义上与图片刚好形成互补关系。图片可以表示人、物、状态等含义，动画可以表示动作、关系、方向、进程与变化、序列以及强调等含义。

通过动画能够对所要展示的内容进行解释说明，相对于文字、图标、图表或者图片等静态内容，动画无疑更加简洁、直观、生动，它能够对事物的原理进行最大程度的还原，帮助观众理解事物的进程、变化、动作等。

8.1.3　PPT 动画应遵循的标准

合格的 PPT 动画必须应遵循以下标准。

1. 符合基本的动画规律

自然是指动画的效果不能让观众产生“刻意制作”的感觉，要动静结合、进退结合、快慢结合、直转结合。所以，动画效果必须使观众舒服、符合经验和直觉。例如：细长的直线或者矩形使用“擦除”动画，圆形的对象用轮子动画进入。当然，动画的速度也要符合规律，速度不合适也会造成不自然的感觉。

连贯是指动作之间、场景之间、元素之间、内容之间有衔接，避免出现跳跃的、中断的、停顿的和不符合规律的动画。

主动是指动画或者以美动人，或者以情动人，或者以景动人，或者以神动人，让每个动作都能吸引眼球、扣人心弦。

2. 符合基本的审美规律

美观是指动画每个动作都有其特色和适用领域。淡入淡出动画、飞入飞出动画、伸展层叠动画、放大缩小动画……正是这些或快或慢、或强或弱、或大或小、或先或后、或显或隐、或长或短、或正或反的不同动画的相互协调、配合、补充，才能构成一幅幅精美的画卷，让观众能够陶醉于视觉享受之中。把握每个动画的特性，根据情境和内容进行组合，是做好 PPT 动画的前提。

创意就是要做出人们内心深处喜爱却没有见过的东西。动画片里的动画、Flash 动画和 3D 动画都比较常见，但真正精彩的 PPT 动画却不多见。第一个创意点是用 PPT 动画实现类似 Flash、3D 的动画效果。第二个创意点在于：PPT 展示的主要是思想和观点，也强调逻辑、数据、提炼，如何把枯燥、呆板、抽象的文字、图片等信息转化为形象、生动、具体、条理清晰、逻辑严密的画面，是 PPT 动画的最大挑战，也是最大优势。

精致即细节，是专业动画和业余动画的最大区别之处。

3. 符合 PPT 应用场景规律

观众不同，动画效果应有所不同。年龄、性别、地域、教育背景、工作经历、性格特点等都会影响观众对动画的偏好。

行业不同，动画效果也应有所不同。例如：科技类 PPT，讲究动感、炫丽；商务类 PPT，讲究庄重、严谨；工业类 PPT，讲究干脆、冲击；文化类 PPT，讲究个性、厚重；教育类 PPT，讲究简洁、规范；食品类 PPT，讲究热情、快捷。

主题不同，动画效果也应有所不同。例如：企业宣传类 PPT，追求快节奏、精美的动画；工作汇报类 PPT，追求简洁、创意和连贯的动画；咨询报告类 PPT，追求简洁、清晰、有冲击力的动画；个人娱乐类 PPT，追求个性、张扬的动画；培训课件类 PPT，追求简单、形象的动画。

种类不同，动画效果也应有所不同。例如：开场动画扣人心弦，强调动画引人注目，逻辑动画环环相扣，形象动画衬托主题，结尾动画让人回味无穷。

4. 符合 PPT 表现的内容

PPT 动画是否成功取决于其对内容的表现力强弱，主要体现在以下两个方面。

一是要看得清。重点内容动画停留时间长，次要内容动画停留时间较短甚至一闪而过，修饰性动画若隐若现，避免干扰画面。

二是要演得准。每个动画都要有一定的内涵，不同的时间、方向、速度以及显著与否所带来的感受是不同的。例如：同时出现的动作往往代表并列关系，先后出现的动作往往代表因果关系；由一到多的动作体现扩散关系，由多到一的动作体现综合关系；相向进入的动作体现了聚合或冲突，相反退出的动作则体现了分裂或脱离；大面积淡入淡出体现的是重点内容，小面积飞入飞出体现的是次要内容。

8.2　动画的分类与基本设置

8.2.1　动画的分类

8-2　动画的分类

PowerPoint 中的动画效果主要分为进入动画、强调动画、退出动画和动作路径动画四类。此外，还包括幻灯片切换动画。用户可以对幻灯片中的文本、图形、表格等对象添加不同的动画效果。

进入动画：进入动画实现对象的从“无”到“有”。在触发动画之前，被设置为进入动画的对象是不出现的，在触发之后，对象采用何种方式出现是进入动画要解决的问题。比如设置对象为进入动画中的“擦除”效果，可以实现对象从某一方向逐渐地出现的效果。进入动画在 PPT 中一般都使用绿色图标标识。

强调动画：强调动画实现对象的从“有”到“有”，前面的“有”是对象的初始状态，后面的“有”是对象的变化状态。两个状态的变化起到了强调突出对象的作用。比如设置对象为强调动画中的“变大/变小”效果，可以实现对象从小到大（或从大到小）的变化过程，从而起强调的作用。强调动画在 PPT 中一般都使用黄色图标标识。

退出动画：“退出”动画与“进入”动画正好相反，它实现对象的从“有”到“无”。对象在没有触发动画之前是存在屏幕上的，而当动画被触发后，则从屏幕上以某种效果消失。比如设置对象为退出动画中的“切出”效果，则对象在动画被触发后会逐渐地从屏幕上某处切出，从而消失在屏幕上。退出动画在 PPT 中一般都使用红色图标标识。

动作路径动画：动作路径动画就是对象沿着某条路径运动的动画。比如设置对象为动作路径动画中的“向右”效果，则对象在触发后会沿着设置的方向线向右移动。

8.2.2　动画的基本设置

1. 添加进入动画效果

进入动画一般用于设置文本或其他对象以多种动画效果进入放映屏幕。在添加进入动画效果之前需要选中对象。对于占位符或文本框来说，选中占位符、文本框，以及进入其文本编辑状态时，都可以为它们添加进入动画效果。

例如，选中图 8-2 中的第一幅图片后，打开“动画”选项卡，选择“飞入”动画，此时“动画”选项卡中的“预览”按钮就由灰色变成了绿色，单击“预览”按钮就可以预览了。

与此同时，图 8-3 中的“效果选项”按钮也由灰色变成绿色，单击“效果选项”下拉按钮就可以看到进入动画的其他选项，如图 8-4 所示。

图 8-2　选择对象

图 8-3　“动画”选项卡

单击“动画”组中的“其他”按钮，弹出如图 8-5 所示的下拉列表。如选择“进入”

下的“轮子”动画，则原来的动画效果就被替换为“轮子”。

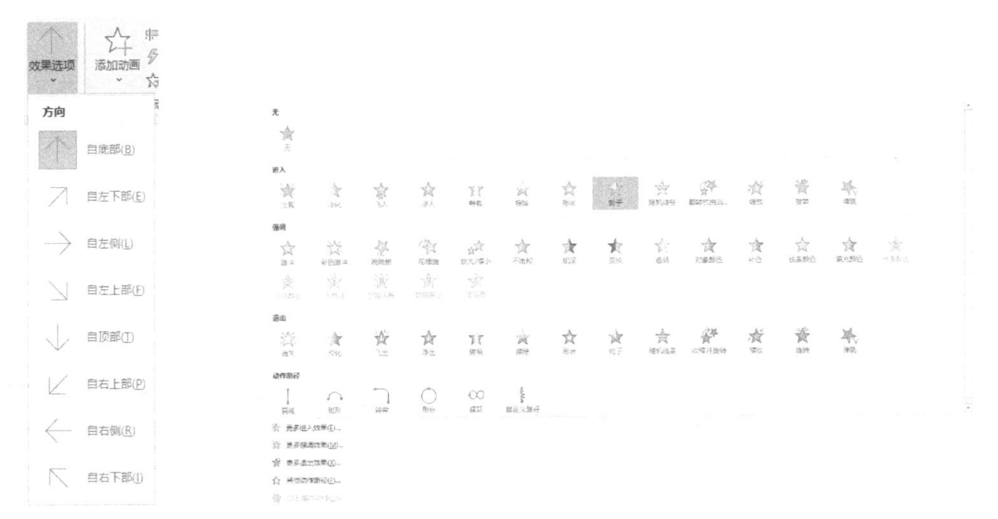

图 8-4 “效果选项”下拉列表　　　　图 8-5 “动画”组的其他动画效果

如果选择图 8-5 中“更多进入效果”，将打开“更改进入效果”对话框，在该对话框中可以选择更多的进入动画效果，如图 8-6 所示。“更改进入效果”对话框的动画按风格分为基本型、细微型、温和型和华丽型。选中对话框最下方的“预览效果”复选框，则在对话框中单击一种动画时，都能在幻灯片编辑窗口中看到该动画的预览效果。

更改动画完成后，如果想对图 8-2 中的后两幅图片也运用“轮子”动画的效果，可以使用“动画刷”的功能。选择刚刚制作好“轮子”动画效果的图形，此时在“动画”选项卡中的“高级动画”组中双击“动画刷”按钮，如图 8-7 所示，然后，依次单击后两幅图片，这样后两幅图片也就复制了第一幅图片的动画效果。

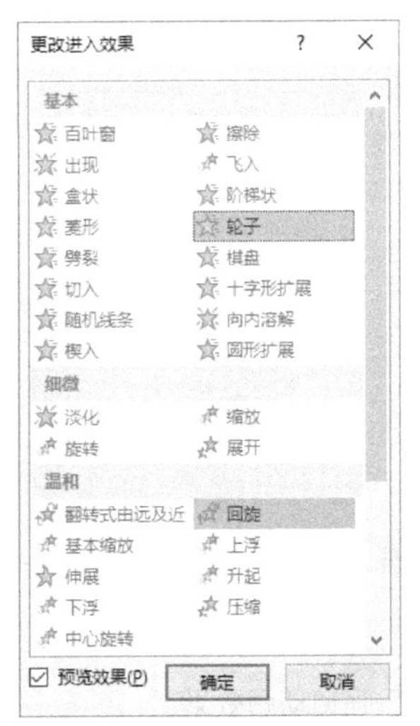

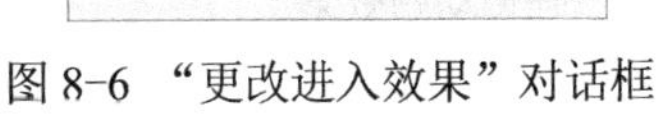

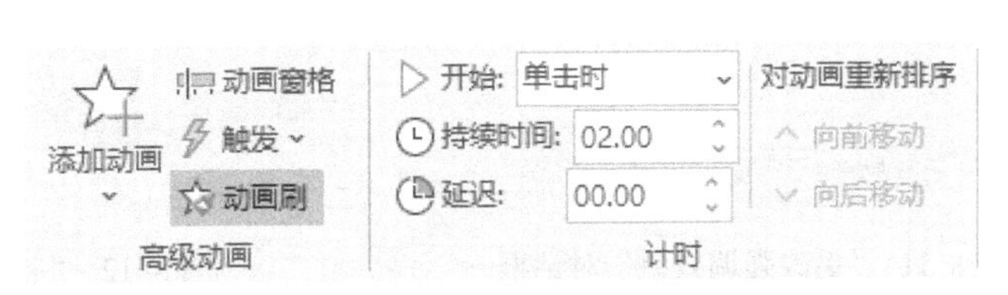

图 8-6 “更改进入效果”对话框　　　　图 8-7 “高级动画”组

单击图 8-7 中的“动画窗格”按钮，会弹出“动画窗格”面板，如图 8-8 所示。运用“动画窗格”面板，可以浏览“播放”动画，可以控制动画的播放顺序，还可以调整动画的持续时长。

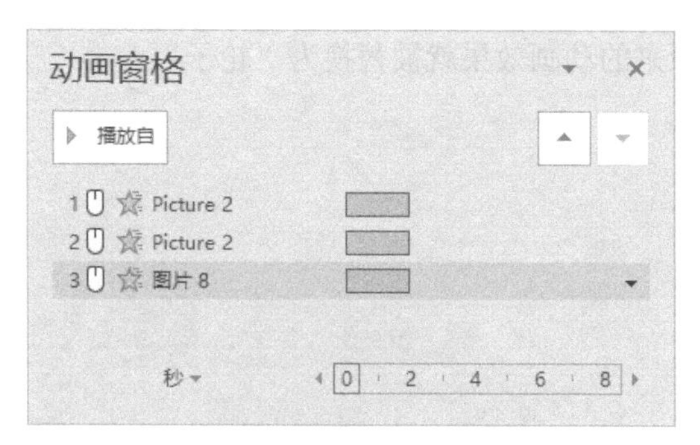

图 8-8 “动画窗格”面板

2. 添加强调动画效果

强调动画是为了突出幻灯片中的某部分内容而设置的特殊动画效果。添加强调动画效果的过程和添加进入动画效果基本相同，选择对象后，在“动画”组中单击“其他”按钮，在弹出的下拉列表（如图 8-5 所示）中选择一种强调动画效果，例如“波浪形”，即可为对象添加该动画效果。添加该动画效果前后的文本对象如图 8-9 和图 8-10 所示。

强调动画-波浪形功能

图 8-9 添加“波浪形”强调动画效果前的文本对象

强调动画-波浪形功能

图 8-10 添加“波浪形”强调动画效果后的文本对象

选择“更多强调效果”，将打开“更改强调效果”对话框，在该对话框中可以选择更多的强调动画效果，如图 8-11 所示。例如选择“补色 2”强调动画，效果如图 8-12 所示。

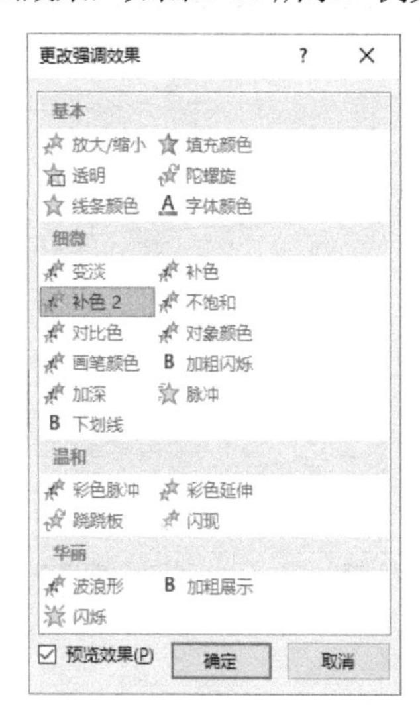

图 8-11 “更改强调效果”对话框

强调动画-波浪形功能

图 8-12 “补色 2”强调动画效果

3. 添加退出动画效果

退出动画是为了设置幻灯片中的对象退出屏幕的效果。添加退出动画效果的过程和添加进入动画效果、强调动画效果基本相同。选择对象后，在“动画”组中单击“其他”按钮，在弹出的下拉列表（如图 8-5 所示）中选择一种退出动画效果，例如“擦除”，即可为对象添加该动画效果。

选择“更多退出效果”，将打开“更改退出效果”对话框，在该对话框中可以选择更多的退出动画效果，如图 8-13 所示。

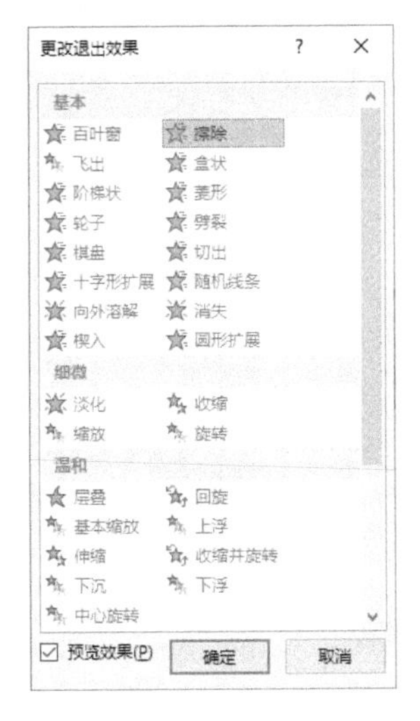

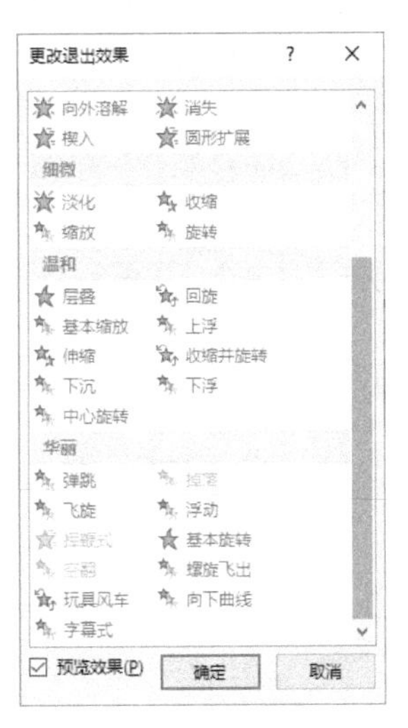

图 8-13 “更改强调效果”对话框

4. 添加动作路径动画效果

动作路径动画又称为路径动画，可以指定文本等对象沿预定的路径运动。PowerPoint 中的动作路径动画不仅提供了大量预设路径动画效果，还可以由用户自定义路径动画效果。添加动作路径效果的步骤与添加进入动画效果的步骤基本相同，选择对象后，在“动画”组中单击“其他”按钮，在弹出的下拉列表（如图 8-5 所示）中选择一种动作路径动画效果，例如“循环”，即可为对象添加该动画效果，设置完成后的页面效果如图 8-14 所示。若选择“其他动作路径”，打开“更改动作路径”对话框，可以选择其他的动作路径动画效果，如图 8-15 所示。

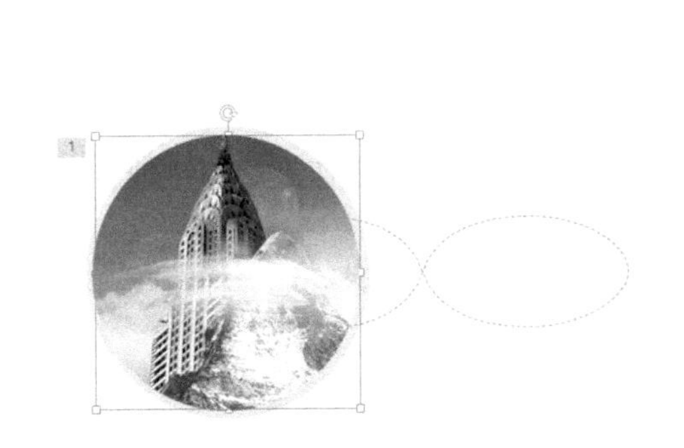

图 8-14 “循环”动作路径动画

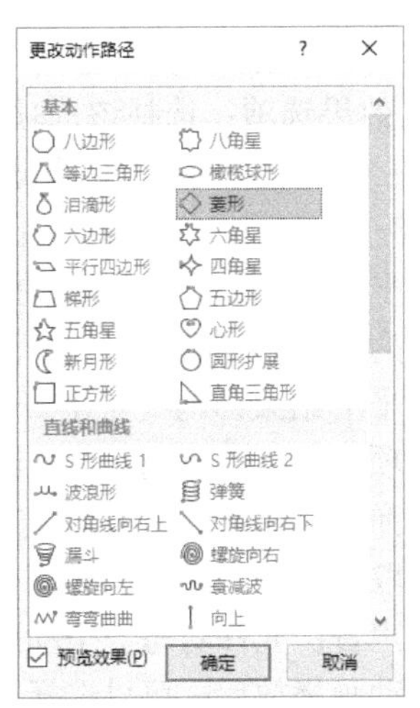

图 8-15 “更改动作路径”对话框

8.2.3　动画的操控方法

选择设置动画的对象，在“动画窗格”面板中，选择一个动画，单击右边的下拉按钮，弹出的下拉列表如图 8-16 所示。选择“计时”选项，在弹出的对话框中单击的“开始”下拉按钮▸，弹出的下拉列表如图 8-17 所示。

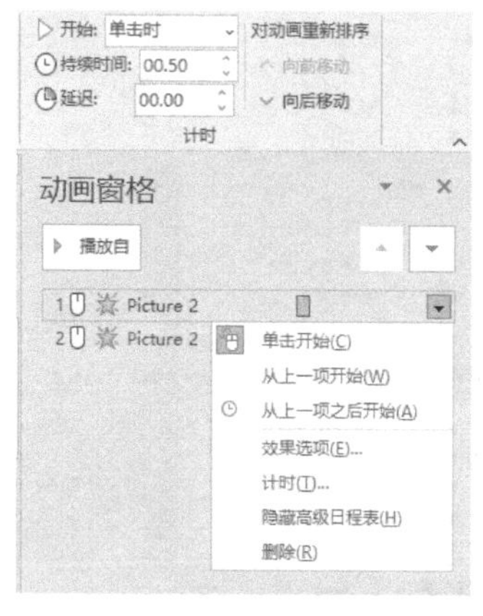

图 8-16　动画的下拉列表

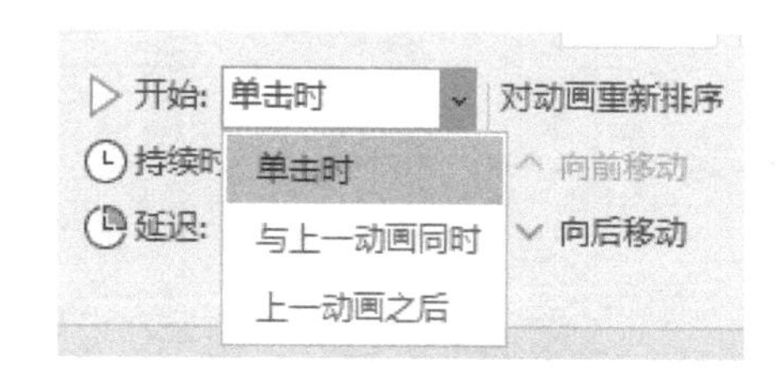

图 8-17　“开始”下拉列表

图 8-16 中的选项与图 8-17 中的选项基本是一致的（表述上稍有不同），图 8-16 中各选项的含义如下。

1）单击开始：只有在多单击一次鼠标之后该动画才会触发。比如想要让两个动画按顺序显示，单击一次触发一个动画，再单击一次触发另一个动画，那么两个动画都应该选择“单击开始”选项。

2）从上一项开始：该动画会和上一个动画同时开始。比如把第一个动画设置为“单击开始”，第二个动画设置为“从上一项开始”，那么单击一次之后，两个动画会同时触发。

3）从上一项之后开始：上一动画执行完之后该动画就会自动执行。对于两个动画，如果第二个动画选择了这个选项，那么只须单击一次，两个动画就会先后触发。

4）效果选项：选择该选项会打开“效果”选项卡。在该选项卡中可以对动画的属性进行调整。对于不同的动画，此选项卡的内容会有所不同。比如“飞入”动画的“效果”选项卡如图 8-18 所示。其中各选项的含义如下。

- 平滑开始：飞入动作的速度将会从零开始，直到匀加速到一定速度。如果此选项设为 0 秒，则动作将在一开始就以最大速度进行。
- 平滑结束：与“平滑开始”类似，表示飞入动作从一定速度逐渐减速到零。如果此项设为 0 秒，则动作在结束之前，速度不会降低。
- 弹跳结束：飞入动作将在多次反弹后结束，就像乒乓球落地一样，反弹幅度的大小取决于反弹结束的时间。
- 声音：允许对每一个动画添加一个伴随声音。
- 动画播放后：可以选择让对象执行动画后变为其他颜色。
- 动画文本：当对象为文本框时，规定该对象中的所有文本是作为一个整体执行动画还是以单词或者字符为基本单元先后执行动画。

5）计时：选择该选项会打开“计时”选项卡。在该选项卡中可以对动画执行的时间进行详细设置，如图 8-19 所示，比如动画的触发方式、动画执行前延迟的时间、动画的执行时长、动画重复执行的次数，还可以指定动画的触发器。其中各选项的含义如下。

图 8-18 “效果”选项卡

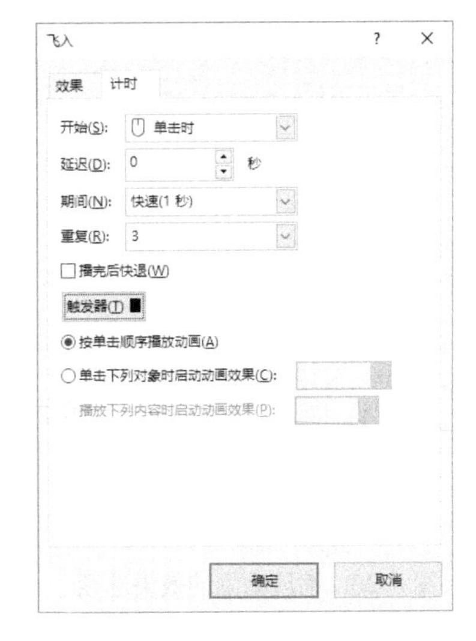

图 8-19 “计时”选项卡

- 期间：表示动画的执行时长，可以任意设置，并可以精确到 0.01s。
- 重复：表示动画重复执行的次数，也可以任意设置，可以设置为“无”，也可以设置“直到下一次单击”或者“直到幻灯片末尾”。
- 播完后快退：选中该复选框可以让对象执行完动画后回到执行前状态。
- 触发器：单击该按钮可以设置动画的触发方式，给动画添加触发器。即只有单击某个设置的对象，动画才出现。

6）持续时间：表示动画开始至结束的时间，可设置动画播放的速度。

7）延迟：表示经过几秒钟后开始播放动画。

8.2.4 常用动画的特点分析

通常来讲，动画的运动路径越简短就越干脆，由大到小变化的动画比由小到大变化的动画更吸引人。

1. 进入动画

- 出现。出现动画就是让对象瞬间出现。它的效果简单，对象的出现不会喧宾夺主，如果是多个对象出现，可以使用鼠标逐个触发，也可以通过延迟来控制节奏。
- 缩放。缩放动画让对象看起来是由小变大或由远到近地出现，其效果选项如图 8-20 所示。这种出现方式最符合人们的经验与直觉，给人的感觉最自然舒服。对多个对象使用缩放动画顺序出现时，适当的叠加时间轴会给人行云流水的感觉。缩放动画只适用于显示一些小的对象，当对象过大时，时间短了就会显示得不自然，时间过长又会显得拖沓。
- 基本缩放。基本缩放动画的效果比较多样，可以由小变大，也可以由大变小，如图 8-21 所示。如果设置缩小效果，就会产生一种从屏幕外飞进来的感觉。

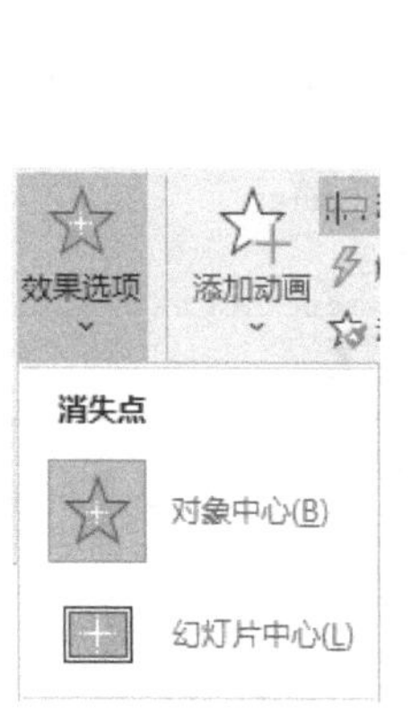

图 8-20 缩放动画的效果选项

图 8-21 基本缩放动画的效果选项

- 淡出。淡出动画是让对象渐隐或者缓现。与出现动画相似，淡出动画同样是不喧宾夺主的。可以设置执行时长，在连续多个对象出现时，允许时间轴重叠，而且整体效果自然流畅。
- 擦除。擦除动画就像用黑板擦去擦除黑板上的痕迹一样，对线条使用擦除动画会让它看起来是慢慢增长或者生长的。擦除动画效果符合人们的经验与直觉，给人的感觉是自然而又流畅的。擦除动作仅能沿着直线向某一方向进行，对于封闭的图形，例如圆圈，比较适合使用轮子动画。
- 切入。切入动画结合了擦除动画与飞入动画的特征，但相比飞入动画，切入动画的运动距离很短，显得干脆利落。
- 浮入。浮入动画给人的感觉与切入动画很相似，它结合了飞入动画和淡出动画的特点，看起来比较自然。
- 飞入。飞入动画是让对象从页面外直线运动到当前的位置。在停止运动之前，对象一般会运动较长时间，给人的感觉稍有拖沓，因此一般情况下不推荐使用飞入动画。
- 轮子。轮子动画是以对象中心为圆心，按照扇形擦除对象，适用于出现封闭或者半封闭的曲线。轮子动画的擦除效果只能从 12 点钟方向开始顺时针进行，不能直接指定擦除方向与起始角度。

注意：擦除角度的变化可以通过与强调动画中的陀螺旋动画结合来实现，具体方法是先旋转对象，将其擦除的起始位置与 12 点钟方向对齐，并记录旋转角度，而后为动画添加进入动画的轮子动画和强调动画的陀螺旋动画，两个动画同时执行，最后将陀螺旋动画的执行时间修改为时间的最小值（0.01s），目的就是让陀螺旋动画解决轮子动画的起始点与位置问题，角度设置为刚刚记录的角度，旋转方向与之前的操作相反即可。采用同样的方法，结合擦除动画与陀螺旋动画可以修改擦除动画的擦除方向。

2. 退出动画

退出动画的数量与进入动画基本完全相同，每一种进入动画都有一种退出动画与之对应，即退出动画和进入动画效果相反。

3. 强调动画

强调动画可以让对象的某种特征（例如大小、颜色、边框、透明度、旋转角度等）发生短时间或长久性改变，对象在执行强调动画前后是一直存在的。强调动画不一定适合直接用于强调某个对象，因为大部分强调动画的变化都比较细微，不具有显著的吸引力。强调动画能让对象任意发生旋转、放大、变色、透明，同时不影响对象的进入与退出，因此与其他动画叠加会得到十分丰富的动画效果。常用的强调动画效果有以下几种。

- 陀螺旋。陀螺旋动画是 PPT 中唯一能够设置旋转角度和旋转方向的动画，它是绕着对象的中心旋转的。要想改变其旋转的中心点，可以通过在新的中心点对称的位置复制一个完全一样的透明对象，然后将这两个对象组合为一个元素即可。此方法也可以用来更改进入动画中缩放动画的中心，或修改强调动画中放大缩小动画的缩放中心。
- 放大缩小。放大缩小动画是 PPT 中唯一能够任意地设置对象的放大与缩小倍数的动画，还可以设置水平垂直或者在两个方向上放大或者缩小。需要注意的是，在对象放大时容易产生锯齿，为了避免锯齿的产生，首先需要将对象设置为放大或者缩小后的尺寸，而后执行缩小动画，最后通过再通过放大动画恢复到起始大小即可。
- 透明。透明动画是能够任意设置对象透明度的动画。对象的透明动画在执行后默认保持透明度直到幻灯片播放结束，但用户可以任意设置透明持续的时间，并在时间结束后恢复至动画执行前的状态。
- 对象颜色/线条颜色/字体颜色。这三种动画能够分别将对象的填充色、对象的线条色以及文本的颜色改变为任意颜色。动画执行后，其颜色不会恢复原貌。
- 脉冲。脉冲动画结合了放大缩小动画和透明动画两种强调动画的特点，效果表现为对象先稍微放大的同时变得透明，而后反向变化进行直到恢复原貌。脉冲动画看起来自然、简单，非常适合在几个并列的对象之间强调某个对象时使用。
- 闪烁。进入动画、退出动画和强调动画都包含闪烁动画，其中进入动画的闪烁动画是让对象出现后经历执行时间而消失；退出动画是让对象在前一半执行时间内消失，在后一半执行时间内出现并停留，最后消失；强调动画与退出动画类似，只是执行时间过后对象不消失。使用闪烁动画能够解决 PPT 中逐帧动画的循环问题。

4. 路径动画

路径动画能够让对象按照任意路径平移。路径可以是直线、曲线、各种形状或者任意绘制。除非叠加了其他动画，否则对象在路径动画中不会发生旋转、缩放等变化。

除了直线，路径动画中用得最多的是自定义路径。PPT 中绘制自定义路径的方法与绘制任意多边形的方法类似，路径动画中的效果选项很有用，如图 8-22 所示。

- 编辑顶点。可以对路径进行调整。路径顶点的编辑方法与自定义图形工具的边框编辑方式类似，将鼠标指针放在需要编辑的顶点上，单击鼠标右键弹出的快捷菜单如图 8-23 所示。
- 路径的锁定与解除锁定。锁定后的路径就像被钉在页面上一样，即使拖动对象，路径的位置也不会变。

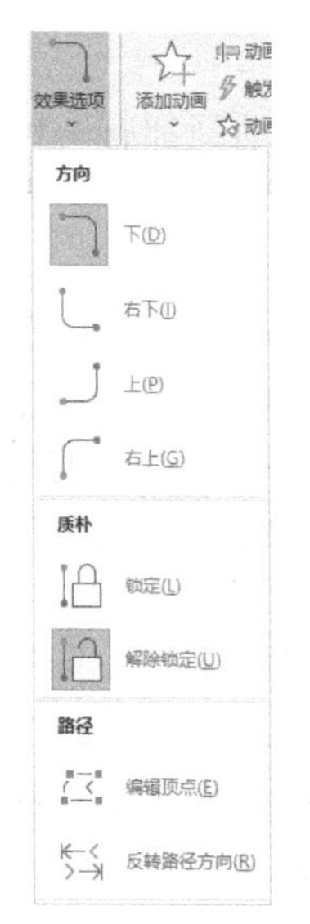

图 8-22　路径动画的效果选项

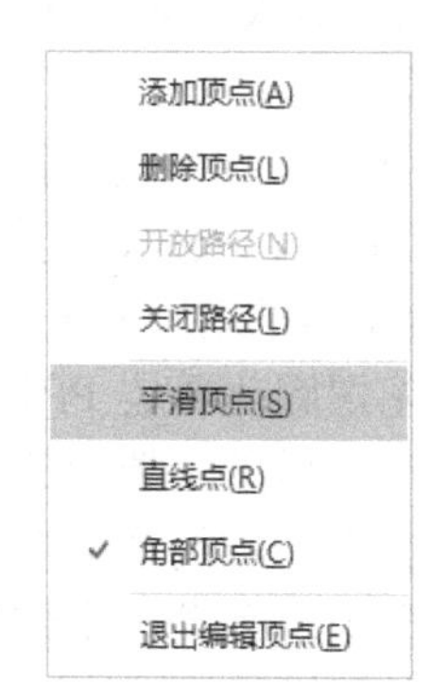

图 8-23　路径动画中的“编辑顶点”选项

➢ 反转路径方向。对象移动按路径的反方向运动。

PowerPoint 365 中的路径预览功能用来调整动画路径非常方便。

8-3　手机划屏动画

8.3　动画效果高级应用——手机划屏动画

PowerPoint 365 中的动画效果高级设置功能，如设置动画触发器、使用动画刷复制动画、设置动画计时选项、重新排序动画等，可以使整个演示文稿更为生动，使幻灯片中的各个动画的前后顺序更为合理。

下面通过一个手机划屏动画来演示动画制作中的高级应用。效果如图 8-24 所示。

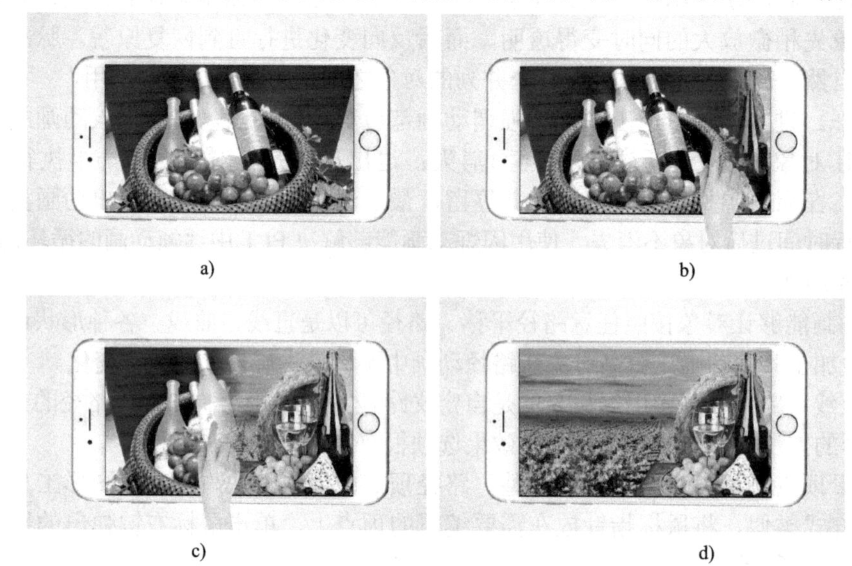

a)　b)　c)　d)

图 8-24　手机划屏动画效果

a) 手机状态 1　b) 手出现　c) 划屏　d) 手消失

手机划屏动画的设计思路如下。

8-4 动画的衔接、叠加与组合

1）背景图片的擦除动画：背景是一幅手机图片，在手机图片上放置两幅图片，设置上层图片动画为自右向左的擦除动画。

2）手的滑动动画：手的动画有三段，第一段手自底部飞入，第二段手自右侧滑向左侧，第三段手向下运动并消失。

8.3.1 动画的叠加、衔接与组合

动画的使用讲究自然、连贯，要使动画看起来自然、简洁，使动画整体效果赏心悦目，就必须掌握动画的衔接、叠加和组合。

1. 衔接

动画的衔接是指在一个动画执行完后紧接着执行下一个动画，即设置“从上一项之后开始”命令。衔接动画可以用于同一个对象的不同动作，也可以用于不同对象的多个动作。

以手机划屏动画为例，手的出现首先使用了一个飞入动画，然后衔接一个手自右向左滑动的路径动作动画，最后衔接一个飞出动画。

2. 叠加

动画的叠加就是让一个对象同时执行多个动画，即设置“从上一项开始”。叠加动画可以用于一个对象的多个动作，也可以用于不同对象的多个动作。

动画的叠加是富有创造性的过程，它能够衍生出全新的动画类型。两种非常简单的动画进行叠加后可能会产生意想不到的效果，例如：路径+陀螺旋、路径+淡出、路径+擦除、淡出+缩放、缩放+陀螺旋等。手机划屏动画最后的手划屏消失的动画就是“飞出+淡出”动画的叠加。

3. 组合

使用组合动画时通常需要对动作的时间、延迟进行细致的调整，还需要充分利用动作的重复，可以起到事半功倍的作用。

8.3.2 手机划屏动画的实现

手机划屏动画是背景图片的擦除动画与手的滑动动画的组合效果。制作时先制作图片的擦除效果，再制作手的滑动动画，具体步骤如下。

1. 图片擦除动画的实现

1）启动 PowerPoint 365 软件，新建一个 PPT 文档，命名为“手机划屏动画.pptx”，在“设计”选项卡中单击“幻灯片大小”按钮，在下拉列表中选择“自定义幻灯片大小”，设置幻灯片的宽度为 33.88cm，高度为 19.05cm，设置背景为渐变色。

2）在“插入”选项卡中单击“图片”按钮，弹出“插入图片”对话框，依次选择“素材”文件夹下的“手机.png”“葡萄与葡萄酒.jpg”两幅图片，单击“插入”按钮，完成图片的插入操作，调整其位置后如图 8-25 所示。

3）继续在“插入”选项卡中单击“图像”按钮，弹出“插入图片”对话框，选择“素材”文件夹下的“葡萄酒.jpg”图片，单击“插入”按钮，完成图片的插入操作，调整其位置，使其完全放置在“葡萄与葡萄酒.jpg”图片的上层，效果如图 8-26 所示。

图 8-25　图片的位置与效果

图 8-26　图片的位置与效果

4）选择上层的图片“葡萄酒.jpg”，然后在“动画”选项卡中单击“进入”下的“擦除”按钮，设置动画的“效果选项”为“自右侧”，同时修改动画的开始方式为“与上一动画同时”，延迟时间为 0.75s，如图 8-27 所示。可以单击“预览”按钮预览动画效果，也可以在“幻灯片放映”选项卡中单击“从当前幻灯片开始”按钮预览动画。

图 8-27　动画的参数设置

2. 手划屏动画的实现

1）在“插入”选项卡中单击“图片”按钮，弹出“插入图片”对话框，选择“素材”文件夹下的“手.png”，单击“插入”按钮，完成图片的插入操作，调整其位置后如图 8-28 所示。

图 8-28　插入手的图片

2）选择“手”图片，然后在“动画”选项卡中单击“进入”下的“飞入”按钮，实现手的进入动画自底部飞入。但需要注意，单击“预览”按钮后会发现葡萄酒图片的擦除动画执行后，单击鼠标后手才能自屏幕下方出现，显然，两个动画的衔接不合理。

3）在“动画”组中单击“动画窗格”按钮，弹出“动画窗格”面板，如图 8-29 所示。在“动画”选项卡中，设置手的动画为“与上一动画同时”，然后在图 8-29 中选择手的“图片 1”将其拖动到“葡萄酒”（图片 4）的上方，最后，选择“葡萄酒”（图片 4）的动画，设置开始方式为“上一动画之后”，如图 8-30 所示。

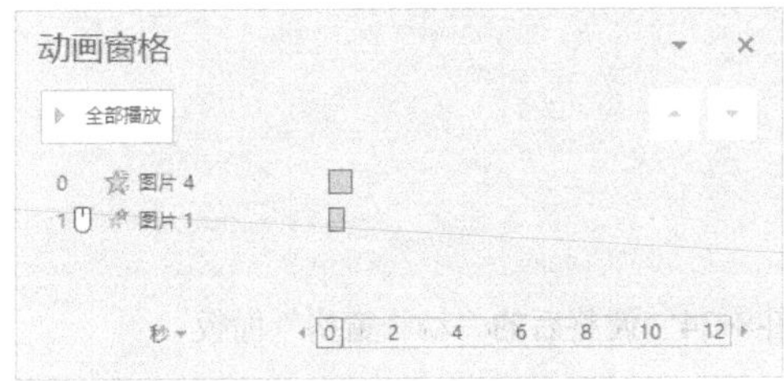

图 8-29　调整前的动画窗格

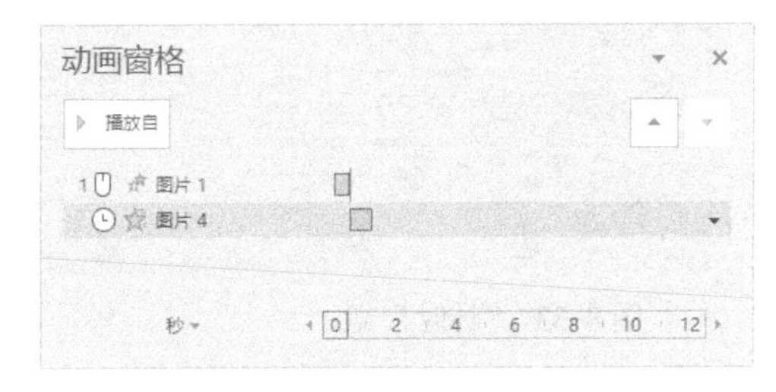

图 8-30　前后衔接合理的动画窗格

4）选择“手”图片，在“动画”选项卡中单击“添加动画”按钮，在弹出的下拉列表中选择“其他动作路径”，弹出“添加动作路径”面板，单击“直线与曲线”下的“向左”按钮，设置动画后的效果如图 8-31 所示。由于动画结束的位置比较靠近画面中间，使用鼠标选择红色三角形向左移动，如图 8-32 所示。

图 8-31　调整前的路径动画的起始与结束位置

图 8-32　调整后的路径动画的起始与结束位置

注意：当同一对象有多个动画效果时，需要执行“添加动画”命令。

5）选择“手”图片的动作路径动画，设置开始方式为“与上一动画同时”，设置动画的持续时间为 0.75s，此时“计时”组如图 8-33 所示，“动画窗格”面板如图 8-34 所示。此时，单击“预览”按钮可以预览动画效果。

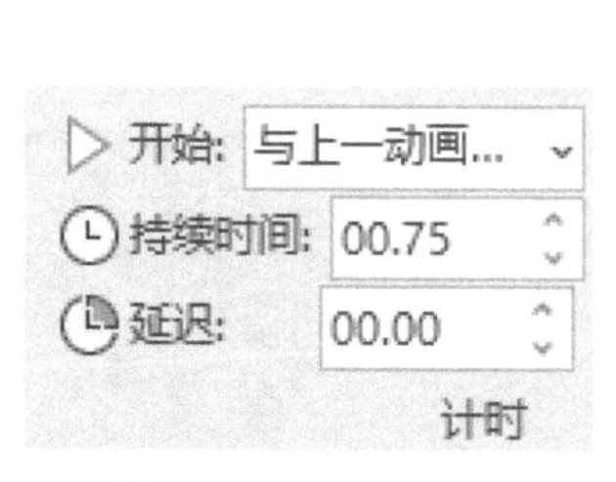

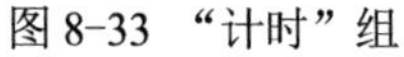
图 8-33 “计时”组

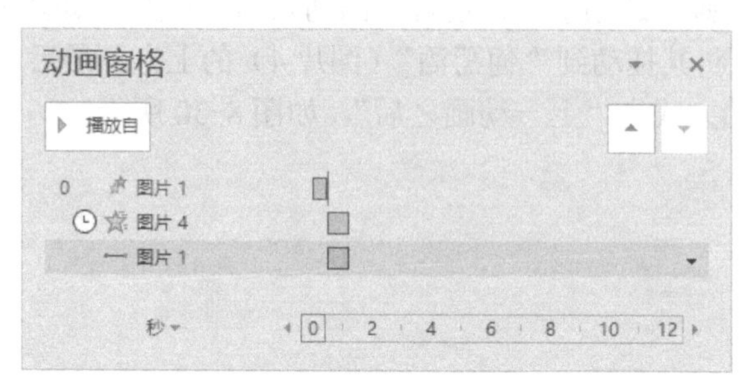

图 8-34 调整后的“动画窗格”面板

注意：手的横向滑动与图片的擦除动画就是两个对象的组合动画。

6）选择“手”图片，在“动画”选项卡中单击“添加动画”按钮，在弹出的下拉列表中选择“飞出”，设置“飞出”动画的开始方式为“在上一动画之后”，再次单击“添加动画”按钮，在弹出的下拉列表中选择“淡出”，设置“淡出”动画的开始方式为“与上一动画同时”，此时“动画窗格”面板如图 8-35 所示。单击“预览”按钮可以预览动画效果，如图 8-36 所示，这样通过动画叠加的方式，实现了“手”形一边飞出，一边淡出功能。

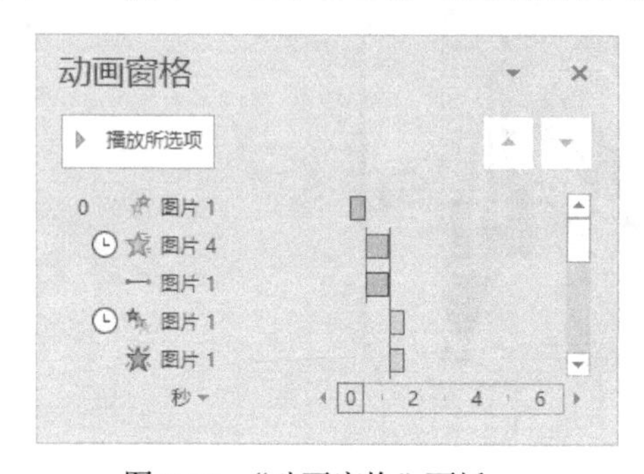

图 8-35 “动画窗格”面板

图 8-36 预览动画效果

3. 动画的前后衔接控制

动画的衔接控制也就是动画的时间控制，通常有两种衔接控制方式。

第一种是通过“单击时”“与上一动画同时”“在上一动画之后”控制。

第二种是通过“计时”组中的“延迟”时间来控制。将所有动画的开始方式都设为“与上一动画同时”，通过“延迟”时间来控制动画的播放时间。

第一种方式在后期进行添加或者删除元素等调整时较为不便，而第二种方式相对比较灵活，建议使用第二种方式。

具体的操作方式如下。

1）在“动画窗格”面板中选择所有动画效果，设置开始方式为“与上一动画同时”，如图 8-37 所示。

2）由于图片 4（葡萄酒）的“擦除”动画与图片 1（手）的向左移动动画是同时执行的，

因此选择图 8-37 中的第 2、3 个动画，设置其“延迟”时间都为 0.5s，如图 8-38 所示。

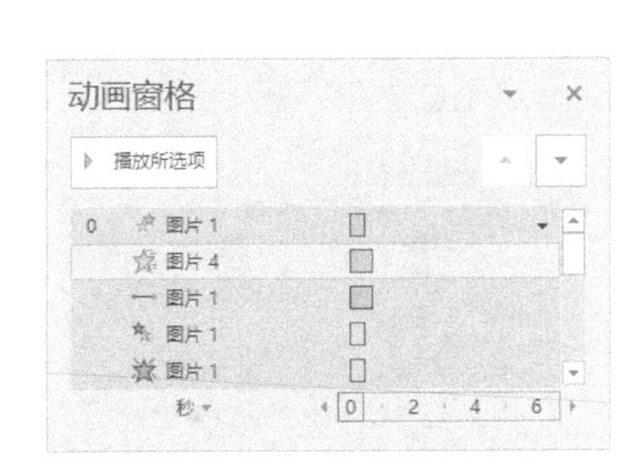

图 8-37　设置所有动画的开始方式

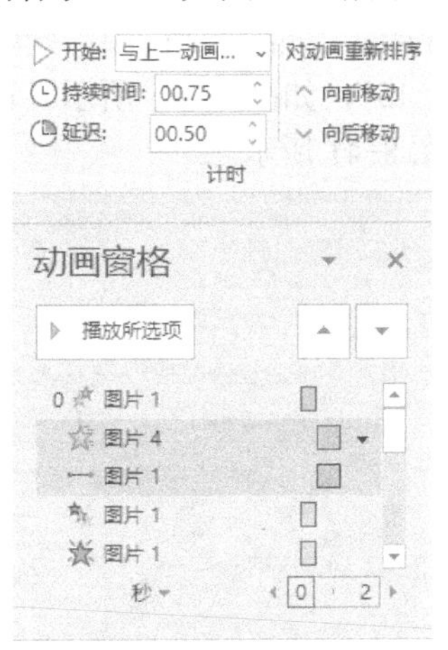

图 8-38　设置延迟时间

3）由于手的滑动动画最后为边飞出边消失，因此两者的延迟时间也是相同的。因为手的出现动画是 0.5s，滑动过程持续 0.75s，所以手消失的延迟时间是 1.25s。选择图 8-38 中的第 4、5 个动画，设置其“延迟”时间都为 1.25s。

4. 其他几幅图片的动画制作

1）选择“葡萄酒”与“手”两幅图片，按〈Ctrl+C〉快捷键复制这两幅图片，然后按〈Ctrl+V〉粘贴，使复制两幅图片与原来的两幅图片对齐。

2）单独选择刚刚复制的“葡萄酒”图片，然后单击鼠标右键，执行“更改图片”命令，选择“素材”文件夹中的“红酒葡萄酒.jpg”，打开“动画窗格”面板，设置新图片的延迟时间。

3）采用同样的方法再次复制图片，使用“素材”文件夹中的“红酒.jpg”图片，最后调整不同动画的延迟时间即可。

8.3.3　设置动画触发器

1）继续使用“手机划屏效果.pptx”，在图片上绘制一个圆角矩形，设置填充为深灰色，然后再次绘制一个直角三角形，填充为白色，调整两者的位置后将其选中，单击鼠标右键，执行“组合”→“组合”命令，播放按钮图标即绘制完成了，页面效果如图 8-39 所示。

图 8-39　绘制播放按钮图标后的页面效果

2）使用鼠标框选幻灯片中除了刚绘制的播放按钮图标以外的所有对象，然后在“动画”选项卡的“高级动画”组中单击“触发”按钮，在弹出的下拉列表中选择“通过单击”→“组合 15”，如图 8-40 所示。设置触发器后，“动画窗格”面板中就多了“触发器：组合 15”，如图 8-41 所示。

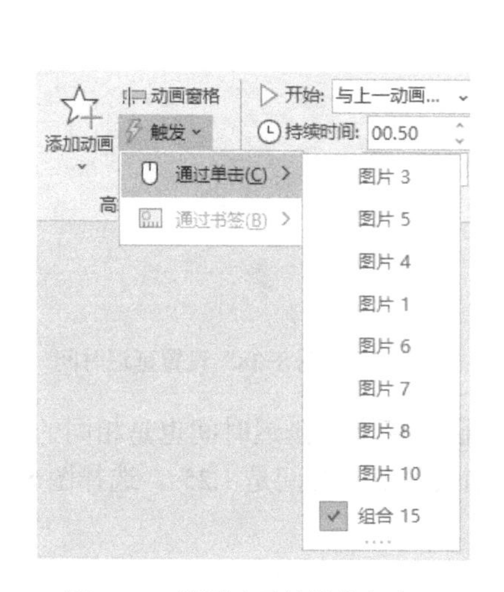

图 8-40　设置动画的触发方式

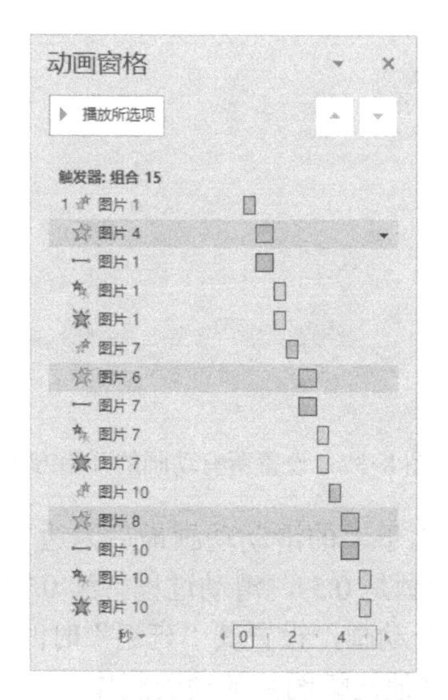

图 8-41　设置触发器后的“动画窗格”面板

3）按〈F5〉快捷键，动画不播放，单击绘制的播放按钮图标后，动画才开始播放。

8.3.4　“选择”面板的应用

继续打开“手机划屏效果.pptx”，如果需要调整图片的位置或动画，可以使用 PowerPoint 365 的“选择”面板，选择红酒图片，在“开始”选项卡的“编辑”组中单击“选择”按钮，选择“选择窗格”选项，弹出“选择”面板，如图 8-42 所示。

图 8-42　PPT 的“选择”面板

在“选择”窗格中可以通过单击“全部隐藏”或“全部显示”按钮来实现对象的显示与隐藏，当然，也可以单击某个对象后面的眼睛图标来实现隐藏和显示。例如，单击图 8-42 中的“图片 8”（红酒）后方的眼睛图标后，图片 8 就会隐藏，此时就会显示下层的图片 6，此时的“选择”窗格如图 8-43 所示。

图 8-43　隐藏图片 8 后的“选择”窗格

在“选择”窗格中可以快速选择对象，结合〈Ctrl〉键来实现不连续选择，如图 8-44 所示。选择其中一个对象，可以通过按钮，或者通过按钮来调整元素的上下图层关系，也可以通过直接拖动来改变图层关系，如图 8-45 所示。

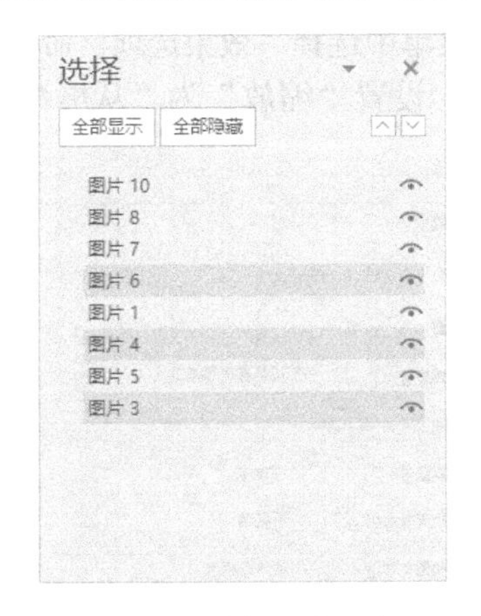

图 8-44　选择多个对象

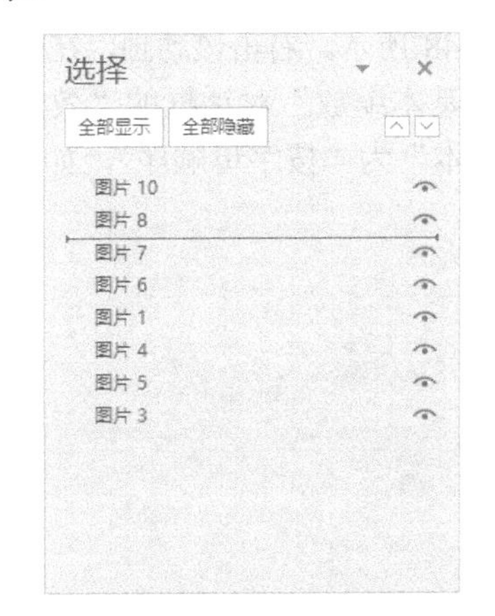

图 8-45　拖动调整对象的图层关系

8.4　简单动画的设计技巧

8.4.1　文本的“按字母”动画设计

1）打开 PowerPoint 365 软件，输入文本“动画设计技巧”，选中文本框，如图 8-46 所示，切换至“动画”选项卡，在“动画”组中单击“其他”按钮，选择“更多进入效果”，弹出“更改进入效果”对话框，选择“基本缩放”动画效果，如图 8-47 所示。

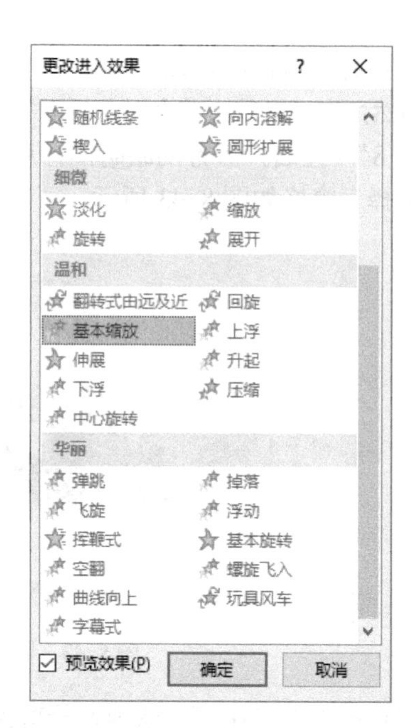

图 8-46　输入文本

图 8-47　选择“基本缩放”动画效果

2）在“动画”选项卡的“高级动画”组中单击“动画窗格”按钮，打开“动画窗格”面板，如图 8-48 所示。右击该动画，在弹出的快捷菜单中选择“效果选项”命令，如图 8-48 所示，打开“基本缩放”对话框的“效果”选项卡，设置“缩放”为“从屏幕底部缩小”，设置“动画文本”为“按字母顺序”，如图 8-49 所示。

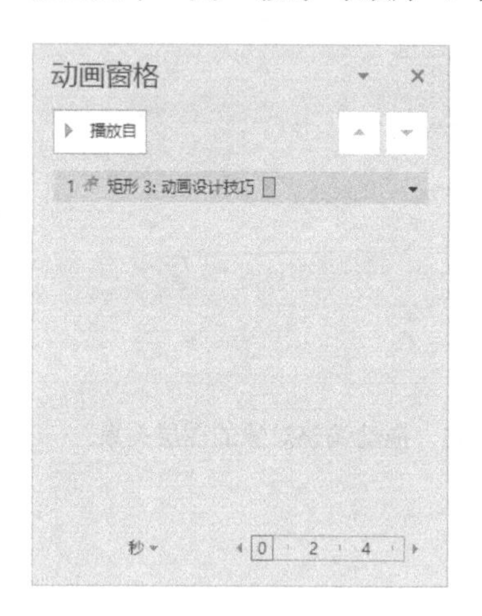

图 8-48 “动画窗格”面板

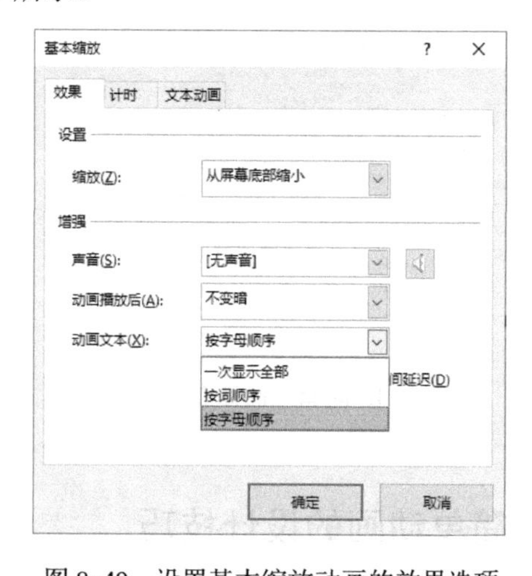

图 8-49　设置基本缩放动画的效果选项

3）在图 8-49 中，切换到“计时”选项卡，“期间”设置为“中速(2 秒)”，如图 8-50 所示，然后单击“确定”按钮，即可实现“按字母顺序”方式逐个由屏幕底部向上逐渐放大至设置字体。按〈F5〉快捷键，可以预览动画效果。

4）在图 8-49 中，“缩放”下拉列表中包括“缩小”“从屏幕中心放大”“轻微放大”“放大”“从屏幕底部缩小”“轻微缩小”6 个选项，如图 8-51 所示。“增强”下“动画文本”下拉列表中包括“一次显示全部”“按词顺序”“按字母顺序”3 个选项（如图 8-49 所示）。

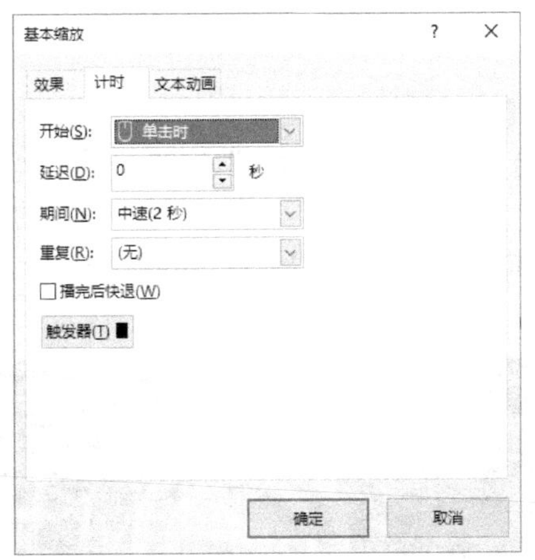

图 8-50　设置“计时”选项卡

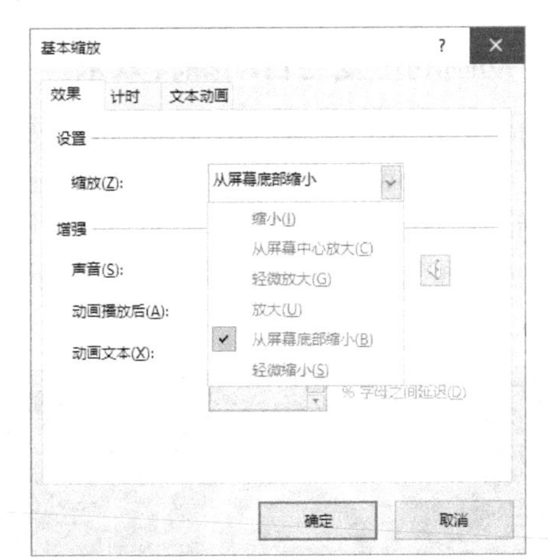

图 8-51　“缩放”下拉列表

在制作文本动画时，还可以设置“飞入”动画的“平滑结束”与“弹跳结束”等效果，具体方法如下。

1）输入文本“飞入动画设计技巧”，选中文本框，切换至“动画”选项卡，单击“动画”组中的“其他”按钮，选择“飞入”动画。

2）打开“动画窗格”面板，在对应的动画上单击鼠标右键，在弹出的快捷菜单中选择“效果选项”命令。在弹出的“飞入”对话框中进行各项设置，如“方向”设置为“自顶部”，“平滑结束”设置为“1 秒”，“动画文本”设置为“按字母顺序”，如图 8-52 所示。切换到“计时”选项卡，设置“期间”为“中速(2 秒)”，如图 8-53 所示。这样就实现了文本按照字母方式飞入的效果了。

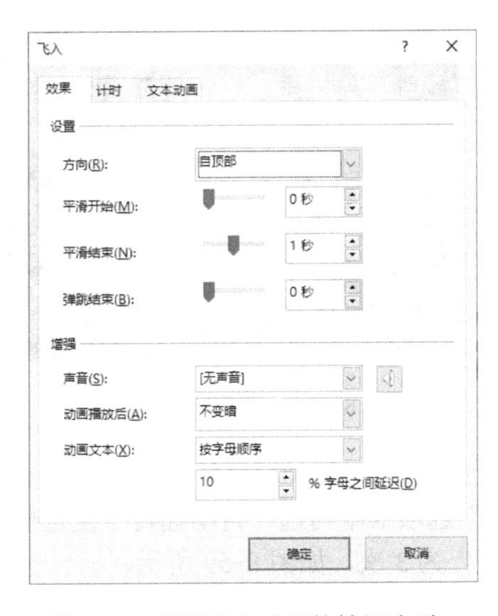

图 8-52　设置飞入动画的效果选项

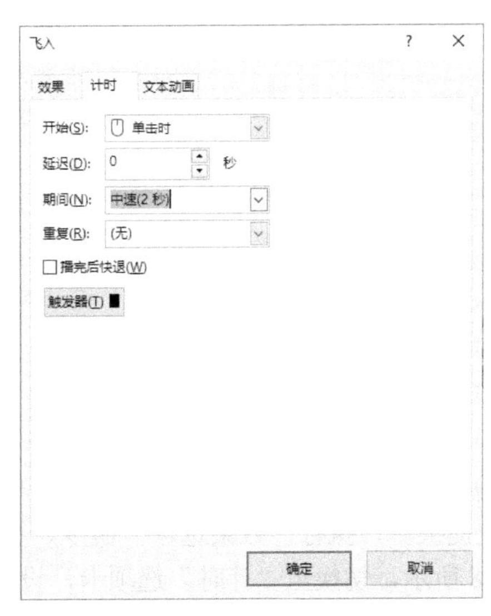

图 8-53　设置飞入动画的计时选项

如果想设置文本动画的“弹跳结束”效果，只需要修改图 8-52 中的“弹跳结束”选项为“0.3 秒”即可，可以根据实际情况调整弹跳结束时间。

8.4.2 动画的重复与自动翻转效果

下面通过实例学习如何设置动画的重复与自动翻转效果。

1）打开 PowerPoint 365 软件，在“插入”选项卡中单击“图片”按钮，弹出“插入图片”对话框，选择“素材”文件夹下的“镜头.jpg”，单击“插入”按钮，完成图片的插入操作，调整其位置后的效果如图 8-54 所示。用同样的方法插入“光线.png”图片，效果如图 8-55 所示。

图 8-54　插入镜头图片后的效果

图 8-55　插入光线图片后的效果

2）选择刚插入的“光线.png”图片，切换至“动画”选项卡，单击“动画”组中的“动作路径”下的“形状”按钮○，如图 8-56 所示，调整形状为圆形，效果如图 8-57 所示。

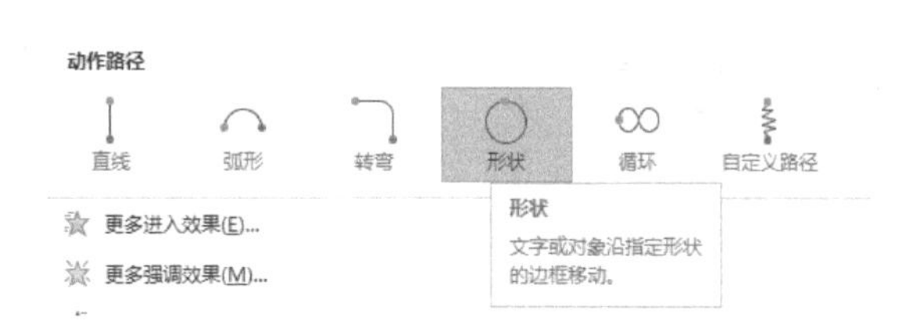

图 8-56　单击“形状”按钮

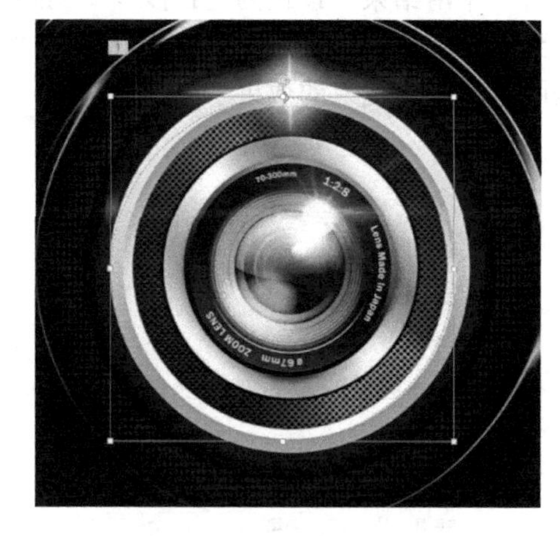

图 8-57　调整动画路径为圆形

3）单击“动画窗格”按钮打开“动画窗格”面板，在“动画窗格”面板中单击右键，弹出快捷菜单，执行“效果选项”命令，在“效果”选项卡中勾选“自动翻转”复选框，如图 8-58 所示，切换至“计时”选项卡，设置“重复”为 3 次，如图 8-59 所示。

注意：重复次数可以根据需要进行调整，可以设置不重复、具体次数、直到下一次单击、直到幻灯片尾页。

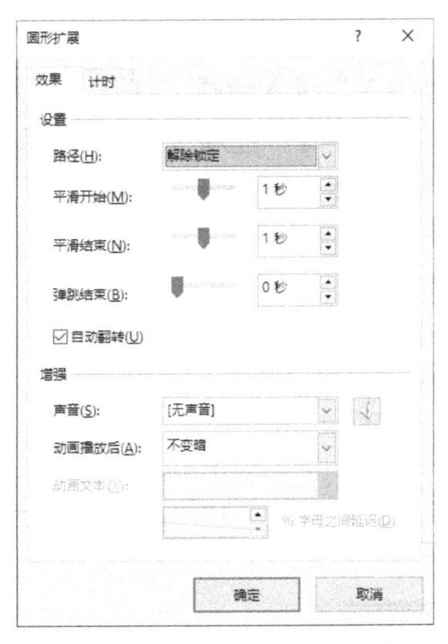

图 8-58　设置动画为自动翻转

图 8-59　设置重复次数

8.4.3　单个对象的组合动画

为了使 PPT 中的动画效果更具冲击力，需要掌握 PPT 动画的各种组合效果。

1. 淡出+陀螺旋

淡出动画属于进入动画，陀螺旋动画属于强调动画。本例主要介绍图片元素淡出的同时执行陀螺旋动画效果。

1）打开 PowerPoint 365 软件，在“插入”选项卡中单击“图片”按钮，弹出“插入图片”对话框，选择“素材”文件夹下的“镜头.jpg”，单击“插入”按钮，完成图片的插入操作。

2）选择图片，在“动画”选项卡的“动画”组中单击“进入”下的“淡出”按钮，打开“淡化”对话框，在“计时”选项卡中将“开始”设置为“与上一动画同时”，“期间”设置为“快速（1 秒)”，如图 8-60 所示。

3）再次选择图片，单击“添加动画”按钮，添加 “陀螺旋”强调动画，打开“陀螺旋”对话框，将在“计时”选项卡中“开始”设置为“与上一动画同时”，“期间”设置为“快速（1 秒)”，如图 8-61 所示。

图 8-60　设置淡出动画的计时选项

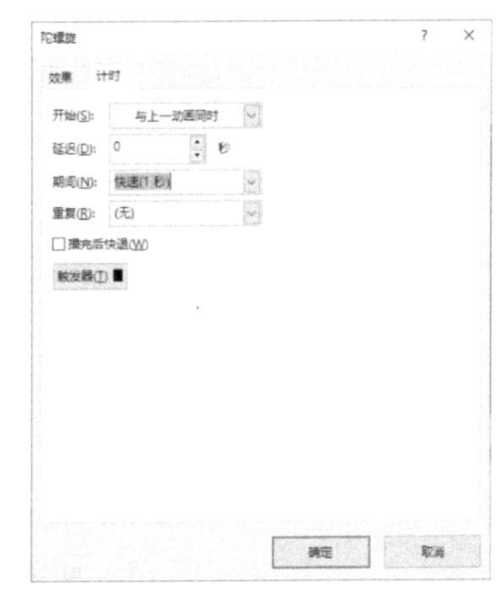

图 8-61　设置陀螺旋动画的计时选项

2. 淡出+飞入+陀螺旋

再次选择图片，单击“添加动画”按钮，添加“飞入”进入动画，打开“飞入”对话框的“效果”选项卡，将“方向”设置为“自底部”，在“计时”选项卡中将“开始”设置为“与上一动画同时”，“期间”设置为“快速（1 秒）”，如图 8-62 所示。

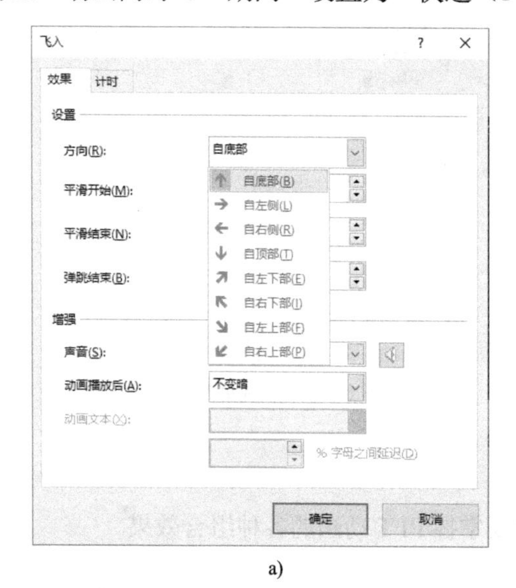

a)

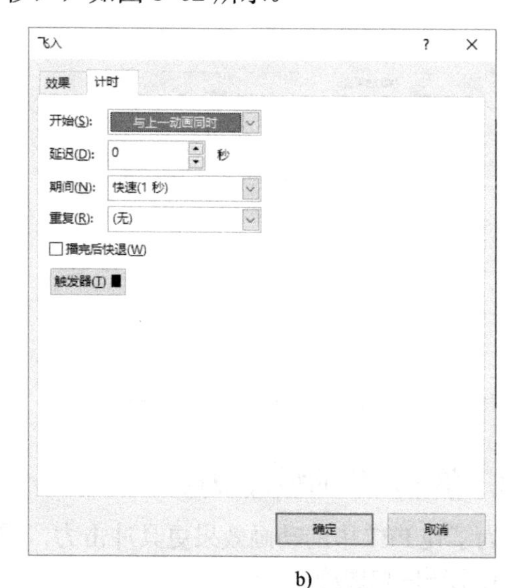

b)

图 8-62 设置飞入动画效果

a) 设置效果选项 b) 设置计时选项

3. 淡出+缩放+陀螺旋

再次选择图片，单击“添加动画”按钮，添加“缩放”进入动画，打开“缩放”对话框的“效果”选项卡，将“消失点”设置为“对象中心”，在“计时”选项卡中将“开始”设置为“与上一动画同时”，“期间”设置为“快速（1 秒）”，如图 8-63 所示。

a)

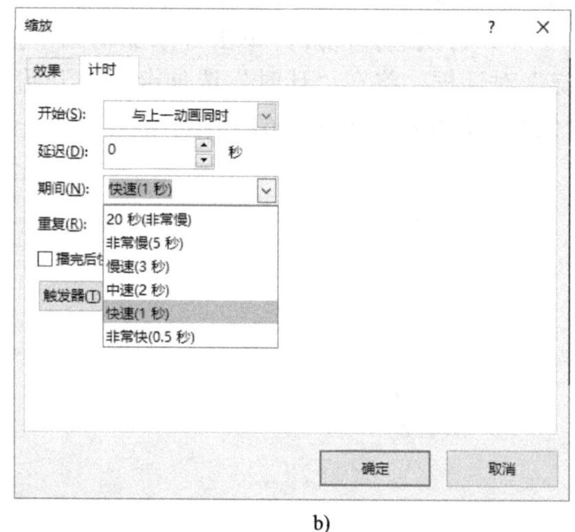

b)

图 8-63 设置缩放动画效果

a) 设置效果选项 b) 设置计时选项

8.4.4 多个对象的组合动画

图 8-64 中的四幅图片，将图片与文字组合为四个模块，可以使 4 个模块一个一个地推送显示，下一个模块在上一个模块结束之前出现，这样模块之间衔接自然连贯。

图 8-64 多个模块的动画效果

动画路径自左向右连续推送，产生自然的协调感。具体制作方法如下。

1）选择第一个模块，单击“动画”组中的“其他”按钮，在下拉列表中选择“更多进入效果”，弹出“更改进入效果”对话框，选择“升起”动画效果。

2）打开“升起”对话框的“计时”选项卡，将“开始”设置为“与上一动画同时”，“期间”设置为“快速（1 秒）”。

3）双击“动画刷”按钮，然后依次单击后面的 3 个模块，使 4 个模块的动画效果保持一致，此时的“动画窗格”面板如图 8-65 所示。

4）在图 8-65 中，选择“组合 14”，设置其延迟时间为 0.5s；选择“组合 15”，设置其延迟时间为 1.0s；选择“组合 16”，设置其延迟时间为 1.5s，此时的“动画窗格”面板如图 8-66 所示。

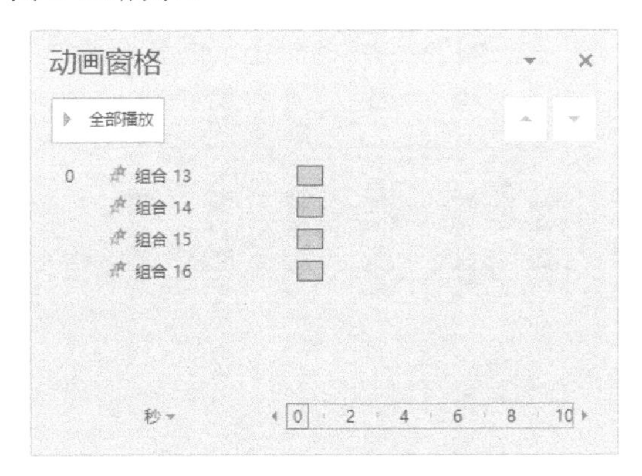

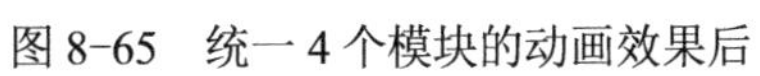
图 8-65 统一 4 个模块的动画效果后

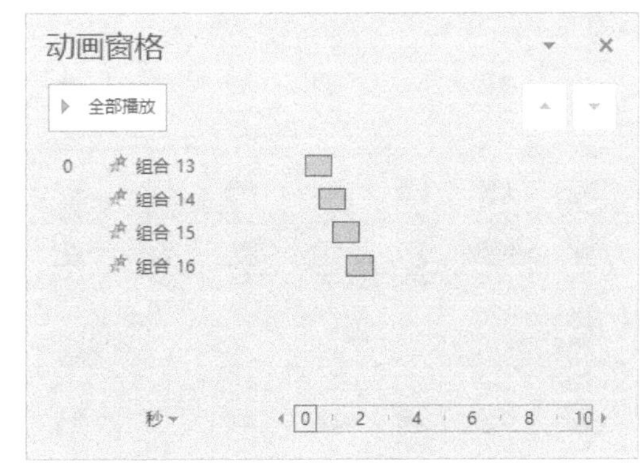

图 8-66 设置后 3 个模块的延迟时间后

此时，动画效果如图 8-67 所示。由于 4 个模块的延迟时间差为 0.5s，因此每两个模块之间没有交错的组合感。如果将图 8-66 中的延迟时间差都缩小到 0.25s，也就是选择“组合 14”，设置其延迟时间为 0.25s；选择“组合 15”，设置其延迟时间为 0.5s；选择“组合

16”，设置其延迟时间为 0.75s，此时 4 个模块的动画效果更好，如图 8-68 所示。

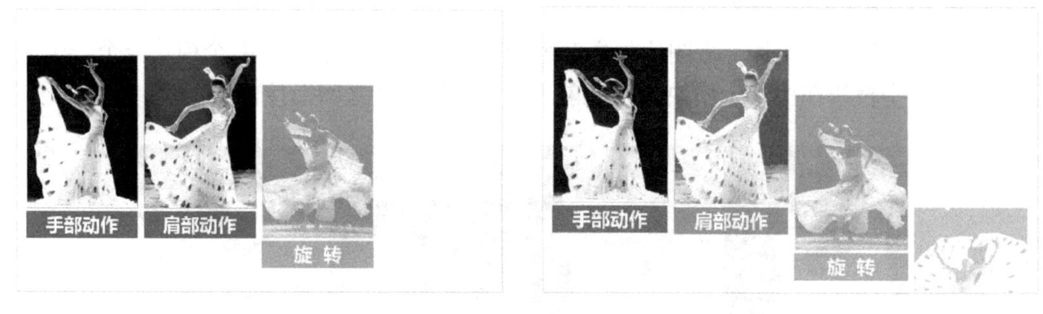

图 8-67　延迟时间差为 0.5s 时的动画效果　　图 8-68　延迟时间差为 0.25s 时的动画效果

还可以将第 1、3 个模块的文字背景色设置为蓝色，而第 2、4 个模块的文字背景色设置为绿色，同时设置飞入动画效果，第 1、3 个模块自底部飞入，第 2、4 个模块自顶部飞入，设置延迟时间差为 0.25s。

8.5　幻灯片的切换方式

幻灯片的切换方式是指在放映幻灯片时，一张幻灯片从屏幕上消失后，另一张幻灯片显示在屏幕上的一种动画效果。一般为对象添加动画后，可以通过“切换”选项卡来设置幻灯片的切换方式。

8.5.1　PPT 的切换效果

在默认情况下，演示文稿中幻灯片之间是没有动画效果的。用户可以通过“切换”选项卡下“切换到此幻灯片”组中的按钮为幻灯片添加切换效果。PowerPoint 365 中提供了近 40 种内置的切换效果，单击“切换”选项卡下的“切换到此幻灯片”组中的“其他”按钮，弹出如图 8-69 所示的下拉列表。

图 8-69　幻灯片切换效果

PowerPoint 365 中的切换效果分为华丽型、细微型和动态内容型三大类。

设置幻灯片的切换效果的具体操作方法如下。

1）打开“中国汽车权威数据发布.pptx”演示文稿，选择第 1 张幻灯片，在“切换”选项卡下的“切换到此幻灯片”组中单击“其他”按钮（如图 8-69 所示）。

2）在弹出的下拉列表中选择“动态内容”下的“传送带”效果，设置完成后缩略图在左侧的幻灯片窗格中该幻灯片缩略图旁多出一个的标志 *，如图 8-70b 所示。采用同样的方法可以依次设置其他幻灯片的切换效果。

a)

b)

图 8-70　设置切换效果前后幻灯片缩略图的变化

a) 设置前　b) 设置后

8.5.2　编辑切换声音和速度

PowerPoint 365 除了提供方便快捷的切换效果外，还可以为所选的切换效果配置音效和改变切换速度，以增强演示文稿的活泼性。编辑切换声音和切换速度都是在“切换 / 计时”组中进行的，下面分别进行介绍。

PowerPoint 365 中的切换动画效果默认都是无声的，需要手动添加所需声音效果。其方法为：选择需要编辑的幻灯片，然后选择“切换 / 计时”组，在“声音”下拉列表中选择相应的选项（例如：爆炸），即可设置幻灯片的切换声音。

编辑切换速度的方法为：选择需要编辑的幻灯片，然后选择“切换 / 计时”组，在“持续时间”数值框中输入具体的切换时间，或直接单击数值框中的微调按钮，即可改变幻灯片的切换速度。

此外，如果不想将切换声音设置为系统自带的声音，那么可以在“声音”下拉列表中选择“其他声音”选项，打开“添加声音”对话框，通过该对话框可以将计算机中保存的声音文件应用到幻灯片切换动画中。

8-5　页面的切换设置

8.5.3　设置幻灯片切换方式

设置幻灯片的切换方式也是在“切换”选项卡中进行的。其操作方法为：首先选择需要进行设置的幻灯片，然后选择“切换 / 计时”组，在“换片方式”中显示了“单击鼠标时”和“设置自动换片时间”两个复选框，选中它们中的一个或同时选中均可完成对幻灯片换片方式的设置。在“设置自动换片时间”复选框右侧有一个数值框，在其中可以输入具体数值，表示在经过指定秒数后自动移至下一张幻灯片。

注意：若在“换片方式”中同时选中　“单击鼠标时”复选框和“设置自动换片时间”

复选框，则表示满足两者中任意一个条件时，都可以切换到下一张幻灯片并进行放映。

为幻灯片设置持续时间的目的是控制幻灯片的切换速度，以便查看幻灯片内容。

打开“切换”选项卡，在“计时”组的“换片方式”中，选中“单击鼠标时”复选框，表示在播放幻灯片时，需要在幻灯片中单击鼠标左键来换片，而取消选中该复选框并选中“设置自动换片时间”复选框，表示在播放幻灯片时，经过所设置的时间后会自动切换至下一张幻灯片，无须单击鼠标。所以，PowerPoint 允许为幻灯片同时设置单击鼠标来切换幻灯片和输入具体数值来定义幻灯片切换的延迟时间这两种换片方式。

8.5.4 PPT的无缝连接

为了维持 PPT 的连续性与逻辑完整性，使观众感觉不到页面切换时的卡顿，让所有的页面演示时形成一个连续的画面感。

通常的处理方式有两种，第一种是借助页面的推进效果实现，请浏览“素材”文件夹中的“8.5.4 案例：PPT 的无缝连接线性推进.pptx”，页面如图 8-71 所示。

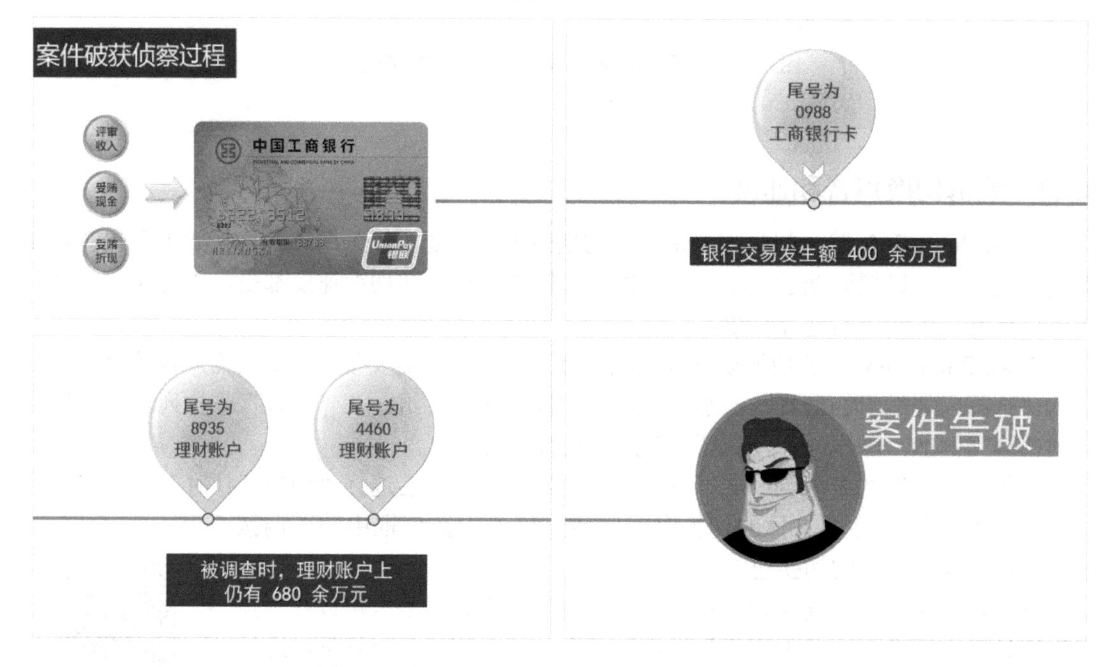

图 8-71　设置“推进”的切换方式实现无缝连接

选择 4 个页面后设置切换方式为“推进”，“效果选项”为“自右侧”。整体效果如图 8-72 所示。

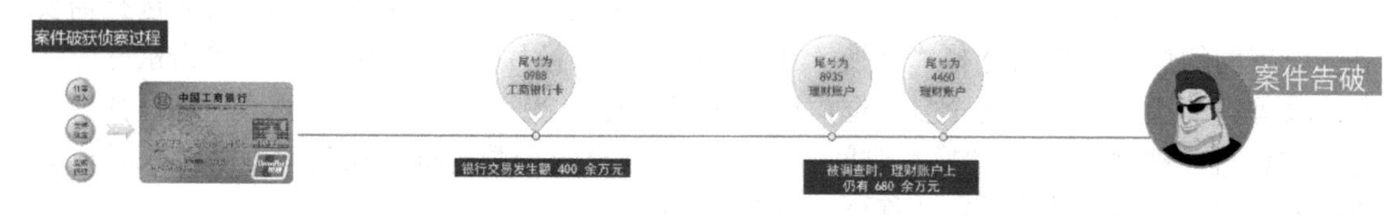

图 8-72　使用“推进”切换效果实现页面间的无缝连接

第二种是借助连续两个页面中的共同元素实现，请浏览“素材”文件夹中的“8.5.4 案例：PPT 的无缝连接-共有元素.pptx”，如图 8-73 所示。

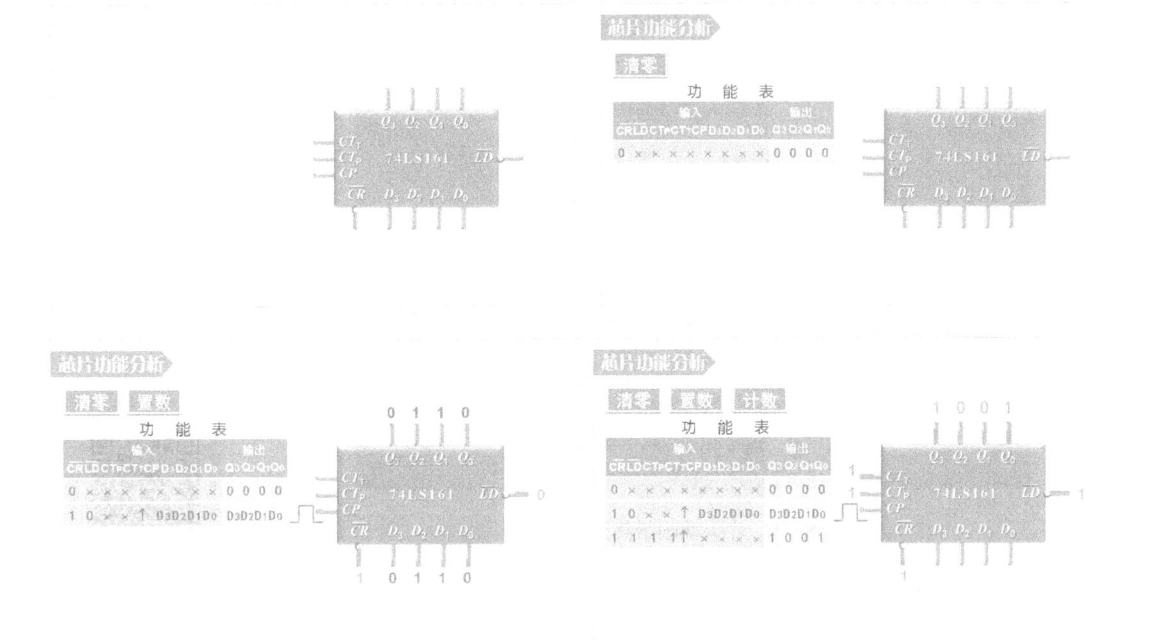

图 8-73　通过连续两页中共同的元素实现页面的无缝连接

8.6　案例：片头动画的设计

8.6.1　案例需求与展示

易百米物流公司为了扩大市场，现需要一份面向新市场的公关 PPT。现在需要公关部制作一份简约、大气风格的 PPT 片头，片头动画中间效果如图 8-74 所示。

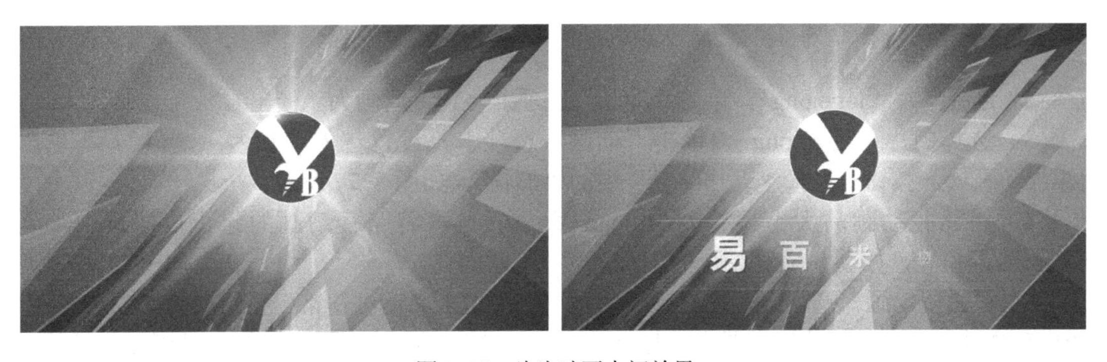

图 8-74　片头动画中间效果

8.6.2 案例实现

1. 插入文本与图片相关元素

插入文本、图片和背景音乐等所有元素后调整其大小及位置，片头动画最终如图 8-75 所示。

图 8-75 片头动画最终效果图

2. 设置元素入场动画

1）构思入场动画，元素的设计与构思示意图如图 8-76 所示。

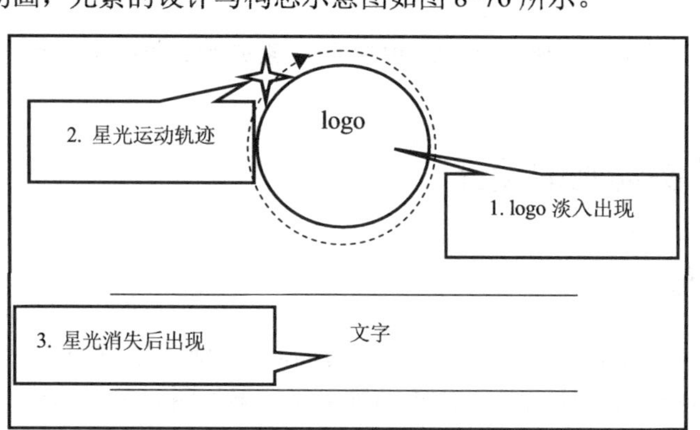

图 8-76 入场动画元素的设计与构思示意图

2）选择图片“logo.png”，单击“动画”选项卡，设置动画为“淡出”。

3）选择图片“星光.png”，单击“动画”选项卡，设置进入动画为“淡出”。再单击“添加动画”按钮，选择“动作路径”中的“形状”，如图 8-77 所示。

4）将路径动画的大小调整为与 logo 大小一致，将路径动画的起止点调整到“星光.png”的位置，如图 8-78 所示。

5）单击“动画”选项卡，在“高级动画”组中单击“动画窗格”按钮。将“logo.png”淡出动画触发方式“开始”设置为“与上一动画同时”，将“星光.png”淡出动画和路径动画触发方式“开始”设置为“与上一动画同时”，将“延迟”设置为 0.5s，如图 8-79 所示，此时的“动画窗格”面板如图 8-80 所示。

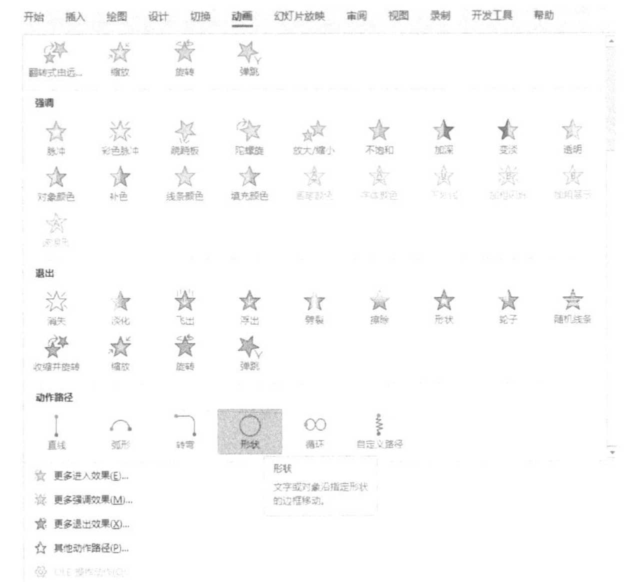

图 8-77　添加路径动画

图 8-78　调整路径动画

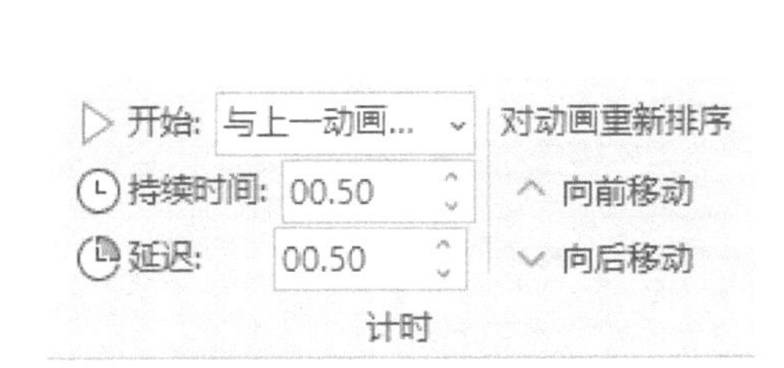

图 8-79　设置延迟时间

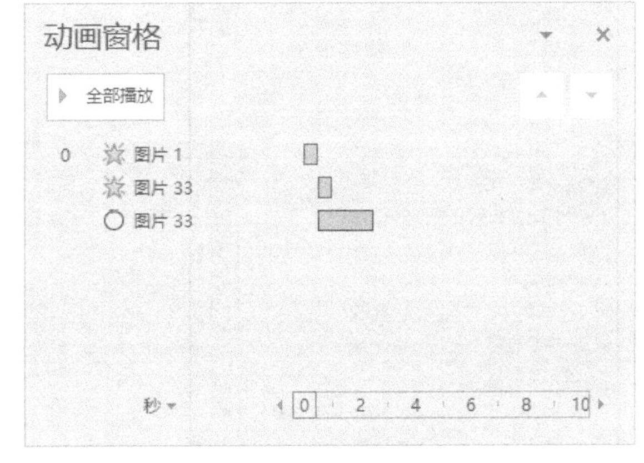

图 8-80　“动画窗格”面板 1

6）设置“星光.png”动画，让其消失。选择“星光.png”图片，再单击“添加动画”按钮，选择“退出”组中的“淡出”。

7）单击“添加动画”按钮，选择“强调”组中的“放大/缩小”，将效果选择为“巨大”。

8）将退出动画和强调动画的触发方式“开始”设置为“与上一动画同时”，将延迟时间设置在星光路径动画结束之后，设置延迟时间为 2.5s，如图 8-81 所示，此时的“动画窗格”面板如图 8-82 所示。

9）logo 部分动画播放结束后，文字部分出场，设置文字上下两条横线，动画为“淡出”。将淡出动画的触发方式“开始”设置为“与上一动画同时”，将“延迟时间”设置为 3s。

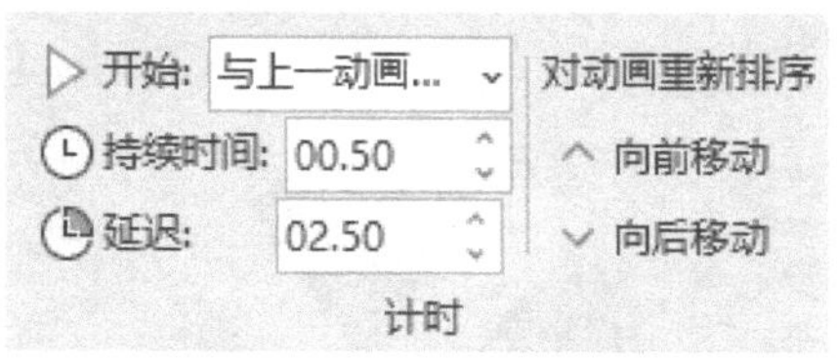

图 8-81　设置延迟时间

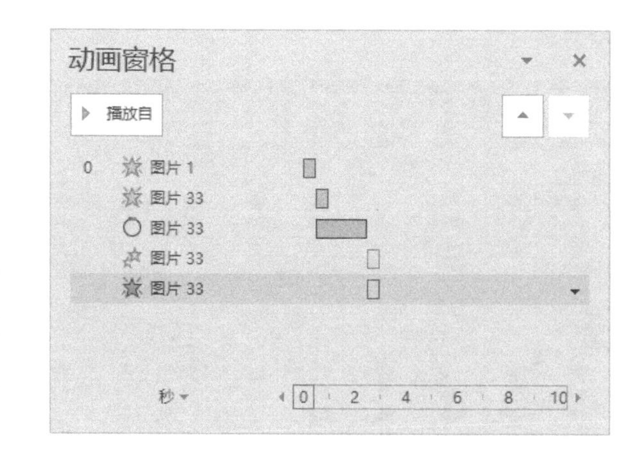

图 8-82 “动画窗格”面板 2

10）选择文字，单击“动画”选项卡，单击“添加动画”按钮，在下拉列表中选择“更多进入效果”，将动画设置为“挥鞭式”，如图 8-83 所示。

11）将文字动画的触发方式“开始”设置为“与上一动画同时”，将“延迟时间”设置为 3s，此时的“动画窗格”面板如图 8-84 所示。

图 8-83　选择挥鞭式进入效果

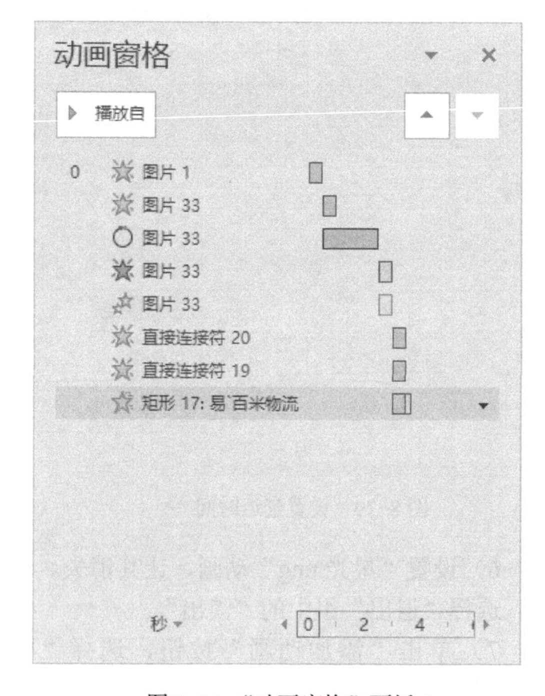

图 8-84 “动画窗格”面板 3

3. 输出片头动画视频

制作完成片头动画后，可以保存为.pptx 格式的演示文稿文件，用 PowerPoint 打开；也可以保存为.wmv 格式的视频文件，用视频播放器打开。保存为.wmv 格式视频文件的具体方法如下。

执行“文件”→“另存为”菜单命令，设置保存类型为“Windows Media 视频

（*.wmv）”，填写文件名，单击“保存”按钮，如图 8-85 所示。

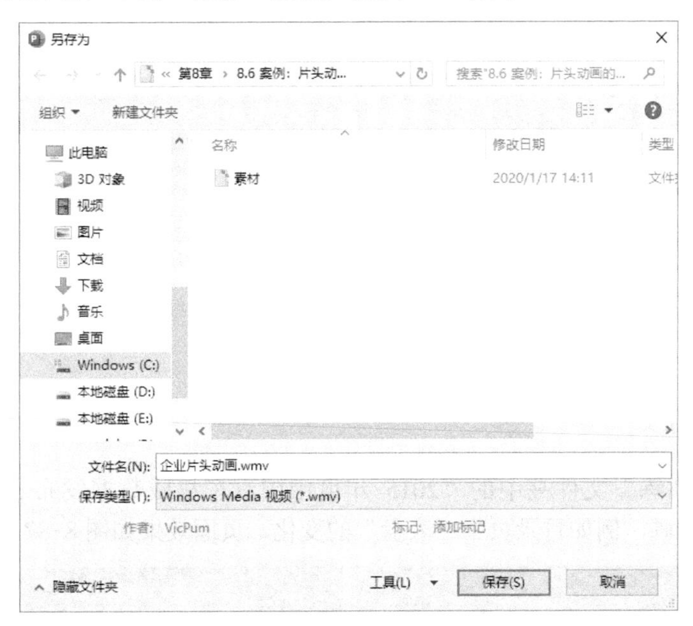

图 8-85　设置保存文件类型

4. 事业单位片头动画拓展

按照同样的方法可以制作类似的片头动画，请参考“拓展：企事业单位片头动画的制作.pptx”，动画效果如图 8-86 所示。

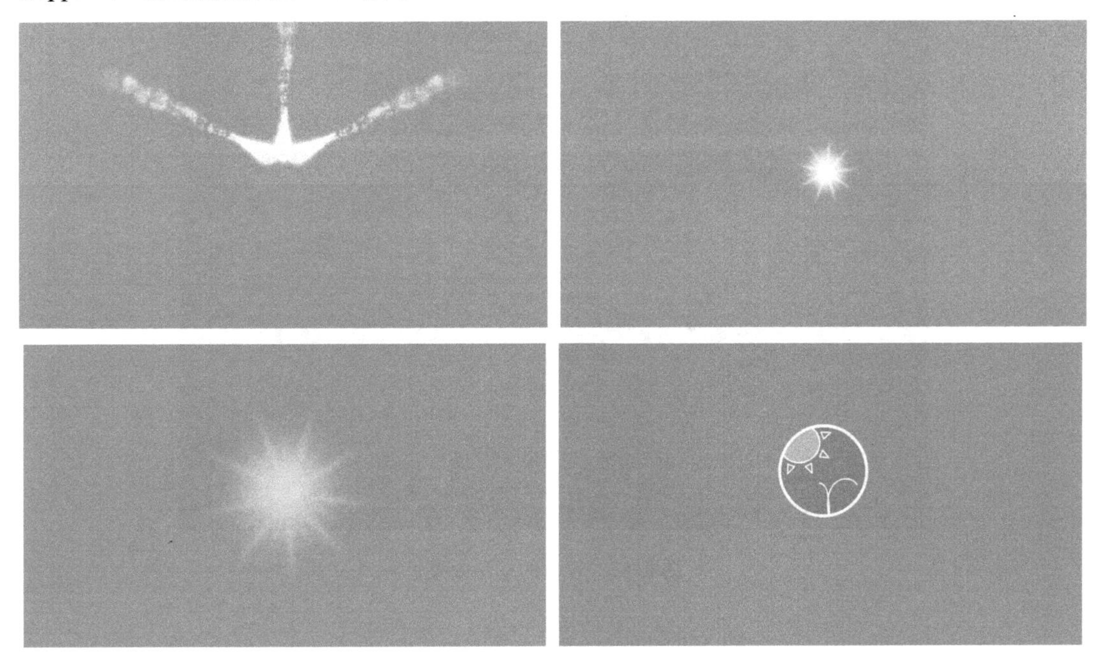

图 8-86　事业单位片头动画效果图

图 8-86　事业单位片头动画效果图（续）

8.7　拓展训练

根据“拓展训练”文件夹中的“2015 年度中国汽车权威数据发布.pptx”中完成的图标，设置相关的动画，例如目录页中“表盘”的变化，页面效果如图 8-87 所示。

图 8-87　表盘的动画效果

第 9 章　PPT 影音

9.1　声音的插入与调整

在制作演示文稿的过程中，特别是在制作商务性的宣传演示文稿时，可以为幻灯片添加一些合适的声音，添加的声音可以配合图文，使演示文稿变得有声有色，更具感染力。

9.1.1　常见的音频格式

PPT 中常用 WAV、MP3 和 MIDI 等格式。

1．WAV 格式

WAV 格式是 Microsoft 公司开发的一种音频文件格式，用于保存 Windows 平台的音频信息资源，被 Windows 平台及其应用程序所支持，支持多种音频位数、采样频率和声道，是目前个人计算机上广为使用的音频文件格式，几乎所有的音频编辑软件都识别 WAV 格式。

2．MP3 格式

MP3 格式最早出现于 20 世纪 80 年代的德国，所谓的 MP3 是指 MPEG 标准中的音频部分，也就是 MPEG 音频层。MPEG 音频文件的压缩是一种有损压缩，牺牲了声音文件中的 12kHz～16kHz 之间高音频部分的质量来压缩文件的大小。相同时间的音乐文件，用 MP3 格式存储，一般只有 WAV 文件的 1/10，而音质要次于 CD 格式或 WAV 格式声音文件。

3．MIDI 格式

MIDI（Musical Instrument Digital Interface，乐器数字接口），是 20 世纪 80 年代初为解决电声乐器之间的通信问题而提出的。MIDI 传输的不是声音信号，而是音符、控制参数等指令。MIDI 文件本身并不包含波形数据，所以 MIDI 文件非常小巧，非常适合作为网页的背景音乐。

9.1.2　添加各类声音

9-1　音频的编辑与设置

添加文件中的声音就是将计算机中已存在的声音插入到演示文稿中，也可以从其他的声音文件中添加用户需要的声音。具体方法如下。

1）打开“音乐的魅力探索.pptx”，切换至“插入”选项卡，在“媒体”组中单击“音频”下拉按钮，在弹出的下拉列表中选择“PC 上的音频”选项，如图 9-1 所示。

2）弹出“插入音频”对话框，选择“背景音乐”文件夹下的“bgmusic1.mp3”文件，单击“插入”按钮，如图 9-2 所示。

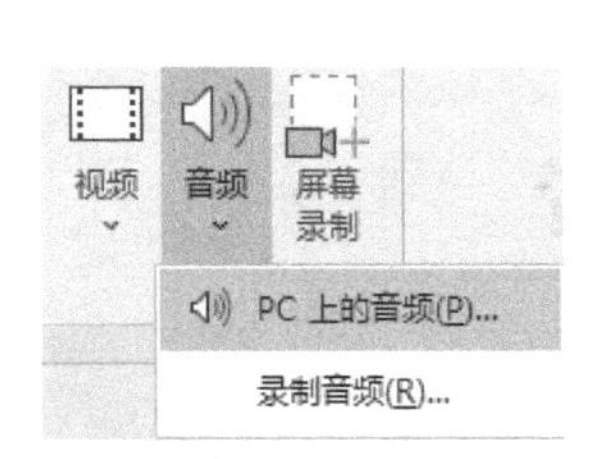

图 9-1　选择“PC 上的音频”选项

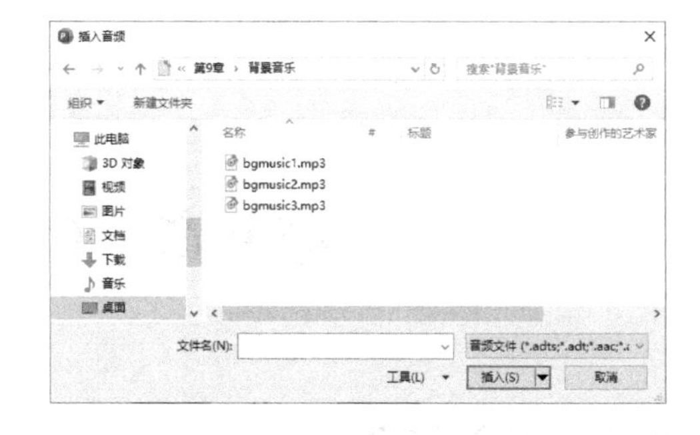

图 9-2　“插入音频”对话框

3）插入音频后显示的音频图标如图 9-3 所示，可以拖动音频图标至合适位置，按〈F5〉键，单击播放按钮就可以听到插入的声音。

4）选择音频文件，在 “播放”选项卡下，设置“开始”为“自动”，如图 9-4 所示，按〈F5〉键播放幻灯片，音乐将自动播放。

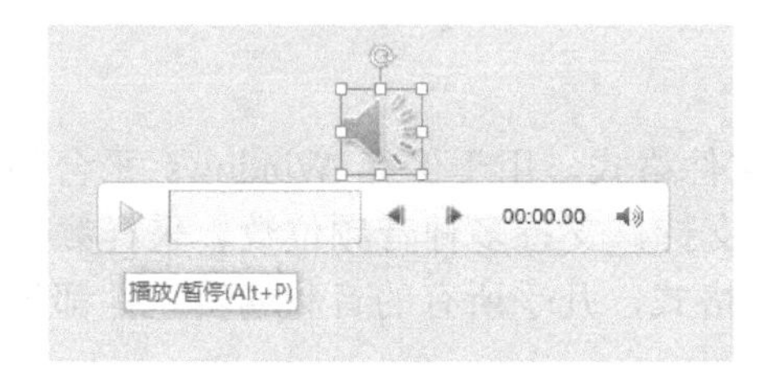

图 9-3　音频图标

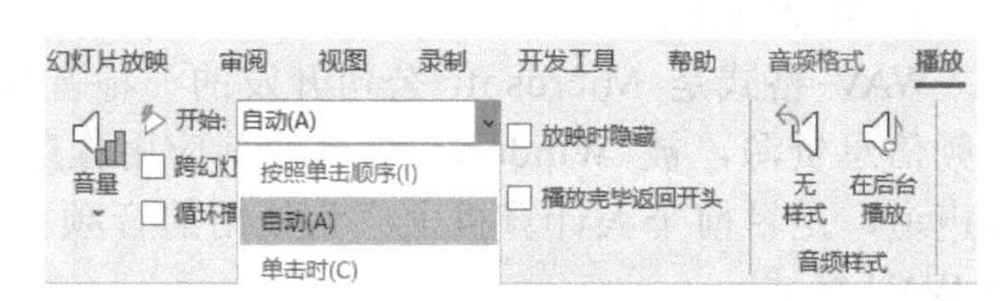

图 9-4　设置“开始”为“自动”

注意：在默认情况下，PowerPoint 会演示文稿中自动嵌入声音文件。

9.1.3　添加录制声音

如果需要插入自己录制的声音，用户可以先通过麦克风进行录制，再将音频文件插入到幻灯片中。具体方法如下。

1）打开 PowerPoint 365，切换至“插入”选项卡，在“媒体”组中单击“音频”下拉按钮，在弹出的下拉列表中选择“录制音频”选项，如图 9-1 所示。

2）弹出“录制声音”对话框，如图 9-5 所示，单击红色圆点的“录制”按钮即可开始录制，录制界面如图 9-6 所示。

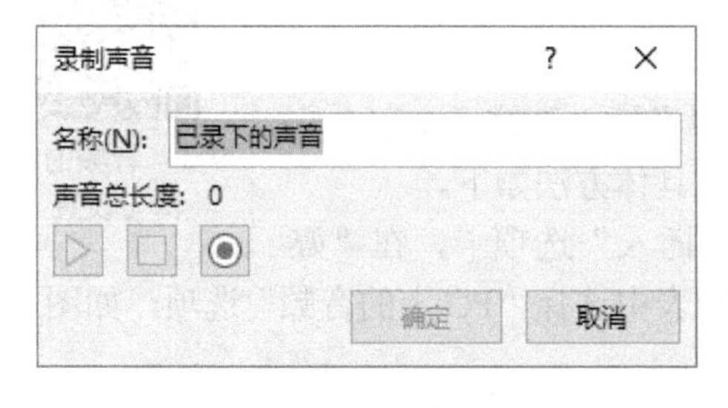

图 9-5　“录制声音”对话框

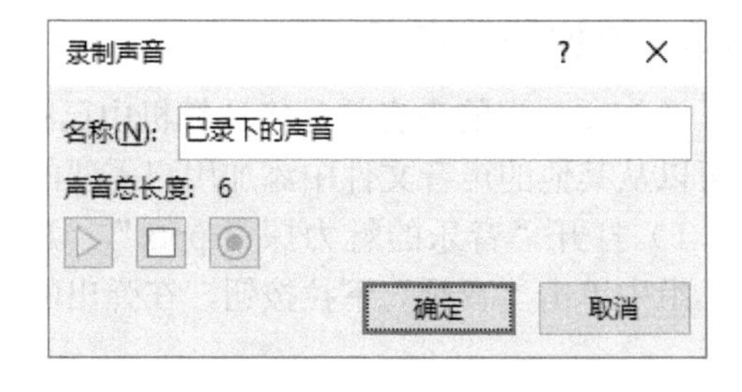

图 9-6　开始录制

3）单击蓝色的“停止”按钮，即可停止录音，单击“确定”按钮，即可插入录制的声音。

9.2　设置声音属性

打开 PowerPoint 365，选择插入的音频文件，切换至 “播放”选项卡，如图 9-7 所示，在其中可以设置音频的相关属性。

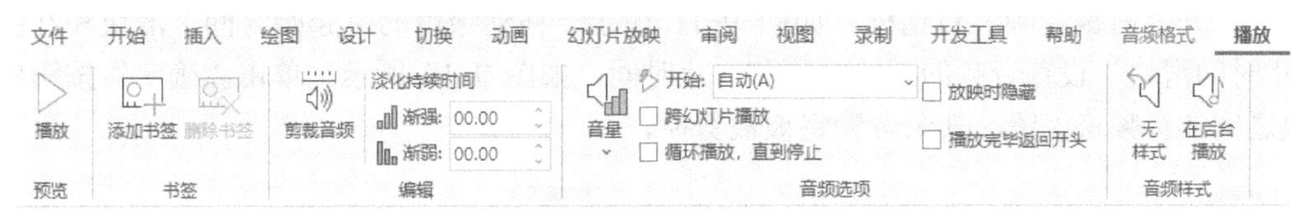

图 9-7 “播放”选项卡

9.2.1　添加和删除书签

在播放音频时，单击图 9-7 中的“添加书签”按钮，在当前播放位置添加一个书签，如图 9-8 所示。选择新的播放节点，再次单击“添加书签”按钮则在新的播放位置添加一个新的书签，如图 9-9 所示。

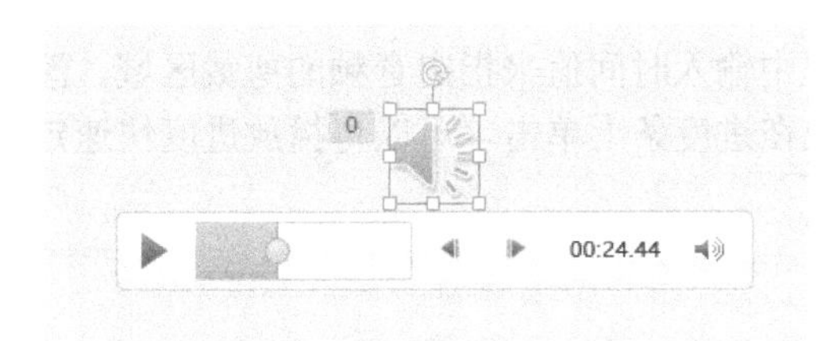

图 9-8　添加第一个书签

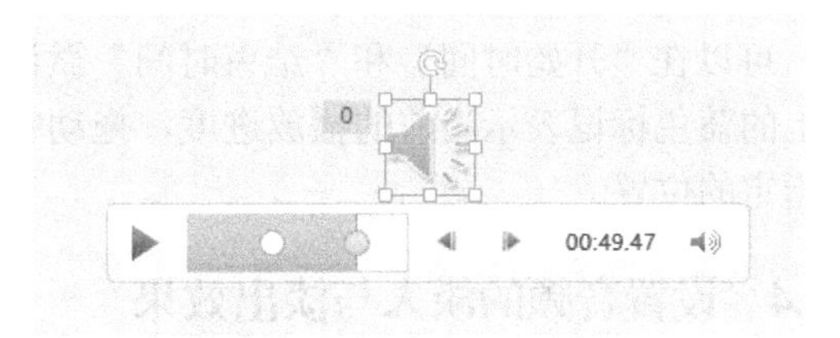

图 9-9　添加第二个书签

注意：书签可以帮助用户在音频播放时快速定位播放位置，按〈Alt+Home〉键，播放进度将跳转到上一个书签处；按〈Alt+End〉键，播放进度将跳转到下一个书签处。

在播放进度条上选择书签后，单击“删除书签”按钮将删除选择的书签。

9.2.2　设置声音的隐藏

在幻灯片中选中声音图标，切换至“播放”选项卡，如图 9-7 所示，在“音频选项”组中选中“放映时隐藏”复选框，在放映幻灯片的过程中会自动隐藏声音图标，如图 9-10 所示。

a)　　　b)

图 9-10　声音图标隐藏前后对比

a) 隐藏前　b) 隐藏后

技巧：也可以通过将音频图标拖出窗口实现图标的隐藏。

9.2.3 音频的剪辑

在幻灯片中选中声音图标，切换至“播放”选项卡，单击“编辑”组中的“剪裁音频”按钮，打开“剪裁音频”对话框，如图 9-11 所示。拖动绿色的“起始时间”滑块和红色的“终止时间滑块”设置音频的开始时间和终止时间，如图 9-12 所示。单击“确定”按钮后，滑块之间的音频将保留，其余音频将被裁剪掉。

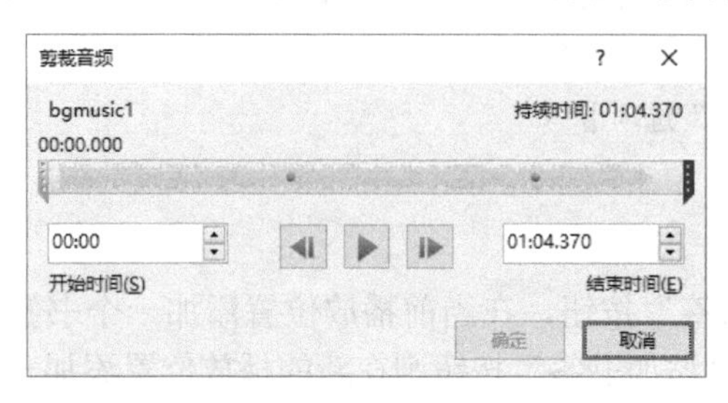

图 9-11 “剪裁音频”对话框

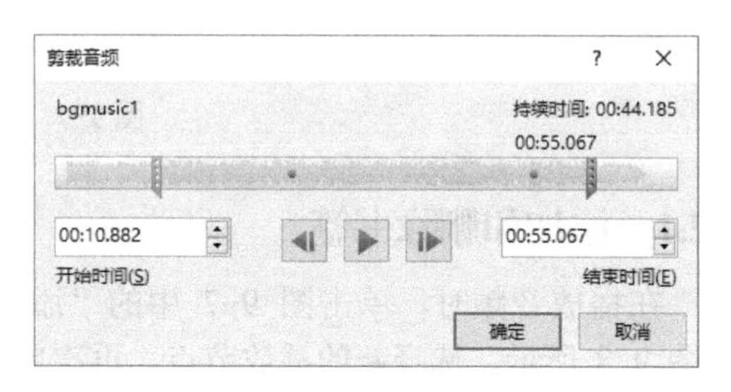

图 9-12 调整剪裁起点与终点

可以在“开始时间”和“结束时间”微调框中输入时间值来指定音频的剪裁区域。滚动条上的蓝色标记表示当前的播放进度，拖动它或在进度条上单击，可以将播放进度快速定位到指定的位置。

9.2.4 设置音频的淡入与淡出效果

在幻灯片中选中声音图标，切换至“播放”选项卡，在“编辑”组中的“渐强”和“渐弱”微调框中分别输入时间值，如图 9-13 所示，在声音开始和结束播放时添加淡入淡出效果。此处输入的时间值表示淡入/淡出效果持续的时间。

9.2.5 设置音频的音量

在幻灯片中选中声音图标，切换至“播放”选项卡，单击“音频选项”组中的“音量”按钮，可根据需要进行设置音量高低，如图 9-14 所示。

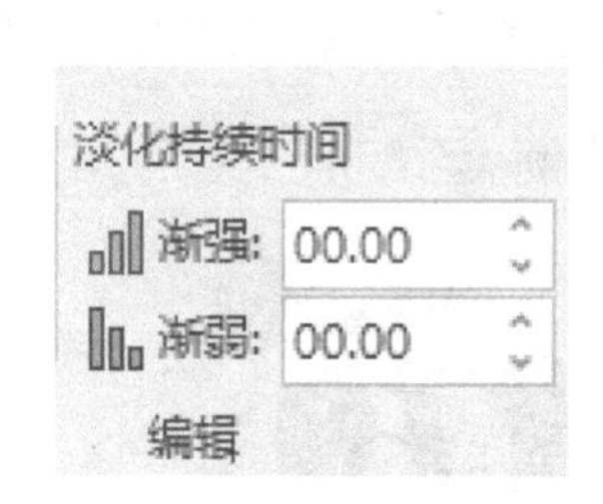

图 9-13 设置淡入/淡出效果持续时间

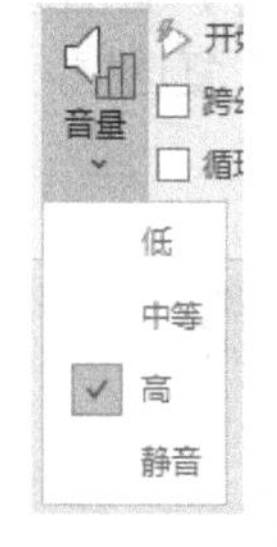

图 9-14 设置音量高低

9.2.6 设置声音连续播放

在幻灯片中选中声音图标，切换至“播放”选项卡，在“音频选项”选项组中选中“循环播放，直到停止”复选框。在放映幻灯片的过程中会自动循环播放，直到放映下一张幻灯片或停止放映为止。

9.2.7 设置播放声音模式

在幻灯片中选中声音图标，切换至“播放”选项卡，单击“开始”下拉按钮，在弹出的下拉列表中包括“自动”“单击时”“按照单击顺序”3 个选项，当选择“按照单击顺序”选项时，该声音文件不仅在插入的幻灯片中有效，在演示文稿的所有幻灯片中均有效。

9.3 添加视频

PowerPoint 365 中的视频包括视频和动画，可以在幻灯片中插入的视频格式有十几种，PowerPoint 支持的视频格式也会随着媒体播放器的不同而不同。用户可从剪辑管理器或从外部文件添加视频。

9.3.1 常见的视频格式

PPT 中常插入的视频格式包括 AVI、MOV、MPEG、WMV、SWF 等。

（1）AVI 格式

AVI 格式（Audio Video Interleaved，音频视频交错）格式是 Microsoft 公司开发的一种视频文件格式。所谓音频视频交错，是指可以将视频和音频交织在一起进行同步播放。这种视频格式的优点是图像质量好，可以跨平台使用；缺点是体积过于庞大，而且压缩标准不统一，时常会出现由于视频编码原因而造成的视频不能播放等问题。用户如果遇到了这些问题，可以通过下载相应的解码器来解决。

（2）MOV 格式

MOV 即 QuickTime 影片格式，它是 Apple 公司开发的一种音视频文件格式，用于存储常用数字媒体文件。

（3）MPEG 格式

MPEG（Moving Picture Expert Group，运动图像专家组）格式，日常生活中用户欣赏的 VCD、DVD 就是这种格式，今天常用的有 MP4 格式。

（4）WMV 格式

WMV（Windows Media Video，视窗媒体视频）格式是 Microsoft 公司推出的一种采用独立编码方式并且可以直接在网上实时观看的视频文件压缩格式。

（5）SWF 格式

SWF（Shock Wave Flash）是 Adobe 公司的动画设计软件 Flash 的专用格式，是一种支持矢量和点阵图形的动画文件格式，被广泛应用于网页设计、动画制作等领域。SWF 格式文件通常也被称为 Flash 文件。

9-2 视频的编辑与设置

9.3.2 添加文件中的视频

添加文件中的视频就是将计算机中已存在的视频插入到演示文稿中。具体方法如下。

1）打开“视频的使用.pptx”，切换至“插入”选项卡，在“媒体”组中单击“视频”下拉按钮，在弹出的下拉列表中选择“PC 上的视频”选项，如图 9-15 所示。

2）弹出“插入视频文件”对话框，选择“视频素材”文件夹下的“视频样例.wmv”视频文件，单击“插入”按钮，如图 9-16 所示。

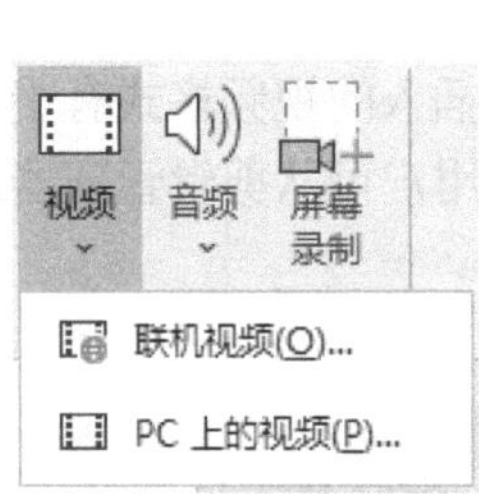

图 9-15　选择“PC 上的视频”选项

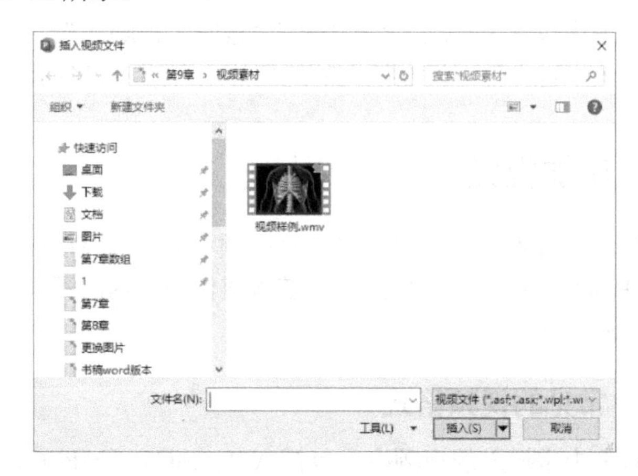

图 9-16 “插入视频文件”对话框

3）插入的视频如图 9-17 所示，可以拖动播放进度图标至合适位置，按〈F5〉键，单击播放按钮就可以播放视频，如图 9-18 所示。

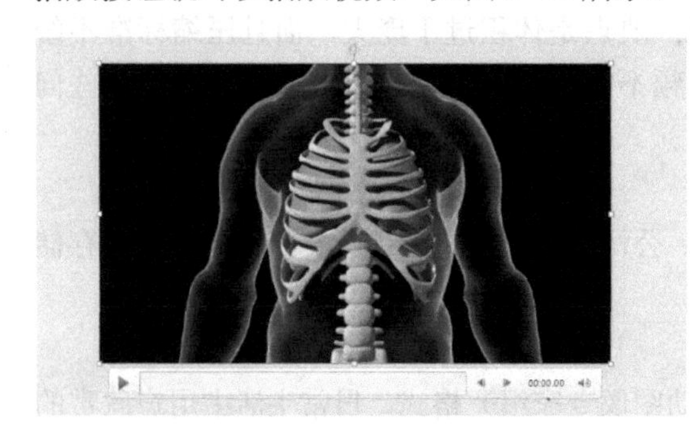

图 9-17　插入的视频

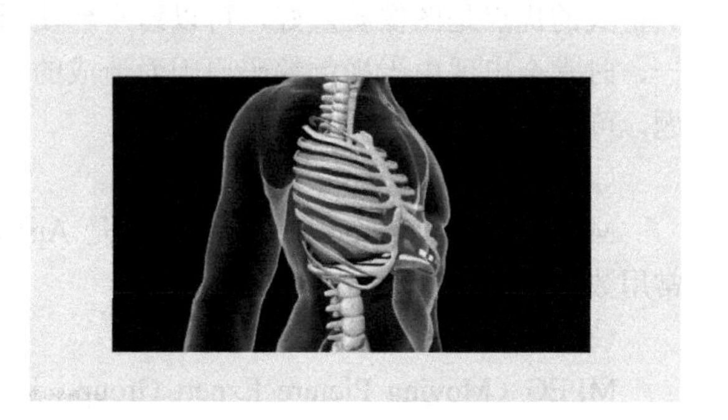

图 9-18　PPT 预览后视频播放效果

9.4　设置视频属性

在幻灯片中选中插入的视频，切换至“视频格式”选项卡，如图 9-19 所示。其中的各选项与“音频格式”选项卡中的各选项作用相类似，用户可根据需要设置各选项。

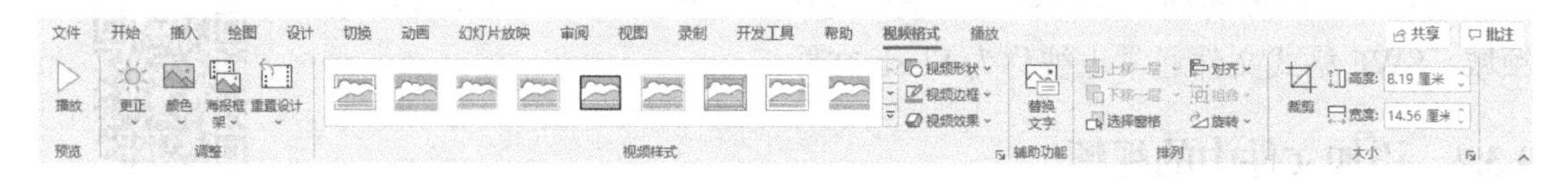

图 9-19 “视频格式”选项卡

切换至“播放”选项卡，如图 9-20 所示，用来设置视频的相关播放设置。

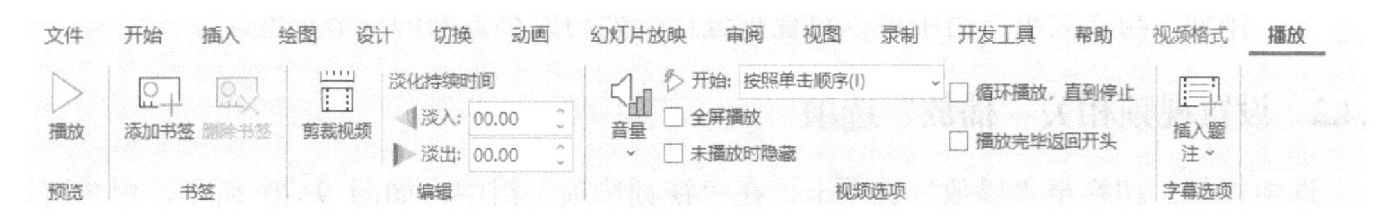

图 9-20　视频的“播放”选项卡

9.4.1　设置视频相关“格式”选项

选中视频，切换至“播放”选项卡，在“视频选项”组中，如图 9-20 所示，用户可以根据自己的需要对插入的视频进行相关的设置操作。

1．视频的调整选项设置

视频的调整选项主要包括视频更正功能，具体包括亮度与对比度的调整，还包括视频颜色的调整、标牌框架的设计、重置设计或重置大小等功能，如图 9-19 所示。

2．视频样式设置

单击图 9-19 中“视频样式”组中的“其他”按钮，即可浏览视频的所有样式效果，如图 9-21 所示，具体包括细微型、中等、强烈等几种。

图 9-21　视频的所有样式

选择刚刚插入的视频，选择“中等”类型中的第 10 个样式“旋转 白色”，效果如图 9-22a 所示；选择“强烈”类型中的第 13 个样式“画布 白色”，效果如图 9-22b 所示。

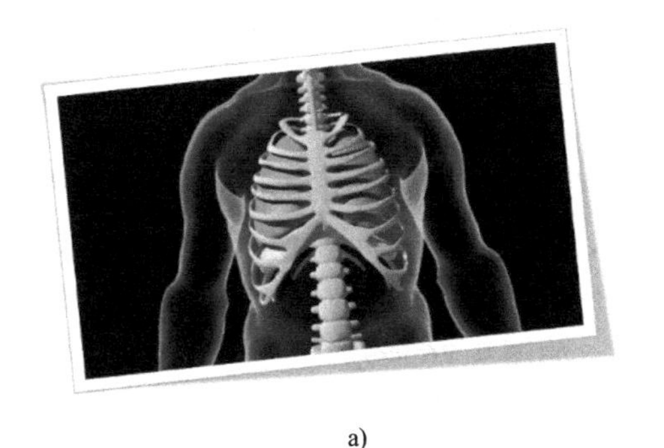

a)

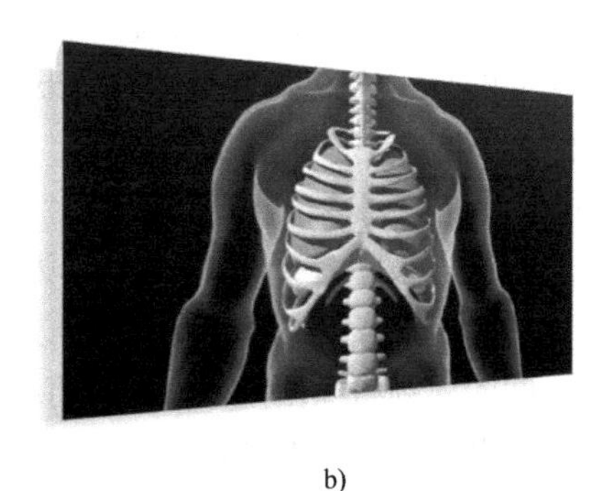

b)

图 9-22　视频样式效果

a)“旋转 白色”样式效果　b)“画布 白色”样式效果

此外，还可以根据需要设计视频形状、视频边框、视频效果等，读者可以自行练习。

在“排列”与“大小”组中可以对视频进行排列与大小方面的细节设置。

9.4.2　设置视频相关“播放”选项

选中视频，切换至“播放”选项卡，在“视频选项”组中，如图 9-20 所示，用户可以根据自己的需要对插入的视频进行相关的设置操作。

1．给视频添加书签功能

在视频播放时，单击图 9-20 中的“添加书签”按钮在当前播放位置添加一个书签，如图 9-23 所示。选择新的播放节点，再次单击“添加书签”按钮则在新的播放位置添加一个新的书签，如图 9-24 所示。

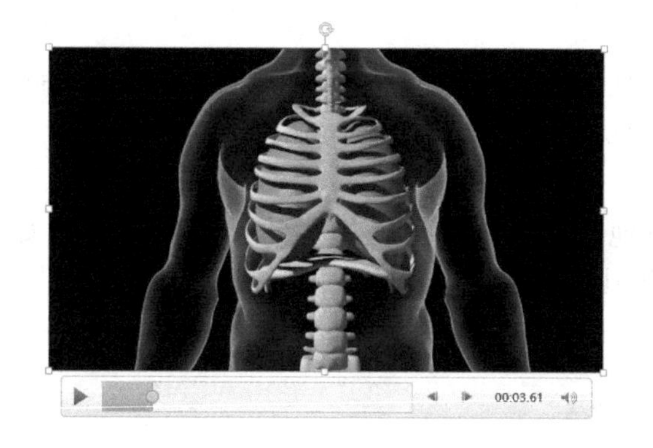

图 9-23　添加第一个书签

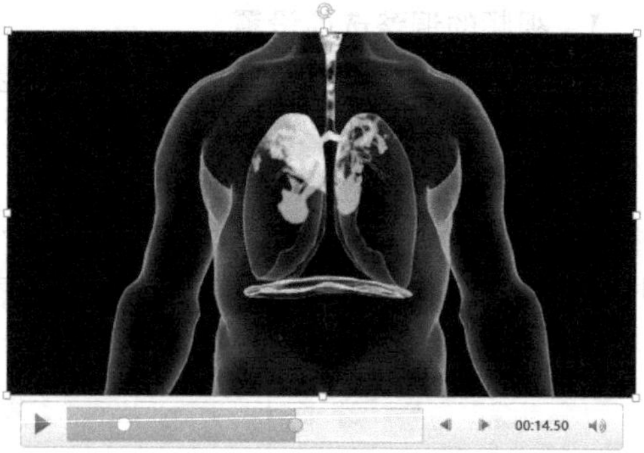

图 9-24　添加第二个书签

注意： 书签可以帮助用户在视频播放时快速定位播放位置，按〈Alt+Home〉快捷键，播放进度将跳转到上一个书签处；按〈Alt+End〉键，播放进度将跳转到下一个书签处。

在播放进度条上选择书签后，单击“删除书签”按钮将删除选择的书签。

2. 设置视频的淡入与淡出效果

在幻灯片中选中视频图标，切换至“播放”选项卡，如图 9-20 所示，在“编辑”组的“淡入”和“淡出”微调框中分别输入时间值，在声音开始和结束播放时添加淡入/淡出效果。此处输入的时间值表示淡入/淡出效果持续的时间。

3．给视频添加书签功能

在幻灯片中选中视频图标，切换至“播放”选项卡，如图 9-20 所示，在“编辑”组中单击“剪裁视频”按钮，打开“剪裁视频”对话框，如图 9-25 所示。拖动绿色的“起始时间”滑块和红色的“终止时间滑块”，设置视频的开始时间和终止时间，单击“确定”按钮后，滑块之间的视频将保留，其余视频将被裁剪掉，如图 9-26 所示。

可以在“开始时间”和“结束时间”文本框中输入时间值来指定视频的剪裁区域。滚动条上的蓝色标记表示当前的播放进度，拖动它或在进度条上单击，可以将播放进度快速定位到指定的位置。

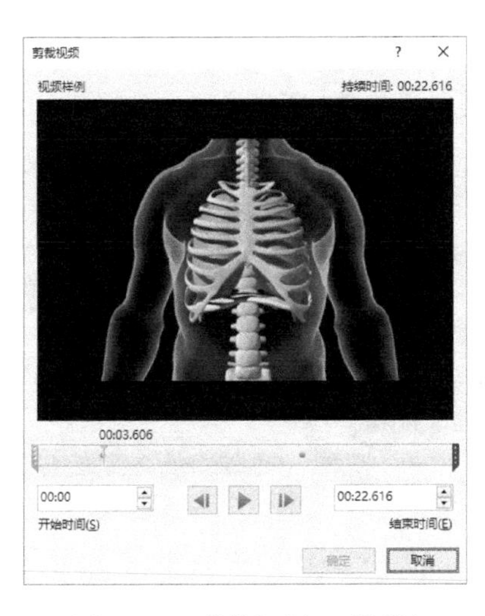

图 9-25 “剪裁视频”对话框

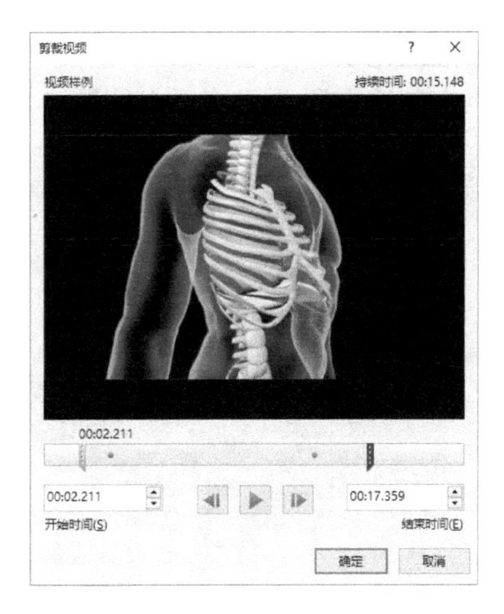

图 9-26 调整视频剪裁起点与终点

4. 设置视频连续播放

在幻灯片中选中视频图标，切换至“播放”选项卡，在“视频选项”组中选中“循环播放，直到停止”复选框。在放映幻灯片的过程中会自动循环播放，直到放映下一张幻灯片或停止放映为止。选中“播放完毕返回开头”复选框，即可实现视频播放完后返回视频起始端。

5. 设置播放视频模式

单击“开始”下拉按钮，在弹出的下拉列表中包括“自动”“单击时”“按单击顺序”3个选项，当选择“按单击顺序”选项时，该视频文件不仅在插入的幻灯片中有效，在演示文稿的所有幻灯片中均有效。

6. 全屏播放视频

如果原视频比较清晰的话，可以直接调整大小实现视频的满屏播放。也在“视频选项”组中选中“全屏播放”复选框，在播放时 PowerPoint 会自动将视频显示为全屏模式。

7. 调整视频的音量

在幻灯片中选中视频图标，切换至“播放”选项卡，如图 9-20 所示，在“视频选项”组中单击“音量”按钮，用户可以根据需要选择“低”“中”“高”和“静音”4 个选项对音量进行设置。

9.5 拓展训练

专用汽车制造有限公司李经理将在某汽车展览会上介绍公司的联合吸污车的新产品，现在他需要做一份“联合吸污车产品介绍”的 PPT 演示文稿。

本训练属于企业宣传类演示文稿，主要目的在于企业形象展示与产品推介。此类 PPT 填补了静态宣传画册与动态企业宣传视频中的空白，实现动静结合的宣传效果。

专用汽车制造有限公司是一家专业服务城市管理与美化城市的企业，其文化以环保绿色为主，为了彰显企业文化特点，设计以绿色作为主色调，黄色等其他颜色作为辅助颜色，在风格上以简洁为主。针对本训练特征，企业宣传演示文稿框架适用说明式或罗列式，对语言和文字需要准确无误，简短精练。

专用汽车制造有限公司演示文稿最终 PPT 效果如图 9-27 所示。

图 9-27　专用汽车制造有限公司演示文稿最终效果图

第 10 章 PPT 演示

10.1 放映前的设置

演示文稿制作完成后，可以将演示文稿设置为由演讲者播放，也可以设置为由观众自行播放，这需要通过设置放映方式来进行控制。放映前的幻灯片设置包括幻灯片放映时间的控制、放映方式的选择及录制旁白等相关内容，下面将详细介绍幻灯片放映前的相关知识及操作方法。

10-1 课件放映工具使用

10.1.1 设置幻灯片的放映方式

制作演示文稿的目的就是为了演示和放映。在放映幻灯片时，用户可以根据自己的需要选择放映方式。下面首先介绍几种放映方式。

1. 观众自行浏览

观众自行浏览方式是以一种较自由的形式进行放映。以这种方式放映演示文稿时，该演示文稿会出现在小型窗口内，并提供相应的操作命令，允许移动、编辑、复制和打印幻灯片。在这种方式中，可以使用滚动条从一张幻灯片移到另一张幻灯片，还可以同时打开其他程序。

2. 演讲者放映

演讲者放映方式为传统的全屏放映方式，常用于演讲者亲自播放演示文稿。对于这种方式，演讲者具有完全的控制权，可以决定采用自动放映方式还是人工放映方式。演讲者可以将演示文稿暂停、添加会议细节或即席反应，还可以在放映的过程中录下旁白。

3. 展台浏览

展台浏览方式是一种自动运行全屏放映的方式，如果在放映结束 5min 之内没有用户指令，则重新放映。观众可以切换幻灯片、单击超链接或动作按钮，但是不可以更改演示文稿。

下面介绍如何设置幻灯片放映方式。

1）打开“中国汽车数据发布.pptx”演示文稿，切换到“幻灯片放映”选项卡，如图 10-1 所示，在“设置”组中单击“设置幻灯片放映”按钮。

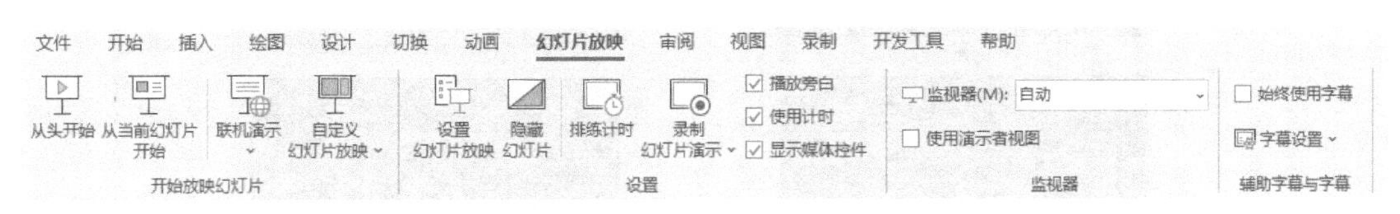

图 10-1 “幻灯片放映”选项卡

2）弹出“设置放映方式”对话框，在“放映类型”选项组中选择“观众自行浏览（窗口）”单选按钮。在“放映选项”选项组中勾选“循环放映，按 Esc 键终止”复选框，如图 10-2 所示，单击“确定”按钮。

3）按〈F5〉键进行放映，即可发现幻灯片会以窗口的形式进行放映，如图 10-3 所示。

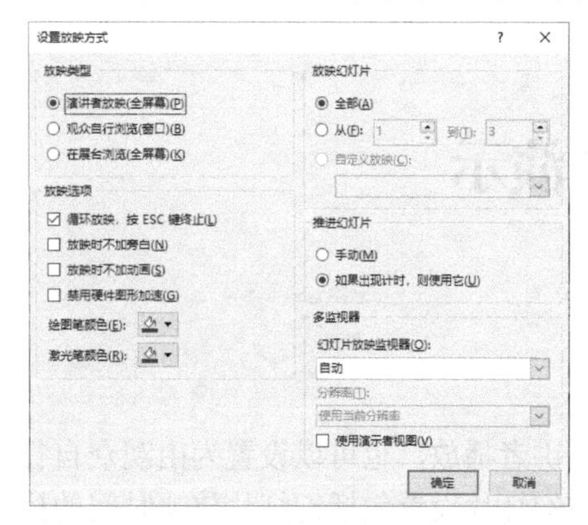

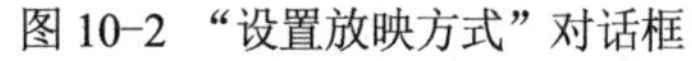
图 10-2 “设置放映方式”对话框

图 10-3 以观众自行浏览方式放映

10.1.2 隐藏幻灯片

在 PowerPoint 365 中，用户可以将不需要的幻灯片进行隐藏，隐藏后的幻灯片在播放时会被跳过，具体操作方法如下。

1）打开“中国汽车数据发布.pptx”演示文稿，选中要隐藏的幻灯片，切换到“幻灯片放映”选项卡。选择第 2 张幻灯片，然后单击“设置”组中的“隐藏幻灯片”按钮，如图 10-1 所示。

2）对幻灯片执行隐藏操作后，在幻灯片窗格中，该幻灯片的缩略图将呈灰度状态显示，编号上出现了一个斜线，表示该幻灯片已被隐藏，在放映过程中不会被放映，如图 10-4 所示。

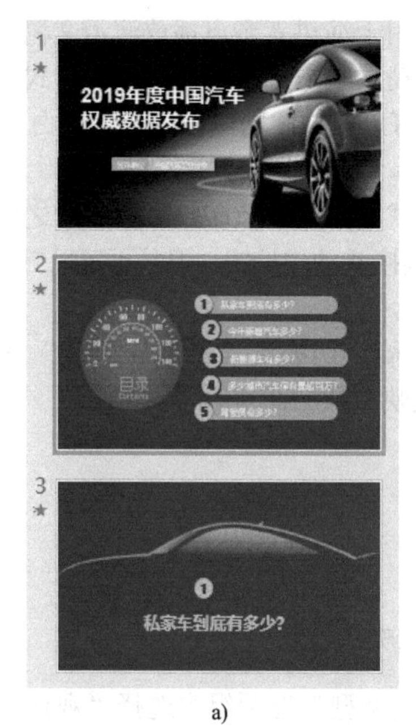

a)

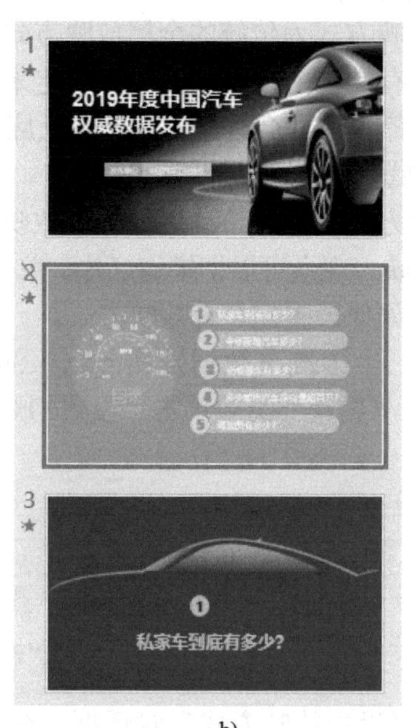

b)

图 10-4 隐藏幻灯片前后的缩略图对比

a) 隐藏前 b) 隐藏后

此外，还可以通过以下两种方式隐藏幻灯片。

方式一：在幻灯片窗格中，右击需要隐藏的幻灯片，在弹出的快捷菜单中选择“隐藏幻灯片”命令。

方式二：在幻灯片浏览视图模式下，右击要隐藏的幻灯片，在弹出的快捷菜单中选择“隐藏幻灯片”命令。

若要将隐藏的幻灯片显示出来，先将其选中，再单击“隐藏幻灯片”按钮，或右击隐藏的幻灯片，在弹出的快捷菜单中选择“隐藏幻灯片”命令，从而取消该命令的选中状态。

10.1.3 排练计时

排练计时就是在正式放映前用手动的方式进行换片，PowerPoint 365 能够自动把手动换片的节奏记录下来，如果应用这个节奏，那么以后便可以按照这个节奏自动进行放映，无须人为控制。排练计时的具体操作方法如下。

1）打开“中国汽车数据发布.pptx”演示文稿，切换到“幻灯片放映”选项卡。单击“设置”组中的“排练计时”按钮。

2）单击该按钮后，将会进入阅读视图，同时出现“录制”工具栏，如图 10-5 所示。

3）当放映时间达到 7s 后，单击鼠标，切换到下一张幻灯片，重复此操作。

4）到达幻灯片末尾时，出现计时结束的信息提示框，如图 10-6 所示，单击“是”按钮，以保留排练时间，下次播放时按照记录的时间自动播放幻灯片，单击“否”按钮，则放弃保留。

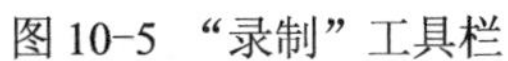
图 10-5 “录制”工具栏

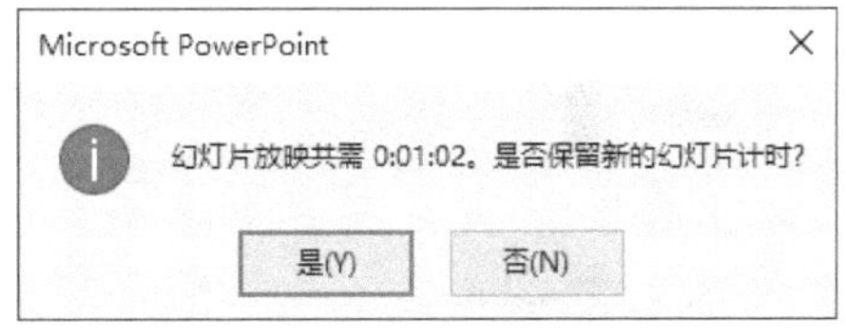

图 10-6 计时结束的信息提示框

10.1.4 录制旁白

如果要使用演示文稿创建更加生动的视频效果，那么为幻灯片录制旁白是一种非常好的选择，并且在录制过程中还可以随时暂停录制或继续录制。不过，在录制幻灯片旁白之前，一定要确保计算机中已安装声卡和麦克风，并且处于工作状态。

在幻灯片录制过程中，若要结束幻灯片放映的录制操作，只须在当前幻灯片上右击，然后在弹出的快捷菜单中选择“结束放映”命令即可。

具体操作方法如下。

1）打开“中国汽车数据发布.pptx”演示文稿，切换到“幻灯片放映”选项卡，选择第

2 张幻灯片，单击“设置”组中的“录制幻灯片演示”下拉按钮，在弹出的下拉列表中选择“从当前幻灯片开始录制”选项，如图 10-7 所示。

2）打开“录制幻灯片演示”对话框，取消选中“幻灯片和动画计时”复选框。单击“开始录制”按钮开始录制演示的幻灯片，如图 10-8 所示。

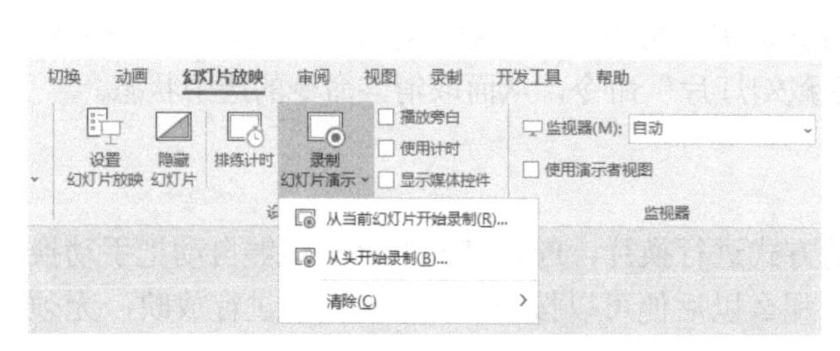

图 10-7　设置录制方式

图 10-8　“录制幻灯片演示”对话框

3）返回演示文稿的普通视图状态，第 2 张幻灯片中将会出现声音文件图标，如图 10-9 所示。单击该图标将会自动显示播放进度条，然后在其中单击“播放”按钮，即可收听录制的旁白。

4）如果在图 10-7 中选择“从头开始录制”选项，那么就会依据每一页的幻灯片录制相应的音频，录制完成后的缩略图如图 10-10 所示。

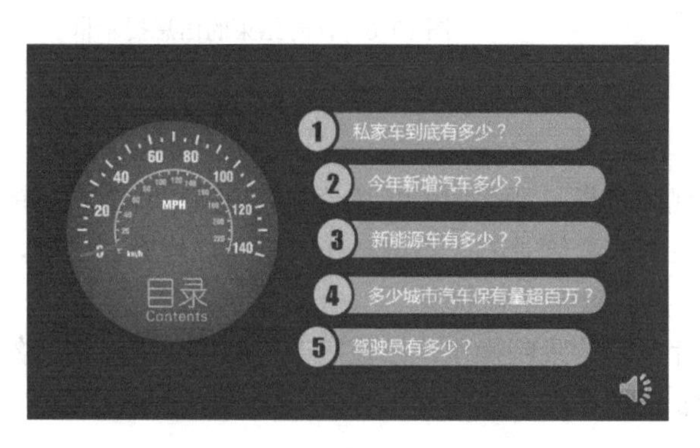

图 10-9　录制旁白后的声音图标

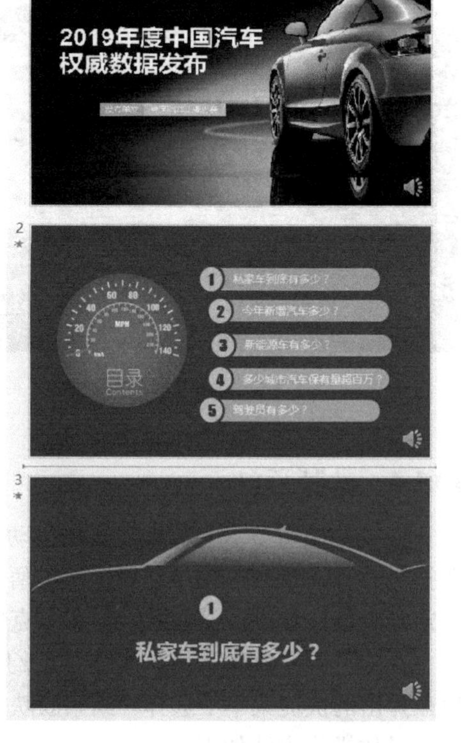

图 10-10　录制旁白后的缩略图

录制好旁白后，此后该演示文稿将按照录制旁白时的节奏进行自动播放。

如果要清除所录制的旁白与计时信息，可以通过在“录制幻灯片演示”下拉列表中的“清除”选项来实现，如图 10-7 所示。

在“清除”选项中还有 4 个选项，其作用介绍如下。

➢ 清除当前幻灯片中的计时：可清除当前幻灯片中的计时，即幻灯片中不再显示播放时间，但在放映时可以听到旁白。
➢ 清除所有幻灯片中的计时：可清除所有幻灯片中的计时，即幻灯片中不再显示播放时间，但在放映时可以听到旁白。
➢ 清除当前幻灯片中的旁白：可清除当前幻灯片中的旁白，同时幻灯片中的声音图标消失，此后放映演示文稿时，该幻灯片中不再有演讲者的旁白，但会根据录制旁白时的节奏自动放映。
➢ 清除所有幻灯片中的旁白：可清除所有幻灯片中的旁白，此后放映演示文稿时，这些幻灯片中不再有演讲者的旁白，但会根据录制旁白时的节奏自动放映。

10.1.5　手动设置放映时间

手动设置放映时间，就是逐一对各张幻灯片设置放映时间。手动设置放映时间的操作方法如下。

打开“中国汽车数据发布.pptx”演示文稿，选中要设置放映时间的某张幻灯片，切换到“切换”选项卡，在“计时”组的“换片方式”栏中勾选“设置自动换片时间”复选框，然后在右侧的微调框中设置当前幻灯片的播放时间，例如，将“设置自动换片时间”修改为“00:01.85:00”，如图 10-11 所示。使用相同的方法，分别对其他幻灯片设置相应的放映时间即可。

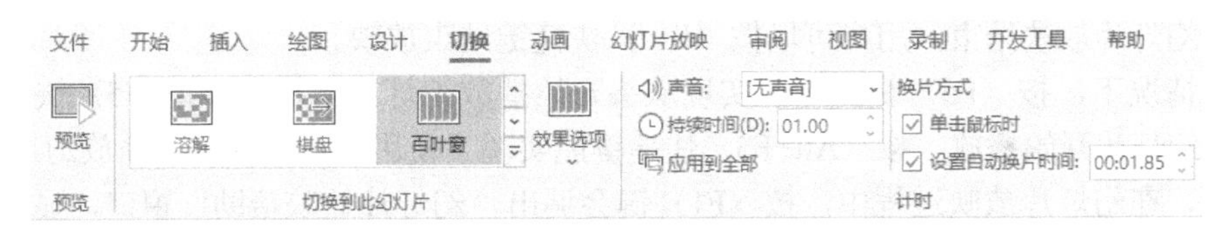

图 10-11　手动设置放映时间

对每张幻灯片都设置播放时间后，播放幻灯片时就会根据设置的时间进行自动放映。此外，设置完当前幻灯片的播放时间后，如果希望将该设置应用到所有的幻灯片中，则可以单击“计时”组中的“应用到全部”按钮。

10.2　放映幻灯片

设置好演示文稿的放映方式后，用户就可以对其进行放映了。在放映演示文稿时，用户可以自由控制，主要包括启动与退出幻灯片放映、控制幻灯片放映、添加墨迹注释、设置黑屏或白屏，以及隐藏或显示鼠标指针等，下面将详细介绍放映幻灯片的相关设置及操作方法。

10.2.1　启动幻灯片放映

在 PowerPoint 365 中，用户如果准备放映幻灯片，在 PowerPoint 工作界面的功能区中单击相应按钮即可实现，下面将介绍具体操作方法。

打开“中国汽车数据发布.pptx”演示文稿，切换到“幻灯片放映”选项卡，单击“开始放映幻灯片”组中的“从头开始”按钮，幻灯片即开始播放，如图 10-1 所示。

如果演示者在投影仪或者大屏电子屏幕上演示幻灯片，勾选“使用演示者视图”复选框。播放幻灯片时，投影仪或电子屏幕显示的画面如图 10-12a 所示，而演示者本人看到的画面如图 10-12b 所示。这种方式更加有利于演示者的发挥。PowerPoint 365 新增字幕功能，演示者的讲解可以呈现出多种语言的输出。

a)

b)

图 10-12 “使用演示者视图”播放幻灯片

a) 投影仪或电子屏幕显示的画面 b) 演示者看到的画面

在使用演示者视图时可以在备注里添加演示者需要讲解的信息，这些信息只有演示者本人能看到，而不会被观众看到。

如果幻灯片放映结束，用户可以按〈Esc〉快捷键结束放映。

通常情况下，按〈F5〉快捷键能实现从头开始播放幻灯片；按〈Shift+F5〉快捷键能实现从当前幻灯片开始播放；按〈Alt+F5〉快捷键能实现“使用演示者视图”播放幻灯片。

此外，在幻灯片放映过程中，按〈F1〉键会调出“幻灯片放映帮助”窗口，显示放映、排练、墨迹、触摸等状态下的技巧与快捷键，如图 10-13 所示。

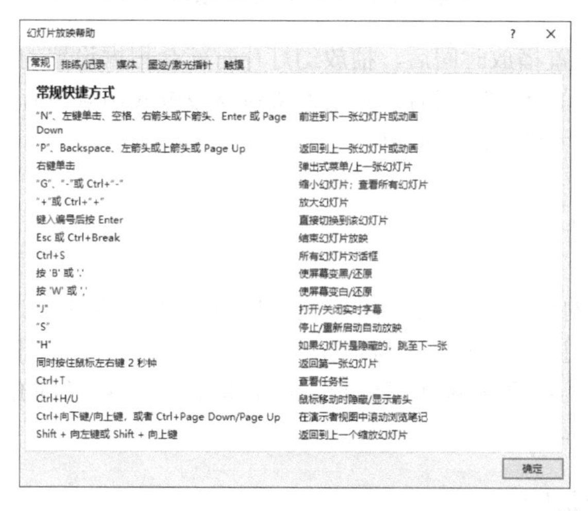

图 10-13 “幻灯片放映帮助”窗口

10.2.2　控制幻灯片的放映

在播放演示文稿时，用户可以根据具体情境的不同对幻灯片的放映进行控制，如播放上一张或下一张幻灯片、直接定位准备播放的幻灯片、暂停或继续播放幻灯片等操作。

要移动到下一张幻灯片，可以通过单击鼠标左键或按空格键、〈Enter〉键、〈N〉键、〈PageDown〉键、〈↓〉键、〈→〉键、鼠标右键实现，以及从快捷菜单中选择“下一张”命令，或者将鼠标指针移到屏幕的左下角，单击➡按钮实现。

要回到上一张幻灯片，可以通过按〈BackSpace〉键、〈P〉键、〈PageUp〉键、按〈↑〉键、〈←〉键，也可以从快捷菜单中选择“上一张”命令，或者将鼠标指针移到屏幕的左下角，单击⬅按钮。

在幻灯片放映时，如果要切换到指定的某一张幻灯片，右击并从快捷菜单中选择“定位至幻灯片”命令，然后在子菜单中选择目标幻灯片的标题。另外，如果要快速回转到第一张幻灯片，按〈Home〉键即可。

10.2.3　添加墨迹注释

在放映幻灯片时，如果需要对幻灯片进行讲解或标注，用户可以直接在幻灯片中添加墨迹注释，如圆圈、下画线、箭头或说明文字等，用以强调要点或阐明关系，下面将详细介绍添加墨迹注释的相关操作方法。

1）在幻灯片放映页面中，右击任意位置，在弹出的快捷菜单中选择“指针选项”命令，在弹出的子菜单中选择笔形，如选择“笔”，如图 10-14 所示。

2）在幻灯片页面中，拖动鼠标指针绘制标注或书写文字说明等，用户可以看到幻灯片页面上已经被添加了墨迹注释，如图 10-15 所示。

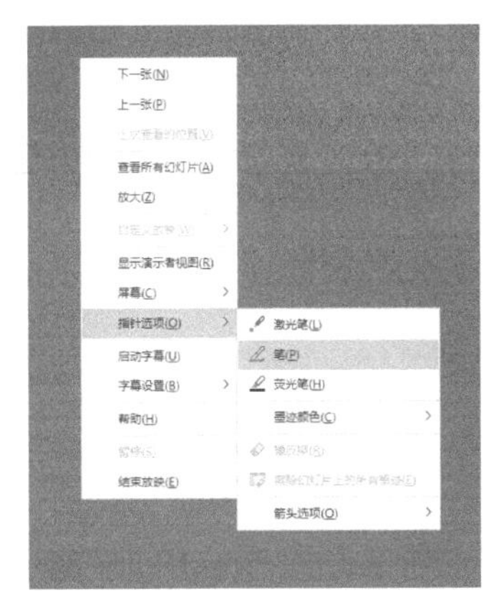

图 10-14　在“指针选项”子菜单中选择“笔”

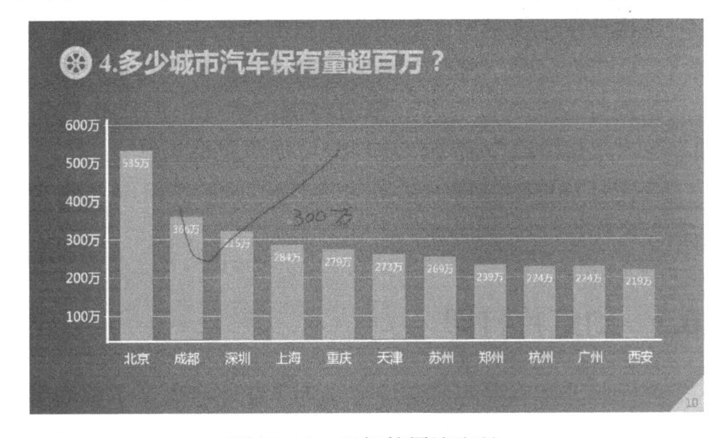

图 10-15　添加的墨迹注释

3）演示文稿标记完成后可以继续放映幻灯片，结束放映时，会弹出“Microsoft PowerPoint”对话框，询问用户是否保留墨迹注释，如图 10-16 所示。如果准备保留墨迹注释，可以单击“保留”按钮。

4）返回到普通视图中，用户可以看到添加墨迹注释后的效果，如图 10-17 所示。

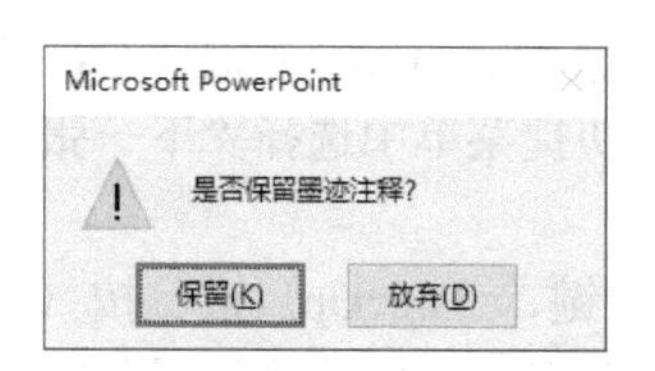

图 10-16　询问是否保留墨迹注释

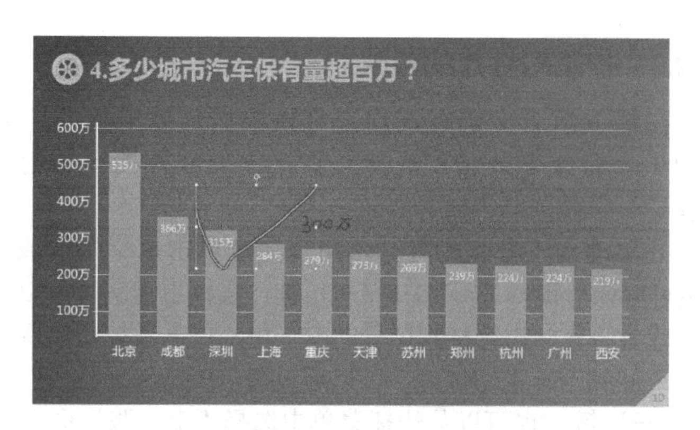

图 10-17　添加墨迹注释后的普通视图

10.2.4　设置黑屏或白屏

为了在幻灯片播放期间进行讲解，用户可以将幻灯片切换为黑屏或者白屏以转移观众的注意力。

黑屏的显示方式是在放映幻灯片时，右击任意位置，在弹出的快捷菜单中选择“屏幕”→“黑屏”命令，或者直接按〈B〉键或〈.〉键（句点）。按键盘上的任意键，或者单击鼠标左键，可以继续放映幻灯片。

白屏的显示方式是在放映幻灯片时，右击任意位置，在弹出的快捷菜单中选择“屏幕”→“白屏”命令，或者直接按〈W〉键或〈,〉键（逗号）。按键盘上的任意键，或者单击鼠标左键，可以继续放映幻灯片。

10.2.5　隐藏或显示鼠标指针

在播放演示文稿时，如果觉得鼠标指针出现在屏幕上会干扰幻灯片的放映效果，用户可以将鼠标指针隐藏，再在有需要时通过设置再次将鼠标指针显示。

在幻灯片放映页面中，单击右键，在弹出的快捷菜单中选择“指针选项”→“箭头选项”→“永远隐藏”命令，这样即可隐藏鼠标指针。

在幻灯片放映过程中，按〈Ctrl+H〉和〈Ctrl+A〉组合键，分别能够实现隐藏和显示鼠标指针操作。

10.3　幻灯片打印

在一些非常重要的演讲场合，为了让与会人员了解演讲内容，通常会将 PowerPoint 演示文稿内容打印在纸张上做成讲义。在打印演示文稿前需要进行一些设置，包括页面设置和打印设置等。

10.3.1　页面设置

在打印幻灯片前，应先调整好页面大小以纸张类型，以及设置幻灯片的打印方向等，具体方法如下。

1）在 PowerPoint 中切换到“设计”选项卡，单击“自定义”组中的“幻灯片大小”的下拉按钮，在下拉列表中选择“自定义幻灯片大小”选项，如图 10-18 所示。

2）弹出“幻灯片大小”对话框，在“幻灯片大小”下拉列表框中设置幻灯片大小，在右侧的“方向”选项组中设置幻灯片的方向，设置完成后单击“确定”按钮，如图 10-19 所示。

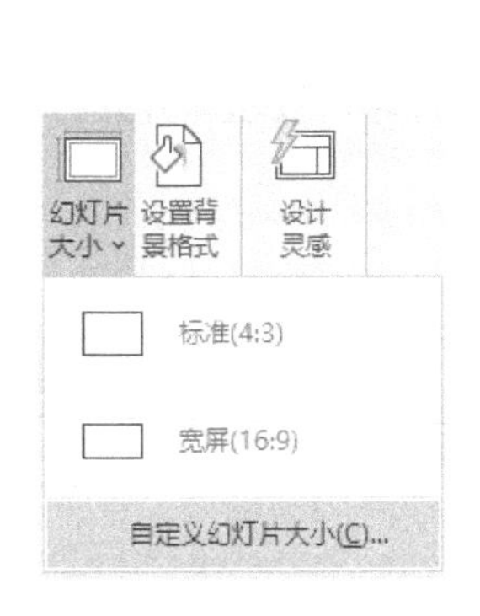

图 10-18　选择“自定义幻灯片大小”选项

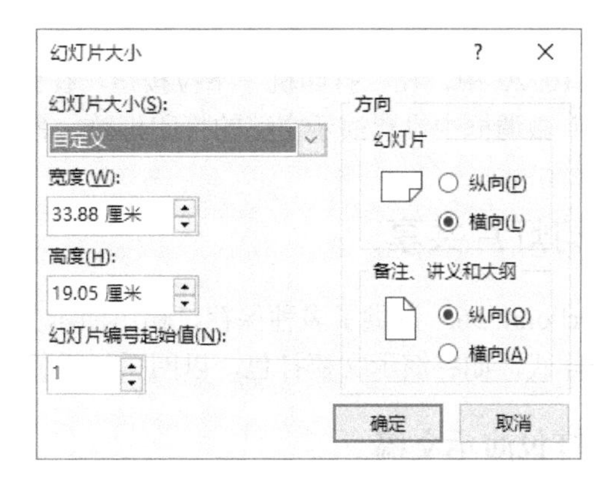

图 10-19　设置幻灯片大小

10.3.2　打印设置

在打印演示文稿前，可以进行打印的相关设置，如设置打印范围、色彩模式、打印内容和版式等。

1）打开制作完成的演示文稿，执行“文件”→“打印”命令，在“设置”选项组中设置打印范围，这里选择“打印全部幻灯片”，如图 10-20 所示。

2）在“设置”选项组中单击默认显示的“整页幻灯片”下拉按钮，在弹出的下拉列表中可以选择打印内容和版式，这里选择“讲义”中的“2 张幻灯片”选项，如图 10-21 所示。

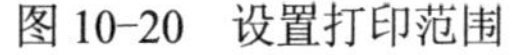

图 10-20　设置打印范围

图 10-21　设置打印版式

3）在“设置”选项组中单击默认显示的“颜色”下拉按钮，在弹出的下拉列表中可以选择打印颜色，分别有“颜色”“灰度”和“纯黑白”3 种，这里选择“纯黑白”选项。

4）设置完成后，可以在右边窗口中预览打印效果。

10.3.3 打印演示文稿

所有设置工作完成后，就可以开始打印演示文稿了，具体方法如下。

在图 10-20 中，在“打印机”下拉按钮，在弹出的下拉列表中选择当前使用的打印机。在“份数”微调框中设置演示文稿的打印份数，最后，单击“打印”按钮即开始打印。

10.4 幻灯片共享

PowerPoint 365 提供了多种保存、输出演示文稿的方法。用户可以将制作的演示文稿输出为多种样式，如将演示文稿打包，以网页、文件的形式输出等。

10.4.1 打包演示文稿

要在没有安装 PowerPoint 的计算机上运行演示文稿，需要 Microsoft Office PowerPoint Viewer 的支持。默认情况下，在安装 PowerPoint 时，将自动安装 PowerPoint Viewer，因此可以直接使用将演示文稿打包成 CD 的功能，从而将演示文稿以特殊的形式复制到可刻录光盘、网络或本地磁盘驱动器中，并在其中集成一个 PowerPoint Viewer，以便在任何计算机上都能进行演示。

1）打开“中国汽车数据发布.pptx”演示文稿，执行“文件”→“导出”→“将演示文稿打包成 CD”命令，如图 10-22 所示，单击“打包成 CD”按钮，弹出“打包成 CD”对话框，如图 10-23 所示。

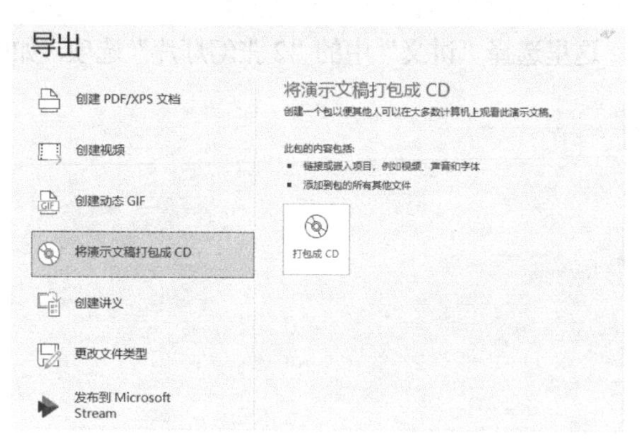

图 10-22 将演示文稿打包成 CD

2）单击“选项”按钮，弹出“选项”对话框，如图 10-24 所示，用户可以根据需要进行相应的设置，单击“确定”按钮。

3）单击“复制到 CD”按钮，弹出提示信息框，单击“是”按钮，根据提示，待演示文稿打包完后即可。

注意：单击“复制到 CD”按钮前需要在计算机上安装刻录机，如果没有，可以单击“复制到文件夹”按钮实现文件的打包。

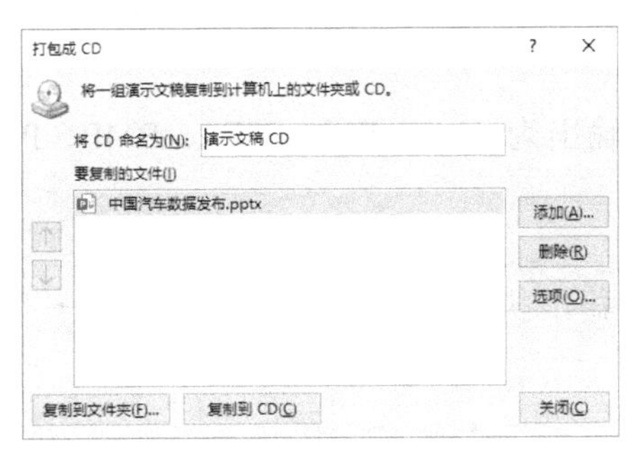

图 10-23 “打包成 CD”对话框

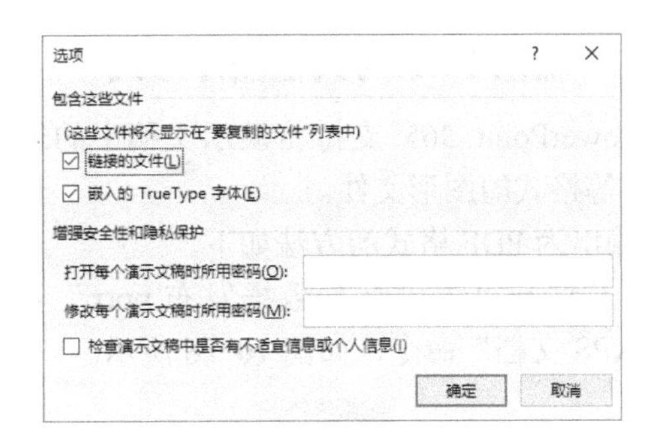

图 10-24 “选项”对话框

10.4.2 输出视频

PowerPoint 365 支持将演示文稿中的幻灯片输出为 mp4 格式的视频。

1）打开“中国汽车数据发布.pptx”演示文稿，执行“文件”→“导出”→“创建视频”命令，如图 10-25 所示。

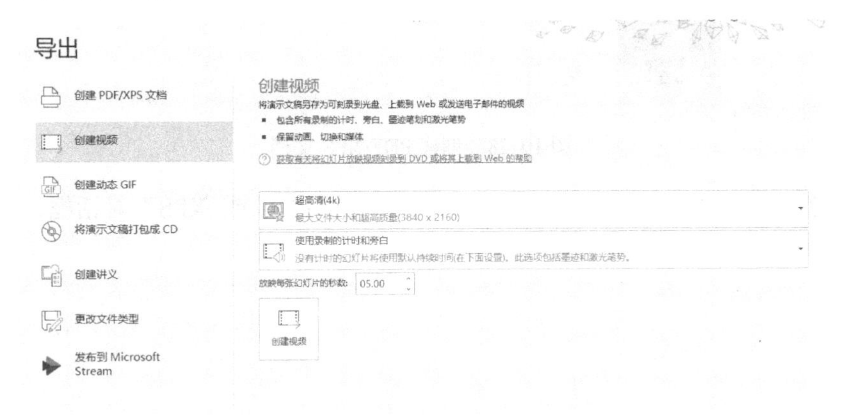

图 10-25 创建视频

2）单击“创建视频”按钮，弹出“另存为”对话框，如图 10-26 所示，默认的保存类型为 mp4，在“保存类型”下拉列表中选择所需的视频类型，例如 wmv 格式，如图 10-27 所示。

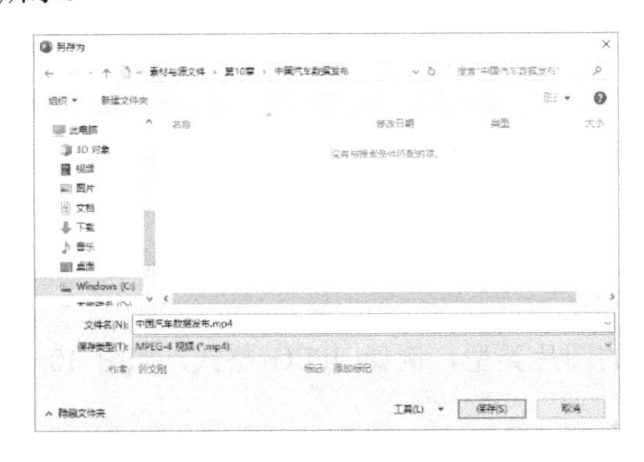

图 10-26 “另存为”对话框

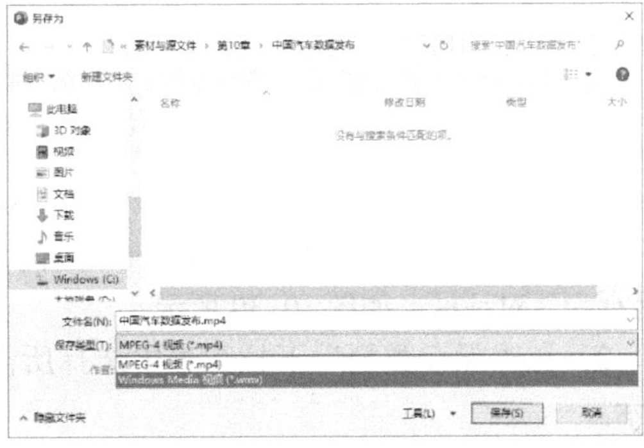

图 10-27 选择保存类型

10.4.3 输出 PDF 与其他图片形式

PowerPoint 365 支持将演示文稿中的幻灯片输出为 GIF、JPG、TIFF、BMP、PNG、WMF 等格式的图形文件。

输出为 PDF 格式的方法如下。

1）打开“中国汽车数据发布.pptx”演示文稿，执行“文件”→“导出”→“创建 PDF/XPS 文档”命令，如图 10-28 所示。

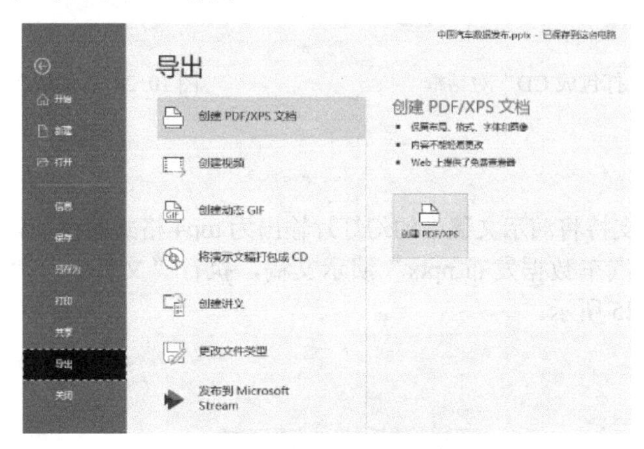

图 10-28 创建 PDF/XPS 文档

2）单击“创建 PDF/XPS”按钮，弹出“发布为 PDF 或 XPS”对话框，如图 10-29 所示。

图 10-29 发布为 PDF 或 XPS

输出为图片格式的方法如下。

1）打开“中国汽车数据发布.pptx”演示文稿，执行“文件”→“另存为”命令，弹出“另存为”对话框，如图 10-30 所示。

2）在“保存类型”下拉列表中选择所需的图片类型，例如 JPEG 格式，如图 10-31 所示。

3）单击“保存”按钮，弹出提示信息框，单击“每张幻灯片”按钮，然后单击“确定”按钮即可完成将 PPT 输出为图片。

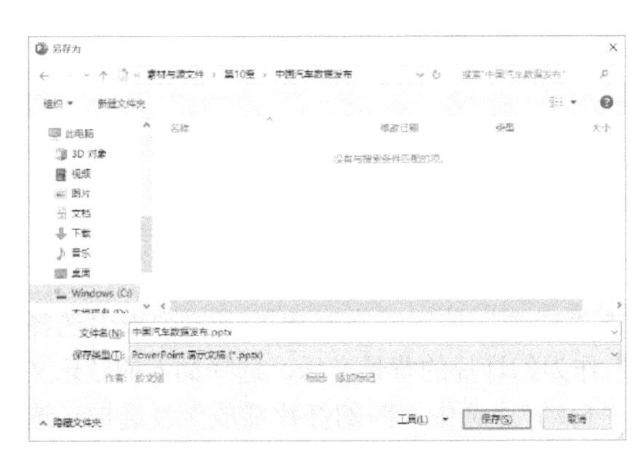

图 10-30 “另存为”对话框

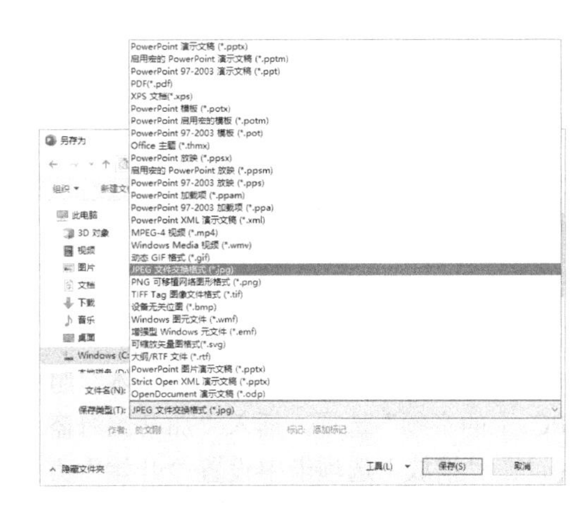

图 10-31 选择图片类型

10.5 案例：数字大屏幕 PPT 演示

某组织要联合旅游企业在南京某酒店举行“互联网+智慧旅游产业高峰论坛”，酒店会场中央的数字大屏是一块宽高比为 4∶1 的数字大屏幕，现在为会议制作一个展示用的 PPT。

具体步骤如下。

1）启动 PowerPoint 365，在 PowerPoint 中切换到“设计”选项卡，单击“自定义”组中的“幻灯片大小”的下拉按钮，选择“自定义幻灯片大小”选项。

2）弹出“幻灯片大小”对话框，在“幻灯片大小”下拉列表框中设置幻灯片大小，自定义宽度为 80cm，高度为 20cm。

3）设置背景图片为“风景 1.jpg”，页面效果如图 10-32 所示。

图 10-32 设置背景图片

4）插入用户所需的文本信息，页面效果如图 10-33 所示。

图 10-33 插入文本信息后的效果

5）复制刚刚做好的幻灯片，修改为不同的背景图片后，页面效果如图 10-34 所示。

图 10-34　修改背景图片后的页面效果

6）在“插入”选项卡的“媒体”组中单击“音频”按钮，在弹出的下拉列表中选择“PC 上的音频”选项，插入“加勒比海盗.mp3”作为幻灯片的背景音乐，选择插入的音乐文件，在“播放”选项卡中设置“开始”方式为“自动”，选中“跨幻灯片播放”复选框，选中“循环播放，直到停止”复选框，单击“在后台播放”按钮，如图 10-35 所示。

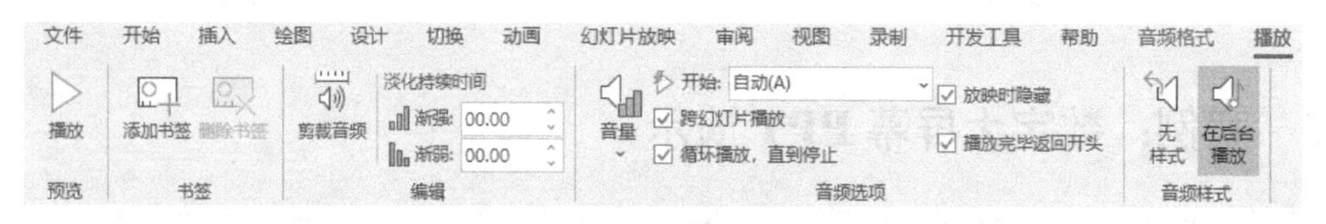

图 10-35　音频的播放设置

7）在“切换”选项卡中，单击“应用到全部”按钮，设置切换方式为“传送带”，设置“设置自动换片时间”为“00:10.00”（10s），如图 10-36 所示。

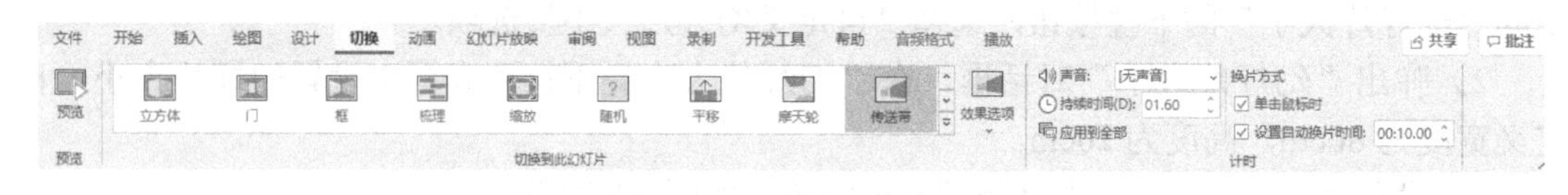

图 10-36　设置切换效果

8）最终，在会场播放效果如图 10-33 所示。

10.6　拓展训练

中国体育科学学会与中国知网联合主办的“第二届全民健身网络知识竞赛”即将举办启动仪式，会场中央的数字大屏是一块宽高比为 3∶1 的数字大屏幕，现在为会议制作一个展示用的 PPT。制作的参考效果如图 10-37 所示。

图 10-37　参考效果

第 11 章 综 合 实 战

11.1 综合案例 1：教学设计课件设计

11.1.1 案例介绍与技术分析

11-1 教学设计课件展示

《酒店预订》PPT 是信息化教学设计比赛中英语课程国赛一等奖的作品，除了严谨的结构，独出心裁的教学设计，使用的教学课件也是逻辑与美感并存。这个演示文稿大胆地使用了黑白配色，大气的图片，灵动的动画，同时运用了平滑切换。

1. 实例演示

这份 PPT 一共 42 个幻灯片 68 个画面，采用图片叠底，使用幻灯片背景填充的字幕条，让每一页的内容灵动地展现，利用不规则的视频形状打破常规，PPT 课件展示如图 11-1 所示。

a)

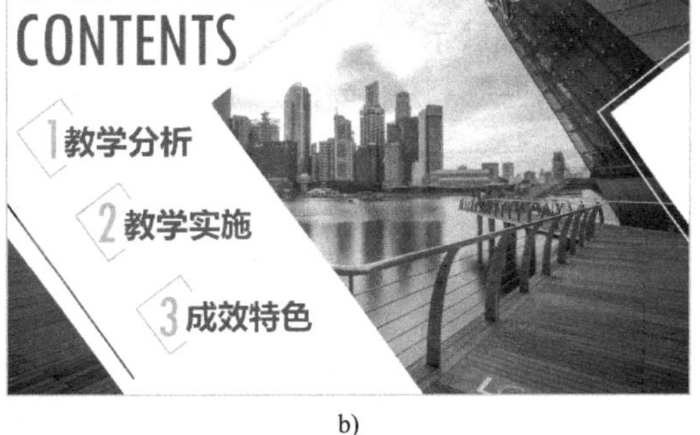

b)

c)

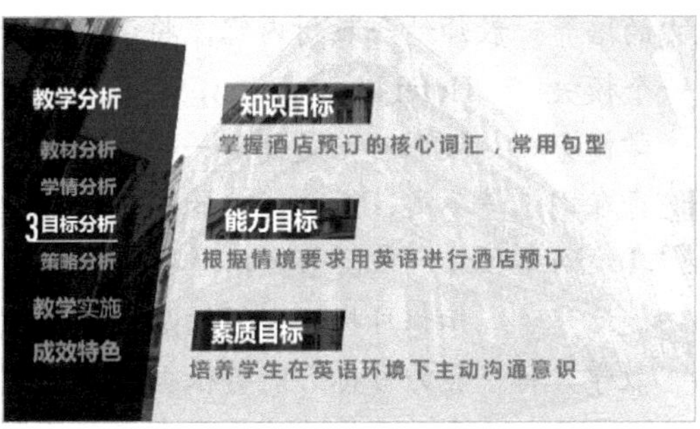

d)

图 11-1 《酒店预订》PPT 课件展示

a) 封面 b) 目录 c) 教材分析 d) 教学目标

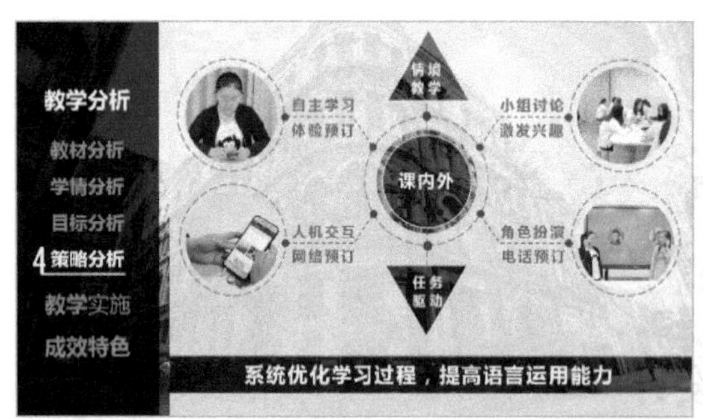

e)

f)

g)

h)

图 11-1 《酒店预订》PPT 课件展示（续）

e) 教材策略 f) 课前自学 g) 教材策略 h) 封底

2. 说课稿展示

说课稿也是十分重要的，下面是《酒店预订》的说课稿内容。

------------------------------ 说课稿 ------------------------------

《酒店预订》的说课稿

【汇报提纲】教学分析——教学过程——成效特色

一、教学分析

课程分析 《大学英语》是非英语专业学生的一门公共基础课。课程设置依据《高职高专教育英语课程教学基本要求》，遵循“实用为主”的原则，侧重学生英语实际运用及交际能力的培养。教师结合教材内容，将课程设计为八个主题情境。本次课选自酒店服务情境的第一个模块——Hotel Reservation，旨在训练学生英语环境下预订酒店的能力。

学情分析 授课对象是高职一年级学生。平台上的学习记录显示，学生个体差异较大，普遍存在词汇量不足、听说能力弱的情况。通过课前问卷调查发现，学生对酒店预订不甚了解；喜欢网络预订，但面临生词障碍；对电话预订口语表达又缺乏信心。

教学目标 知识目标：掌握酒店预订的核心词汇、常用句型。
能力目标：能够根据情境要求用英语进行酒店预订。
素质目标：培养学生在英语环境下的主动沟通意识。

教学重点 掌握酒店预订的核心词汇、常用句型。

教学难点 掌握口语表达造句技巧、规范语音语调。

教学时数　7 学时（一次课）

教学流程　按照课前、课中、课后三个阶段设置教学内容，要求学生先后完成英语环境下的网络预订和电话预订任务。

教学手段　利用云课程教学平台、微信公众号“微软小英”、Ctrip App、欧路词典 App、Airbnb App 等多种信息化手段打造智慧课堂。

教学组织　根据课前学情分析，因材施教，将学生分为 A 组（培优组）和 B 组（达标组）；并按照组别发放难易不同的任务，实现差异化学习。

教学方法　通过情境教学法、任务驱动法优化教学过程；通过自主学习、小组讨论、人机交互、角色扮演等形式组织具体教学活动。

二、教学过程

本次课分为课前体验、课中学练以及课后延伸三个阶段。学生课前完成网络预订任务，课中完成电话预订任务，课后完成拓展预订任务。

（一）课前体验

课前，两组学生在平台上收到难易不同的情境任务，按要求使用 Ctrip App 进行网络预订。学生在操作过程中利用“欧路词典”屏幕取词，扫除生词障碍；软件精准收录生词，打造专属生词本，同时智能推送相关词汇训练，帮助学生实现个性化自主学习，在做中学、学中做。随后，教师通过平台发布词汇测试任务；结果显示，A、B 两组学生成绩良好。至此，我们在课前解决了核心词汇这一教学重点。

（二）课中学练

课中分为两个阶段。

阶段一：网络预订任务总结

各小组代表简要阐述预订该酒店的理由；教师点评过程中进行 Ctrip 示范操作，同时对预订流程和相关词汇进行梳理和总结，帮助学生内化知识。该过程使学生展示、教师演示更加生动、直观，有效激发学习兴趣。

阶段二：电话预订任务实施

传统口语学习注重背诵固定句型，语音语调问题难以解决。因此，借助信息化资源和手段，通过“视听训练”“口语强化”“会话模拟”三个子任务帮助学生有效实现语言的“输入”“加工”“输出”。

子任务 1 视听训练

A、B 两组学生在移动终端上完成云课程平台推送的难易不同的视听任务。学生可以自由控制播放进度，满足不同听力水平学生的个体需求。通过“预订单填写”练习引导学生关注电话预订中的“基本要素”；教师利用云课程平台的智能管理功能，动态追踪学生学习过程，并针对学生任务完成情况进行答疑，同时帮其总结出电话预订的共性要素 TTP 和个性要素 S，即 type of room，time of checking，personal information，special requirements。为了帮助学生理解要素，通过补全对话练习，引导学生总结出针对共性要素的基本句型以及针对个性要素的特殊句型。教师讲解利用关键词造句的技巧，帮助学生灵活造句，摆脱死记硬背，从而有效解决常用句型这一教学重点。

子任务 2 口语强化

针对学生发音不标准、难以出口成句的问题，引入智能语伴——“微软小英”。学生在“口语特训”中聆听、跟读、模仿句子发音，规范语音语调。在“情境模拟”中聆听问句，并根据关键词说出答句，有效强化造句技巧。软件即时反馈、即时纠错，改变了传统口语教学中教师分身乏术的情况，极大提高了口语训练的效率，有效解决教学难点。

子任务 3 会话模拟

学生根据 A、B 组各自的情境任务要求，小组讨论，进行角色扮演。学生依据各组评分标准，通过平台进行组间互评，有效改善了传统课堂上部分同学开小差的问题，促进学生间相互学习、共同提高。最后，教师根据学生综合表现进行点评，A 组学生表达更加流畅标准，B 组学生表达更加完整清晰。该环节鼓励学生主动参与、主动思考、主动实践，从而培养了学生在英语环境下主动沟通的意识。

（三）课后延伸

“今年暑假想去洛杉矶体验冲浪吗？想去好莱坞参观日落大道吗？来精彩纷呈的 Airbnb App，为自己说走就走的旅行预订舒适又便宜的住所吧！”

课后拓展部分，教师要求学生登录 Airbnb App 任选一项文化体验活动，并根据活动时间及地点就近选订一处住所；学生进行模拟预订，并将沟通过程上传至教学平台。

教师通过课程平台监控功能查阅拓展作业，追踪学生拓展任务完成情况。

拓展任务既巩固预订知识、强化听说技能，又使学生真正做到活学活用，感受沟通成功的喜悦。

三、成效特色

特色 1：因材施教，将学生分为培优组和达标组，发布不同任务，实施差异化教学。

特色 2：利用云课程平台动态追踪学习过程，实现学习效果的随时监控，适时评价，有效督学。

特色 3：基于智能移动端、专用学习软件等多种信息化资源，打造智慧化课堂。

1）Ctrip App 和 Airbnb App 可让学生在真实网络预订平台上体验情境。

2）欧路词典 App 帮助学生智能打造专属生词本，精准推送训练，满足学生个性化学习需求。

3）微软小英公众号帮助学生掌握造句技巧，规范语音语调，培养主动沟通意识，提升口语表达自信。

随着一带一路战略的深化，我国将继续加深国际合作与交流。借助信息技术强大力量，推动英语教学改革，培养具有涉外交际能力的高技能人才，是我们不懈努力的方向。

-- 结束 --

解析：通过上述内容可以看出，说课稿分块制作，按照汇报提纲来书写，语言精练，串接得当。

3. 教学过程流程图

说课稿是教学设计讲解的核心内容，流程图可以清晰反映整个教学过程。教学过程流程图如图 11-2 所示。

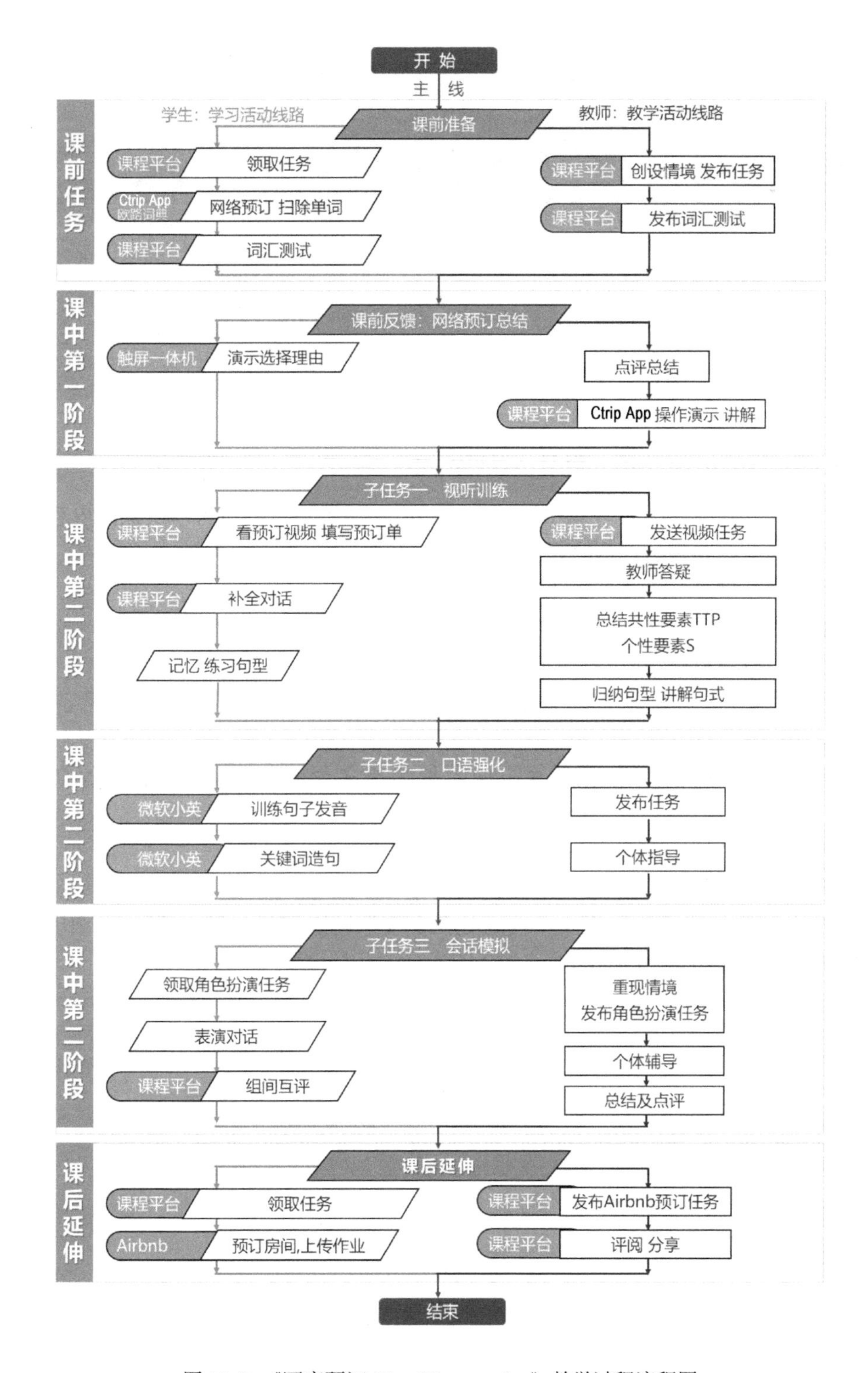

图 11-2 《酒店预订 Hotel Reservation》教学过程流程图

依据说课稿和教学过程流程图，《酒店预订》PPT 课件主要由片头、封面、目录、内页、片尾和封底构成，如图 11-3 所示。

片头
开场引题，自然过渡
酒店预订
Hotel Reservation
封面
CONTENTS
教学分析
教学实施
目录
内页
片尾
Thank you !
封底

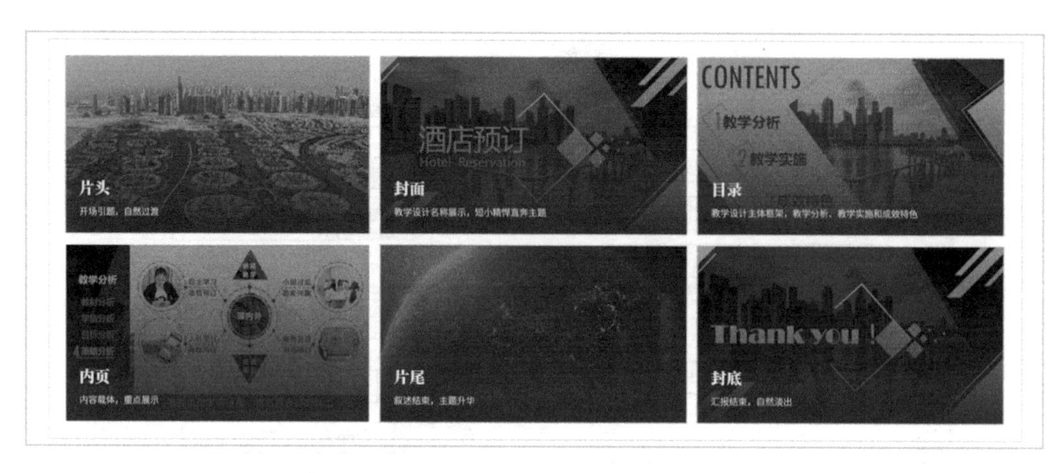

图 11-3 《酒店预订》课件构成

片头的作用：简洁导入，开场引题，自然过渡，通过短视频引入本次课的内容，使观看者快速地进入到作者要表达的内容之中。

封面的作用：展示教师需要汇报的标题，直截了当。

目录的作用：展示教师课件划分的几个模块，本教学设计 PPT 的模块一般为教学分析、教学过程、成效特色。

内页的作用：内页就是教师教学内容的展示页面，内容的展示需要遵守简约、聚焦的原则。

封底的作用：封底就是汇报结束页面，教师通常会在上面展示“恳请各位专家评委批评指正”。

片尾的作用：片尾的作用更多的是升华主题。

4. 导航展示

教学设计 PPT 与普通教学 PPT 不同之处在于教学设计 PPT 导航更清晰，《酒店预订》课件的导航结构设计如图 11-4 所示。

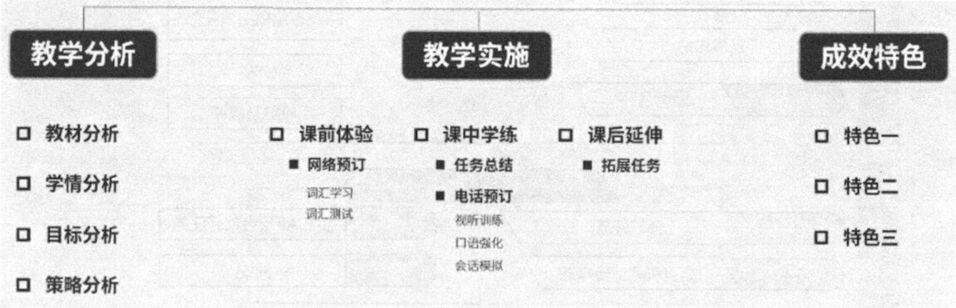

教学分析
教学实施
成效特色
教材分析
学情分析
目标分析
策略分析
课前体验
网络预订
词汇学习
词汇测试
课中学练
任务总结
电话预订
视听训练
口语强化
会话模拟
课后延伸
拓展任务
特色一
特色二
特色三

图 11-4 《酒店预订》课件导航结构设计

在此分析的基础上，设计的 PPT 课件的模板如图 11-5 所示。

作品中内页导航的设计，利用倾斜的色块作为导航内容的载体，通过字体颜色的变化确定焦点。其中较重要的一页是教学过程中课前、课中、课后的展示，这是教学过程的核心。

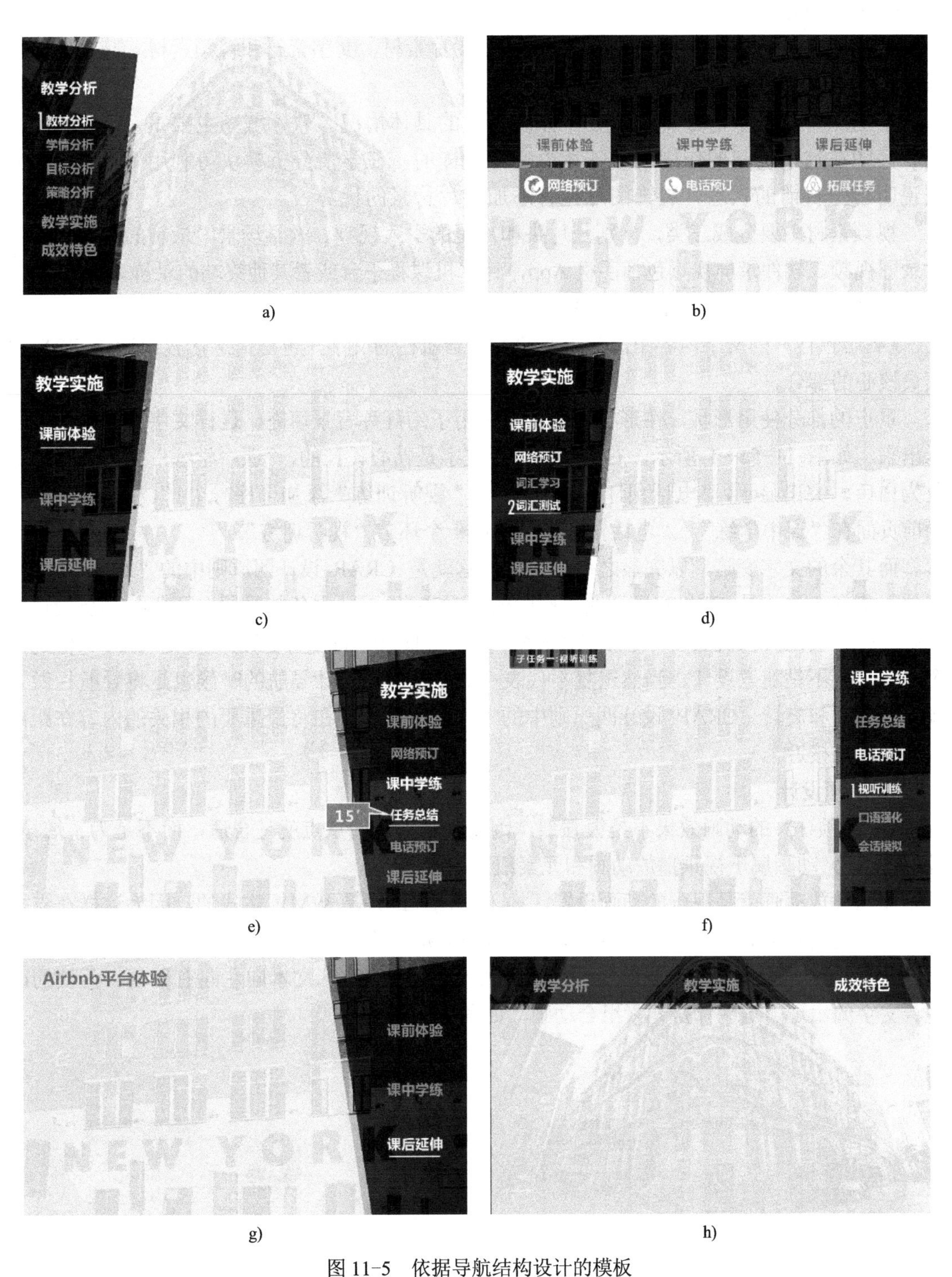

图 11-5　依据导航结构设计的模板

a) 教学分析模板　b) 教学过程模板　c) 课前体验模板　d) 词汇测试模板　e) 任务总结模板　f) 视听训练模板　g) 课后延伸模板　h) 成效特色模板

5. 素材展示

教学设计作品的课件主要包括三类素材：图片素材、文字素材和视频素材。其中图片素材又分学生照片、软件截图、装饰图片等。

学生照片用于学情分析的部分，介绍学生的具体情况。软件截图主要是 App 截图，App 截图在这里所起的作用就是陈述事实。同样的，在学情分析模块可利用 PC 端口的截图说明学生目前的状态。装饰图片具有添加图片背景的优势。

视频素材主要分成三类，分别是片头和片尾的引入视频、教学场景中录制的视频以及软件录屏视频。软件录屏视频包括手机 App，计算机课程平台或者其他终端的录屏。

6. CRAP 设计四原则下的文字素材

《酒店预订》的文字内容中比较重要的就是导航栏的文字，也是信息化教学设计 PPT 里面最核心的部分。

重点的部分使用形状，在形状的基础上采用了幻灯片背景填充，这样文字就会很好地展示出来。如图 11-5e～f 所示，右侧导航部分文字是精心设计的，“课中学练”字体加粗，颜色为白色，突出显示，“电话预订”字号缩小，“视听训练”添加了序号“1”和线条，表示当前页面在“课中学练”-“电话预订”中的第一个环节“视听训练”。

而其余的文字变暗，以突显之前的字体，这就是 CRAP 设计四原则中的“对比”；文字摆放很整齐，这就是 CRAP 设计四原则中的“对齐”；页面主色就是黑白两色，导航设计黑色底，内容放在白色块上面，这就是 CRAP 设计四原则中的“重复”，重复是将 PPT 作为一个整体，而不是随意设计，当然重复不代表一成不变，在设计导航的时候也是将导航栏做了倾斜、移动和旋转。CRAP 设计四原则中的“亲密性”体现在将最重要的相关的内容在距离上和视觉上接近。

7. 动画设计

《酒店预订》的动画效果不是很强烈，因为动画设计的重点就是合适，而不是为了炫技。《酒店预订》动画属于视频播放动画和元素组合动画。

视频播放动画就是视频的动画设置，插入的视频最好是 WMV 格式的，因为这样在支持视频播放的低版本 PPT 中也可以播放，如图 11-6 所示。

元素组合动画就是除了视频之外的动画设计，比如 TTP 文本向左向右移动、色块的出现、文字的出现，这些都是元素组合动画，如图 11-7 所示。

图 11-6　视频播放动画

图 11-7　元素组合动画

图 11-8 中为视频播放动画。图 11-9 中为元素组合动画，将播放动画、出现动画、强调动画、退出动画、路径动画组合起来使用。

图 11-8 视频播放动画应用

图 11-9 元素组合动画应用

11.1.2 技术实现与视频示范

11-2 课件制作技术分析

1. 封面、封底、片头、片尾的制作

封面主要由图片、文字和形状构成。图片设置为全屏放置并且添加了一层黑色的蒙版，文字也添加了阴影，颜色选取图片的颜色作为装饰，形状有矩形、平行四边形，以及矩形框，如图 11-1a 所示。

技术要点：图片裁剪比例全屏、形状相交剪除、形状透明度设置和渐变色块。

技术实现过程请扫描二维码自行学习。

11-3 封面封底片头片尾的制作

2. 目录与导航页的制作

目录分析：目录是三段式的效果展现，可以发现目录中序号的颜色和封面的颜色一致，半封闭框也和封面线框的设计相同。将目录中的元素进行拆分，画面是由图片、形状和文字三个部分组成。

本例中的主目录与导航页效果如图 11-10 所示。

图 11-10 主目录与导航页效果

技术实现过程请扫描二维码自行学习。

11-4 目录页实例操作演示

3. 内容页导航设计制作

导航分析：内容页很多，而且页面中有很多重复的部分。其中，背景有两张图片，教学分析部分使用蓝色调的图片，在教学实施部分使用的是复古风格的图片；标题使用了统一的字体；图片设置为幻灯片背景填充，

黑色半透明色块是标题的承载区域，白色透明色块作为内容的承载区域，通过倾斜一定的角度和改变区域面积来区分不同的内容。

本例中的主要内容页导航效果如图 11-11 所示。

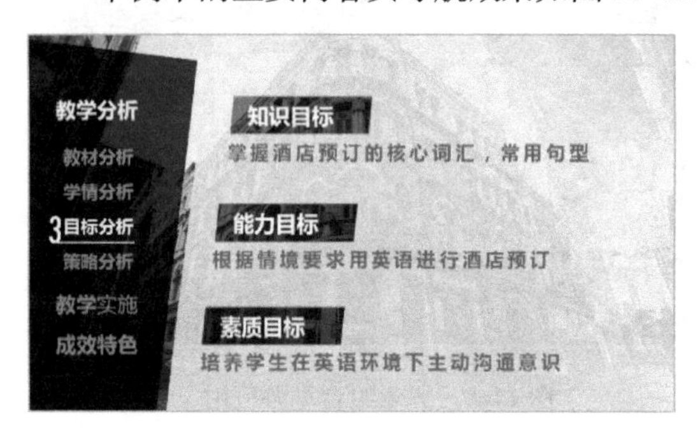

图 11-11　内容页导航效果

技术实现过程请扫描二维码自行学习。

11-5　内容页设计制作

4. 文字的设计编排

文字分析：文字是课件必不可少的元素，对于文字可以通过添加项目符号、设置字体粗细、背景叠加或者形状修饰等突出文字内容，辅助文本编排。例如，教学分析中目标分析的两个开放式形状与文字的组合，英文文字与中文文字的和谐搭配。

本例中的文字编排效果如图 11-12 所示。

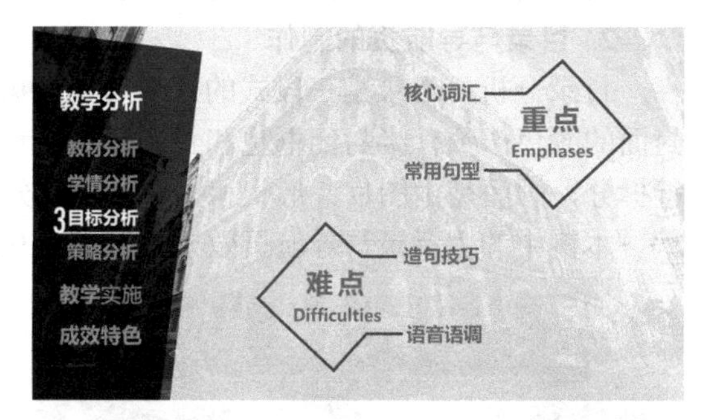

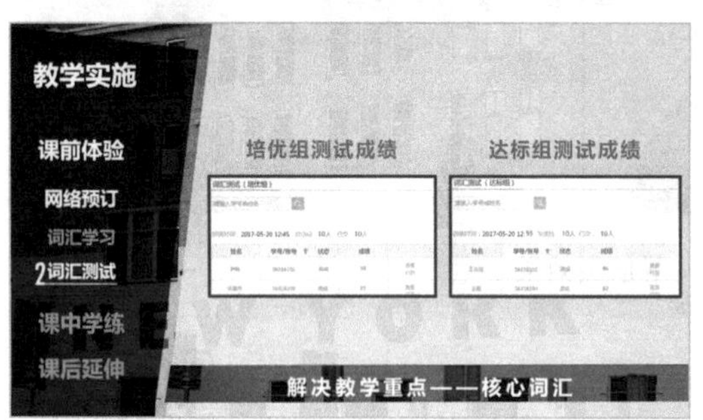

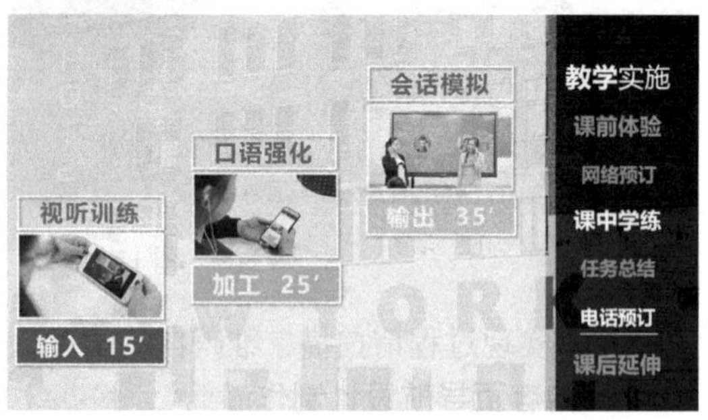

图 11-12　文字编排效果

技术实现过程请扫描二维码自行学习。

11-6　文字的设计编排

5. 图片的选用与处理

图片分析：图片在教学课件中比较常用，例如课程标准与教材的展示图片，手机和计算机的截图，学生照片和软件图标的展示。图片的选用标准主要是高度清晰、形象直观，当然，也要对图片进行二次加工，例如添加边框、智能抠图、样式设置和形状改变。图片效果的设置可以增强图片的辨识度，形状的改变可以让课件变得更灵活。

本例中图片应用的效果如图 11-13 所示。

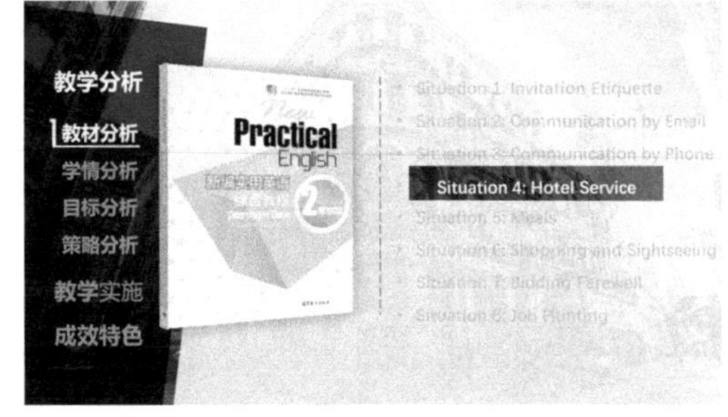

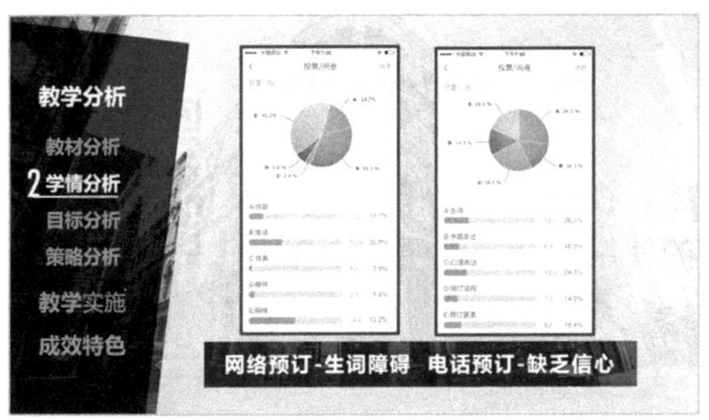

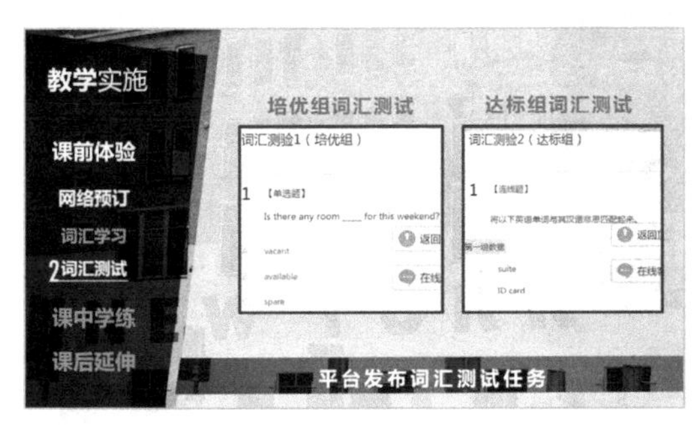

图 11-13　图片应用的效果

技术实现过程请扫描二维码自行学习。

6. 视频的样式与设置

视频分析：因为视频的独特观赏性，所以在说课课件中必不可少，主要应用在教学过程展示、信息技术展示和构建趣味的情景中。例如，将视频裁剪成 1∶1 的比例、改成圆形或者六边形等形状、设置边框和阴影和剪裁视频时间都可以通过 PPT 进行快速设置。

11-7　图片的选用与处理修改

本例中视频应用的效果如图 11-14 所示。

图 11-14　视频应用的效果

技术实现过程请扫描二维码自行学习。

11-8　视频的样式与设置

7. 教学说课课件动画设计

动画分析：课件中的动画主要应用在视频播放、视频的进入和退出、文字或者形状的路径调节和图片切换。了解动画的使用场合，以便设计合适的动画效果。

本例中的动画应用的效果如图 11-15 所示。

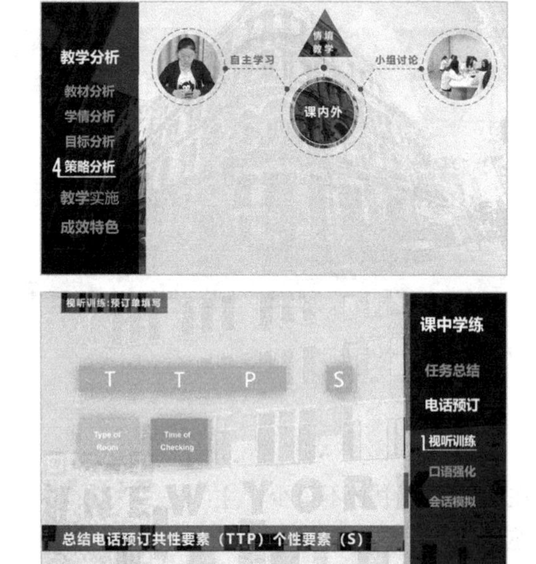

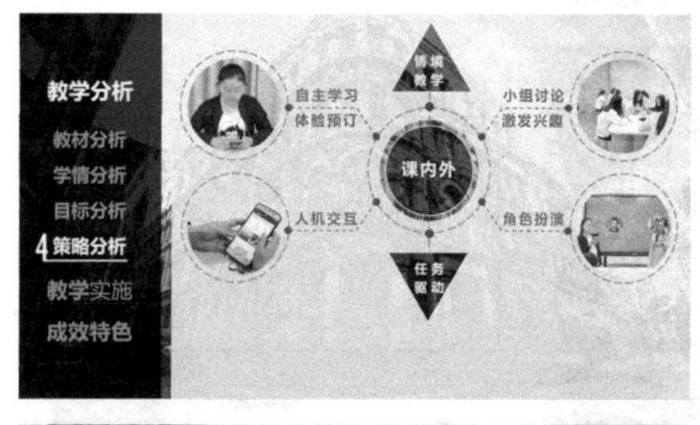

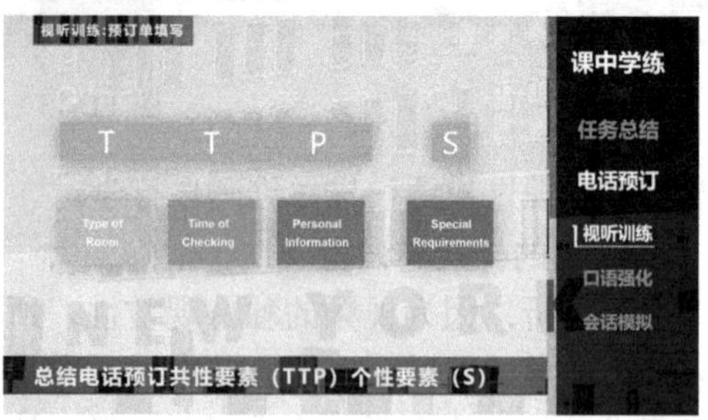

图 11-15　动画应用的效果

技术实现过程请扫描二维码自行学习。

11-9 教学说课课件动画设计

8. 神奇的平滑动画

切换分析：页面之间的切换效果比较常见，本课件使用了 PowerPoint 365 最新的切换功能，即平滑切换。平滑切换可实现从一张幻灯片到另一张幻灯片的平滑移动动画效果。若要有效地使用平滑切换，两张幻灯片至少需要一个共同对象，最简单的方法就是复制幻灯片，然后将第二张幻灯片上的对象移到其他位置，接着再对第二张幻灯片应用平滑切换。

本例中平滑动画应用的效果如图 11-16 所示。

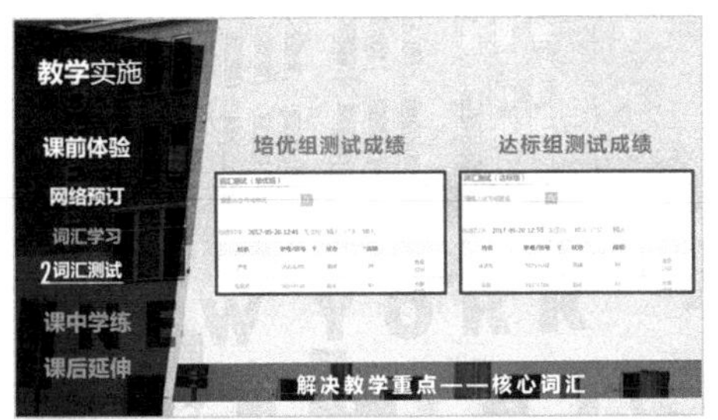

图 11-16　平滑动画应用的效果

技术实现过程请扫描二维码自行学习。

11-10 神奇的平滑

11.1.3　技能拓展

1. 同类型作品赏析

以下是对《青霉素类药物构效关系的分析》与《手机消费市场调查与分析》两个教学设计 PPT 的具体分析。

教学设计 PPT 页面效果如图 11-17 所示。

a)

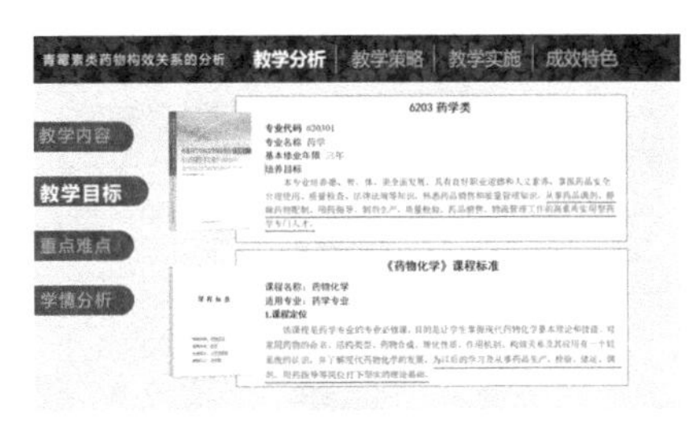

b)

图 11-17　教学设计 PPT 页面效果

a) 封面 1　b) 教学分析 1

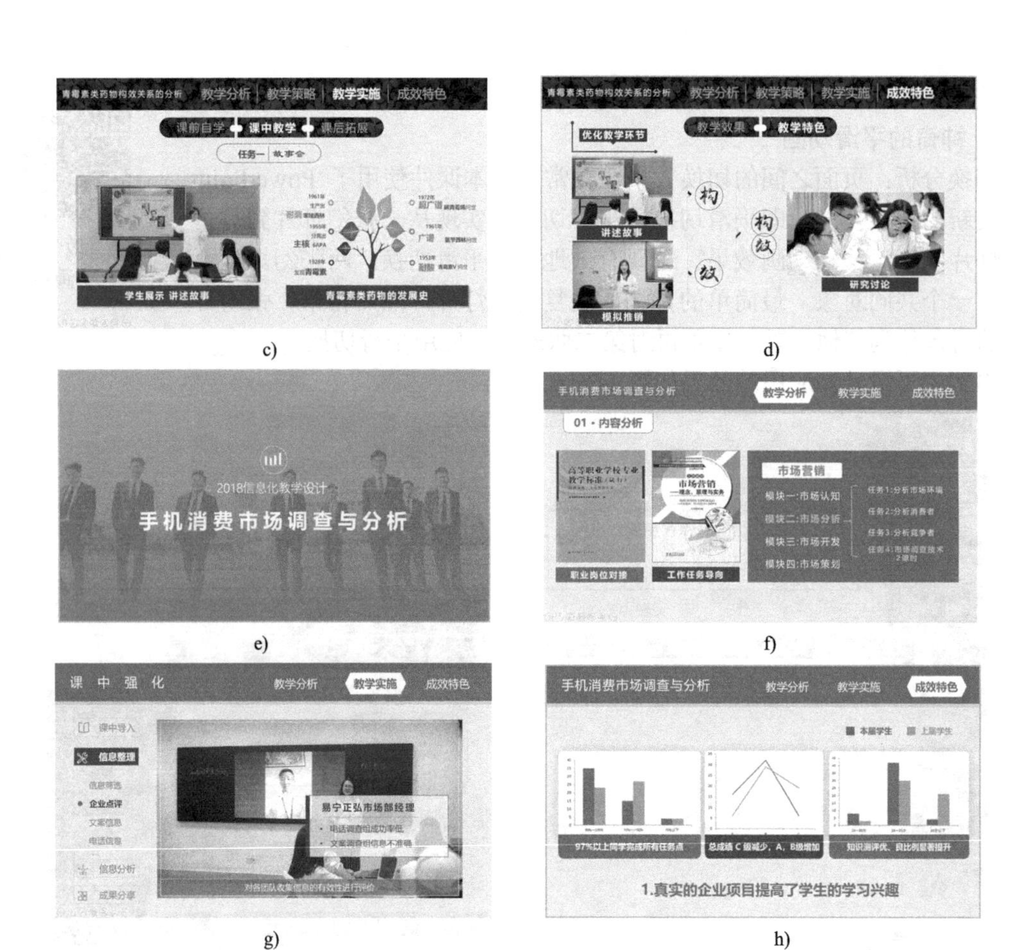

图 11-17　教学设计 PPT 页面效果（续）

c) 课中教学 1　d) 教学特色 1　e) 封面设计 2　f) 教学分析 2　g) 课中教学 2　h) 教学特色 2

技术实现过程请扫描二维码自行学习。

11-11　同类型作品赏析

2. 图表的设计制作

图表分析：从上面的案例中可以发现图表出现频率较高。直接插入的图表样式简单，没有美感，数据不突出，所以就要对图表进行艺术加工，如改变颜色、优化图例、设置样式和动画设计，都会让图表的展示变得更有吸引力。

图表设计页面效果如图 11-18 所示。

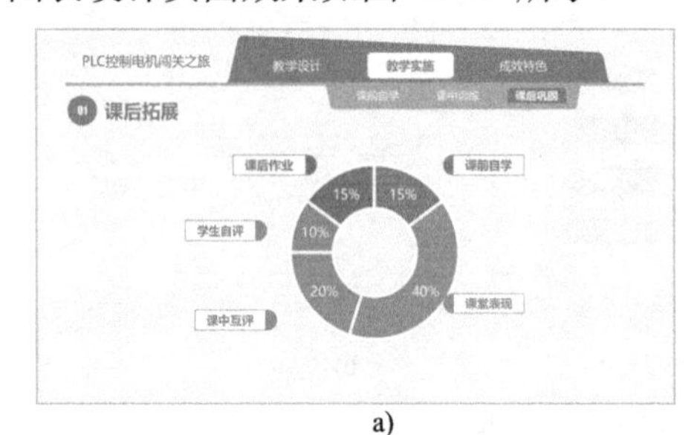

a)

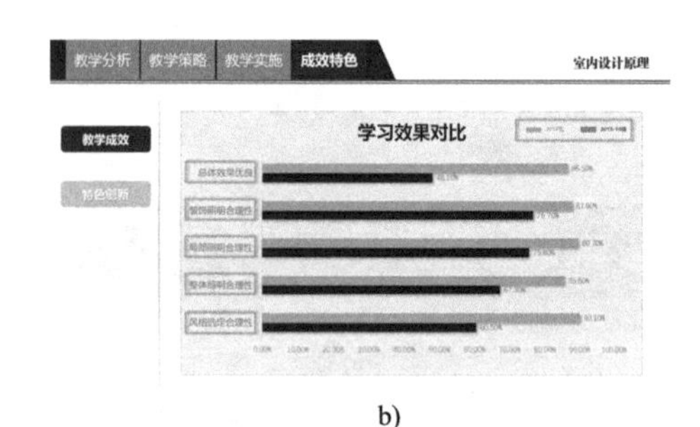

b)

图 11-18　图表设计页面效果

a) 饼图　b) 条形图

技术实现过程请扫描二维码自行学习。

3. 拓展工具的使用

工具分析：PPT 内置的或者外部下载的插件都可以有效地帮助课件设计，如自带的墨迹公式。OneKey 插件在课件中使用得也比较频繁。

其他常用的拓展工具如图 11-19 所示。

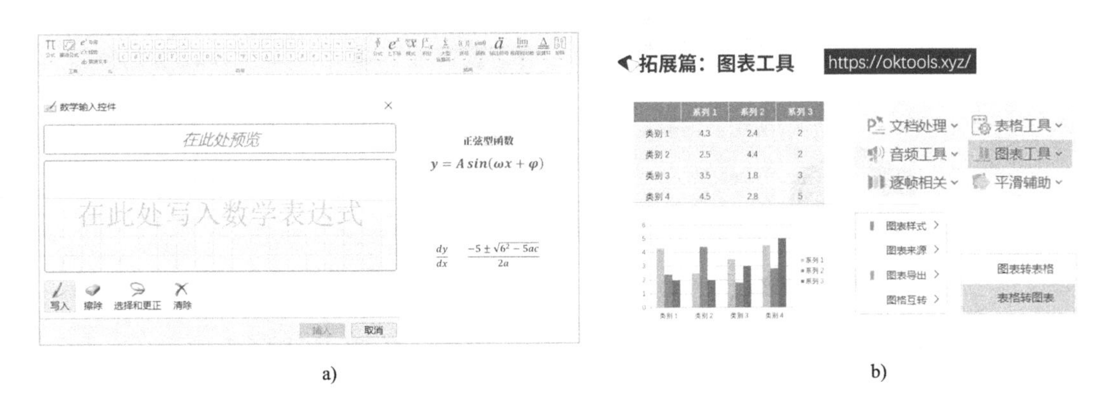

a)　　b)

图 11-19　其他常用拓展工具

a) 墨迹公式　b) OneKey 插件

技术实现过程请扫描二维码自行学习。

11-12　拓展工具的使用

11.2　综合案例 2：微课课件制作

11.2.1　案例介绍与展示

汽车工程学院的刘老师讲授《汽车理赔》课程，她想利用收集的视频和图片素材开发一个微课，将这些资料做成一份课堂教学用的 PPT。通过问题导入、知识讲授及案例分析，让学生深刻理解并运用汽车保险理赔知识。

本实例属于教学课件类 PPT，其主要目的是帮助学生更好地融入课堂，运用 PPT 演示文稿，将抽象的概念具象化，运用多媒体技术将枯燥的讲授形式生动化。

教学课件类 PPT 的受众为学生，年龄跨度小，个性强，因此，制作此类 PPT 时要考虑学生个性及心理特点。依照这个设计思路，设计的 PPT 色彩以清淡为主，质感以简洁扁平的图形为主，文字精练，教学框架严谨，内容生动活泼。

本案例教学过程以问题导入、知识讲授、案例分析为主线，逐步展开教学内容，因此适合用罗列式框架。

最终的课件效果如图 11-20 所示。

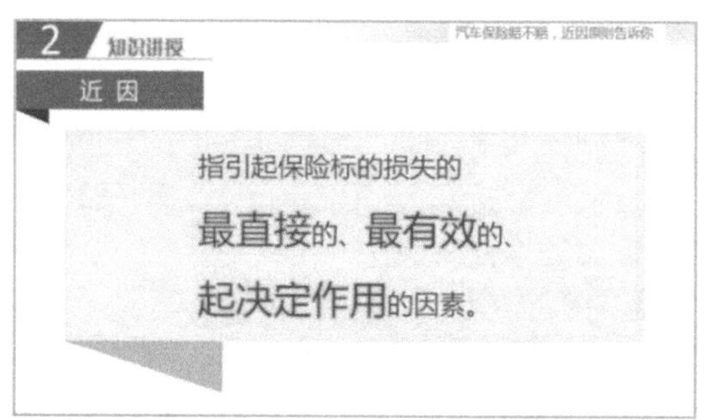

图 11-20 《汽车理赔》课程课件效果

11.2.2 动画分析

下面介绍关于动画制作的 3 个基本原则。

1. 自然原则

自然原则指的是在制作动画时，遵照事物本来的发展或变化规律，使其符合人们对事物的认识。

自然原则在 PPT 动画中的表现是：任何动作都是有原因的，任何动作与其前后的动作、周围的动作都是有关联的。在制作 PPT 动画时，对象本身、周围环境、前后关系、PPT 背景以及 PPT 演示环境的协调都是需要考虑的因素。

常见的自然原则如下。

- 球形物体运动时往往伴随着旋转或弹跳。
- 两个物体相撞时会发生反弹。
- 由远及近时，物体由小到大，反之亦然。

● 场景的更换最好是无接缝效果。
● 立体对象变化时，阴影往往也随之变化。
● 物体的运动一般是不匀速的，常常伴随着加速、减速、暂停及特写等效果。

2. 适当原则

动画必须与 PPT 演示的环境相吻合。此外，过多的动画会冲淡主题，动画效果少则使 PPT 演示不生动。动画应做到强调适度，轻重结合。总之，动画需要因人、因地、因用途而变，才能收到应有的效果。

3. 创意原则

如果说动画是 PPT 的灵魂，创意则是动画的灵魂。动画之所以精彩，根本就在于创意。

11-13 汽车保险赔不赔制作

11.2.3 进入动画

1. 封面与内容页 1 的动画设计

进入动画是 PowerPoint 中最常用的动画效果，主要运用在幻灯片中对象出现的动画效果，是一个从无到有的过程。针对本项目图 11-20a～b 介绍进入动画。

封面动画设计：在介绍完课题后出现“赔不赔？”这三个字和一个标点符号，如图 11-21 所示。

内容页 1 动画设计：在播放完视频后出现“保险公司会不会赔偿？”文本，如图 11-22 所示。

图 11-21 封面动画设计

图 11-22 内容页 1 动画设计

2. 封面的制作过程

1）新建 PowerPoint 文件，页面设置默认为 16∶9，插入主题相关图片。

2）插入矩形、直角三角形并调整大小并移动到左侧，作为文字底层色块，设置形状填充为深蓝纯色填充，线条颜色为“无线条”。

3）插入矩形，调整大小并移动到上方，输入文字“《汽车理赔》”。设置形状填充为白色纯色填充，线条颜色为“无线条”，字体为微软雅黑，字号为 16，字体颜色为深蓝。

4）插入标题文本“汽车保险赔不赔？近因原则告诉你！”。设置字体为微软雅黑，字号为 54，字体颜色为白色、黄色，加阴影。效果如图 11-23 所示。

5）插入六边形，旋转 90°，设置形状填充为无填充，线条颜色为白色实线，线型宽度为 3 磅。

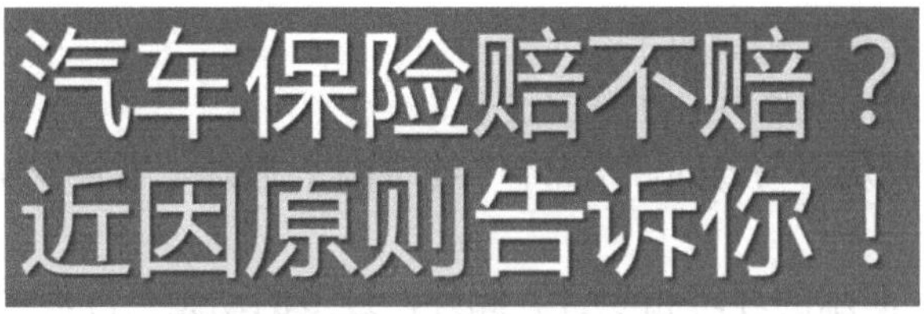

汽车保险赔不赔？
近因原则告诉你！

图 11-23　添加并设置标题文本

6）插入文本“赔不赔？”，设置字体为微软雅黑，字号为 24，字体颜色为白色。

3. 封面页的动画制作

框选六边形及内部文字，在“动画”选项卡中，选择“淡出”动画，如图 11-24 所示，对象可在放映中单击鼠标后出现。

图 11-24　设置动画效果

4. 内容页 1 的制作过程

1）插入矩形□、直角三角形◺、直线╲，调整大小并移动到左上侧，输入文字。设置图形形状填充为深蓝纯色填充，线条颜色为“无线条”；设置直线线条颜色为深蓝色实线，线型宽度为 0.75 磅。

2）插入素材文件夹中的视频（《开车并不难》保险篇车陷“苦海”千万别打火.wmv）。

3）插入矩形□，矩形内输入文字“保险公司会不会赔偿？”。设置形状填充为深蓝纯色填充，线条颜色为“无线条”，字体为微软雅黑，字号为 20、36，文本填充颜色为白色、黄色，加阴影，文字效果如图 11-25 所示。

保险公司会不会赔偿？

图 11-25　添加文字后的效果

5. 内容页 1 的动画制作

1）选中下方矩形，切换到“动画”选项卡，在“动画”组中单击“其他”按钮，在下拉列表中选择“更多进入效果”选项。

2）在弹出的“更改进入效果”对话框中选择“细微型”中的“缩放”动画，此时可以在编辑窗口预览动画效果。

11.2.4　叠加动画及时间控制

1. 内容页 2 与内容页 3 的动画设计

内容页 2 动画设计：在上一页播放视频后单击依次出现原因一、原因二、原因三模块，并强调，如图 11-26 所示。

内容页 3 动画设计：先出现名词，随后出现名词解释，如图 11-27 所示。

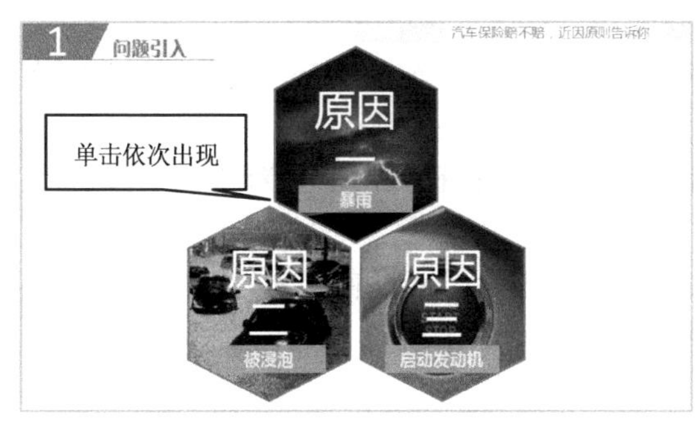

图 11-26　内容页 2 动画设计

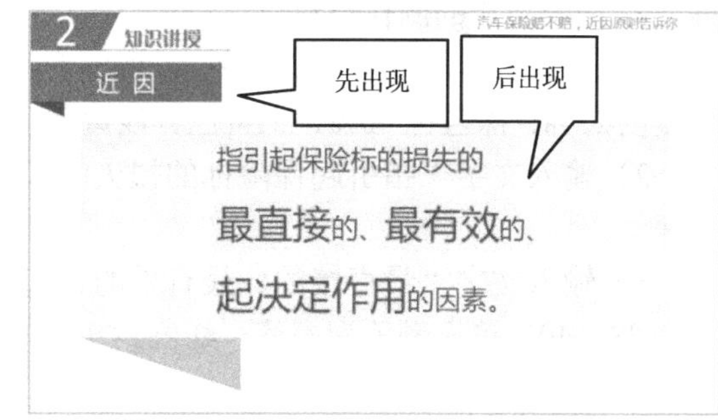

图 11-27　内容页 3 动画设计

2. 内容页 2 的制作过程

1）插入六边形⬡，并旋转 90°，设置形状填充为“图片或纹理填充”，并选择合适的图片填充，线条颜色为深蓝实线，线型宽度为 2 磅或者将图片裁剪成形状，设置边框为深蓝、线宽为 2 磅，调整大小及位置。

2）在六边形中插入文字（原因一　暴雨、原因二　被浸泡、原因三　启动发动机）。

3）将每个原因对应的图片选中，在选中对象内右击，在弹出的快捷菜单中选择“组合”命令，重复两次，将每个原因对应的图片组合成三组。

3. 内容页 2 中的动画制作

1）选中原因一的组合，切换到“动画”选项卡，在选项卡中选择“淡出”进入动画效果。

2）单击“添加动画”按钮，在弹出的下拉列表中选择“脉冲”强调动画。

3）单击“动画窗格”按钮，打开“动画窗格”面板，如图 11-28 所示。

4）选择“动画窗格”面板中第二个动画并右击，选择“从上一项开始”命令，如图 11-29 所示。

5）设置完原因一的组合动画后，双击“动画”选项卡中的“动画刷”按钮 动画刷，鼠标将变成刷子样式，对原因二、原因三的组合动画使用动画刷，刷完后单击空白处即可。

图 11-28　“动画窗格”面板

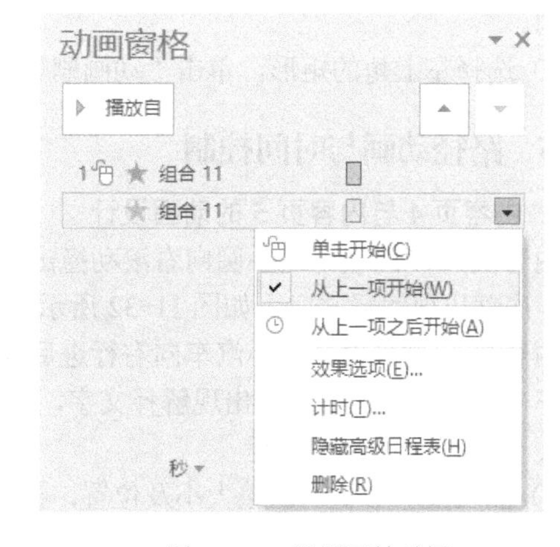

图 11-29　设置开始时间

动画刷类似于格式刷，就是将源动画对象的参数信息复制到其他动画对象，单击“动画刷”按钮可以刷一次，双击“动画刷”按钮可以刷多次。

4. 内容页 3 的制作过程

1）插入平行四边形▱和矩形□，调整形状大小和位置。设置纯色填充，填充颜色分别为深蓝色 25%、深蓝色 50%、土黄色、浅黄色，线条颜色为无线条。

2）输入文字“指引起保险标的损失的”。设置字体为微软雅黑，字号为 28，填充颜色为深蓝。

3）输入文字“最直接的、最有效的、起决定作用的因素。”。设置字体为微软雅黑，字号为 28、40，填充颜色为深蓝、红色。文本效果如图 11-30 所示。

5. 内容页 3 的动画制作

1）选择左上方深蓝色平行四边形和矩形，设置进入动画为“擦除”。

2）选中平行四边形，单击“效果选项”按钮，在下拉列表中选择“自右侧”。选中矩形，单击“效果选项”按钮，设置擦除方向为“自左侧”，如图 11-31 所示。

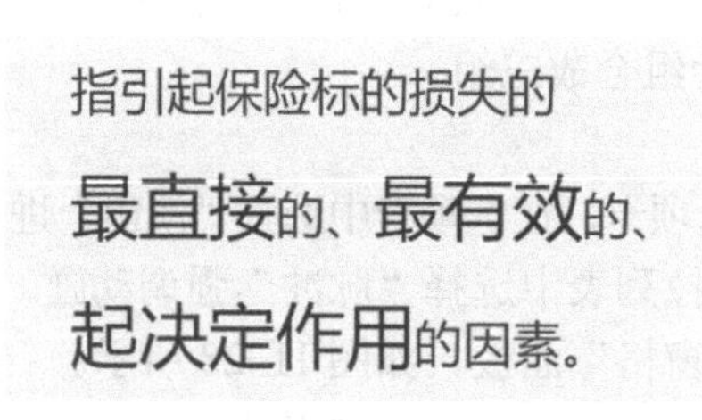

图 11-30　页面三输入文字效果

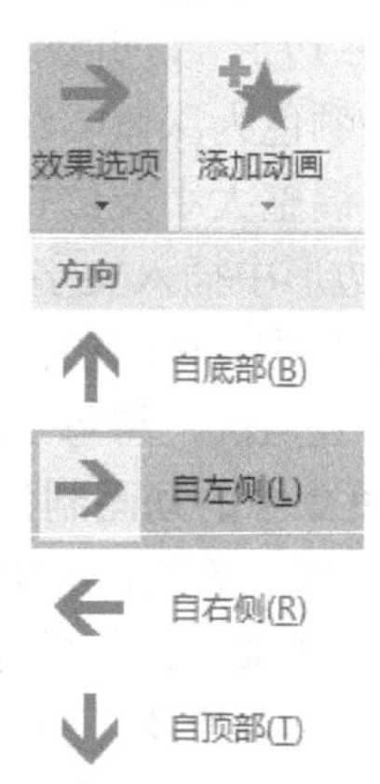

图 11-31　选择动画方向

3）设置左上方矩形的动作开始时间为“从上一项之后开始”。

4）选择左上角的平行四边形，单击“动画刷”按钮，对下方的土黄色平行四边形使用动画刷。

5）选择左上角的矩形，单击“动画刷”按钮，对下方的浅黄色矩形使用动画刷。

11.2.5　路径动画与时间控制

1. 内容页 4 与内容页 5 的动画设计

内容页 4 动画设计：小圆向右滚动撞击有车辆图片的大圆，大圆中“损”样式出现表示裂痕，底部出现解释文字，如图 11-32 所示。

内容页 5 动画设计：小汽车向右行进后撞到树，树倾斜，表示树倒，爆炸形状出现，表示汽车受损，标注框出现，出现解释文字，如图 11-33 所示。

2. 内容页 4 的制作过程

1）插入圆形形状，调整大小及位置，摆放位置参照 11-32 所示。

2）插入图片，裁剪成圆形，图片（损字图片）填充。

3）插入相关文字“单一原因致损”，字体为微软雅黑。

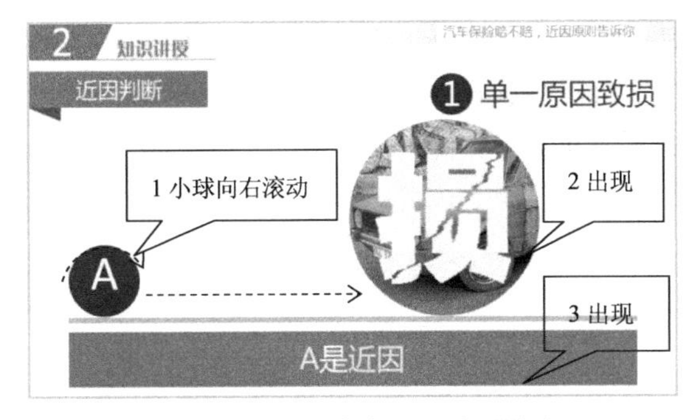

图 11-32　内容页 4 动画设计

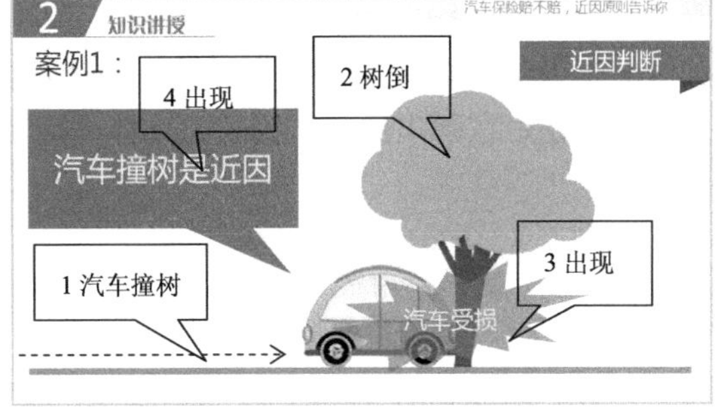

图 11-33　内容页 5 动画设计

3. 内容页 4 的动画制作

小球向左滚动动画的实现过程如下。

1）选择小球，切换到“动画”选项卡，单击“其他”按钮，在弹出的下拉列表中选择“直线”路径动画，如图 11-34 所示。

2）单击“效果选项”按钮，选择“右”，如图 11-35 所示，拖动“控制点”到合适位置，如图 11-36 所示，单击“动画窗格”面板中的“播放”按钮进行路径预览，预览后微调路径。

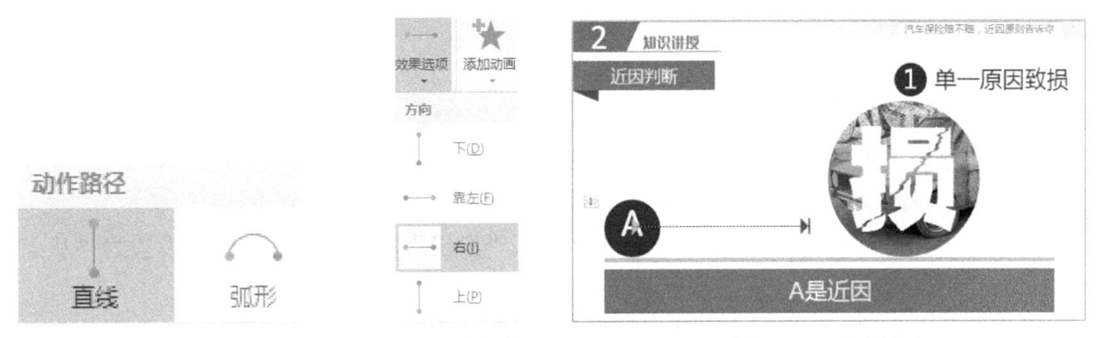

图 11-34　选择路径动画直线　　图 11-35　选择向右　　图 11-36　选择向右

3）单击小球，单击“添加动画”按钮，在弹出的下拉列表中选择“更多强调效果”选项，在弹出的“更改强调效果”对话框中选择“陀螺旋”，如图 11-37 所示，在“动画窗格”面板中将“陀螺旋”动画开始时间设为“从上一项开始”，如图 11-38 所示。

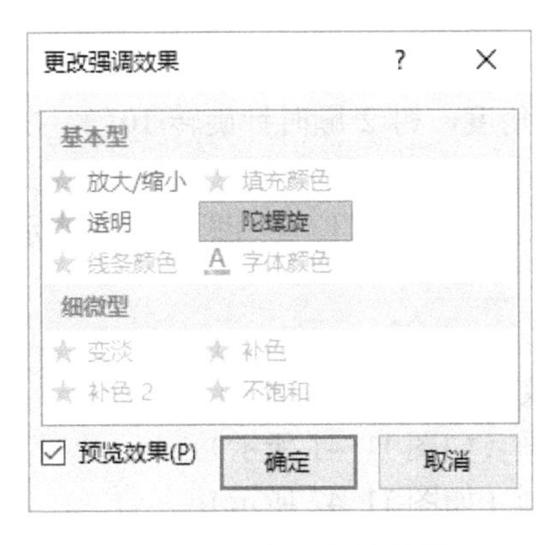

图 11-37　选择陀螺旋效果

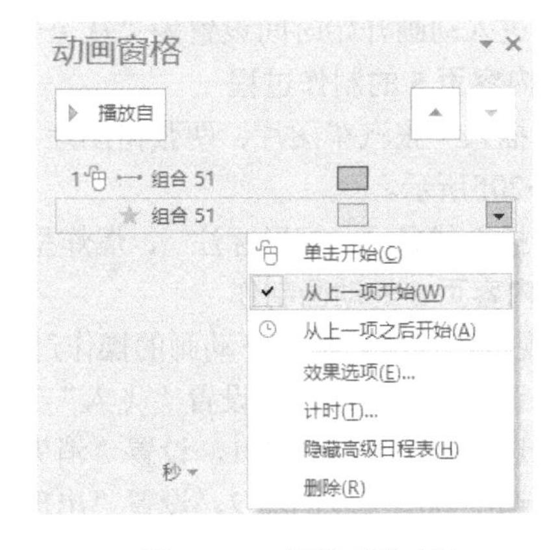

图 11-38　设置开始时间

4）按住〈Ctrl〉键在“动画窗格”面板中同时选择两个动画，在“计时”组中调整“持续时间”为1s，如图11-39所示，在“动画窗格”面板中选择“陀螺旋”动画，单击“效果选项”按钮，在弹出的下拉列表中选择“旋转两周”，如图11-40所示。

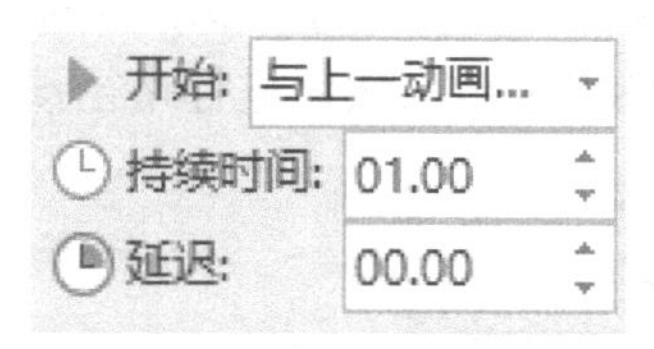

图11-39 调整动画时间

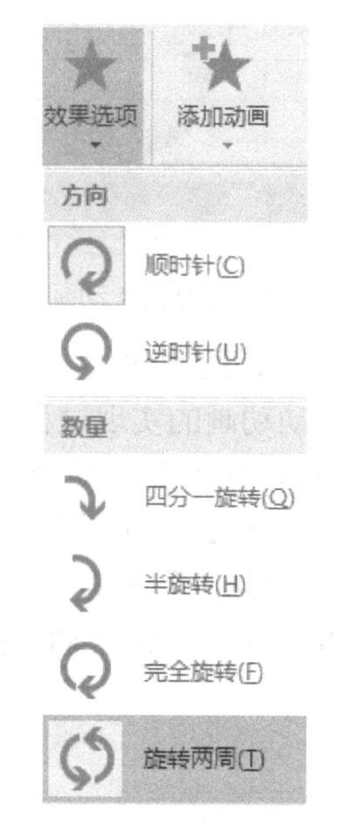

图11-40 设置动画效果

实现碰撞后“损”字样式出现动画的操作过程如下。

5）选择“损”字，设置进入动画为“淡出”。

6）在“动画窗格”面板中选择“损”字进入“淡出”动画，将开始时间设置为“从上一项之后开始”。

实现先强调小圆后出现底部解释动画的操作过程如下。

7）选中小圆，单击“添加动画”按钮，选择“脉冲”强调动画。

8）选中底部解释矩形，设置“淡出”进入动画，单击“添加动画”按钮，选择“脉冲”强调动画。

9）在“动画窗格”面板中将“脉冲”强调动画的开始时间设置为“从上一项开始”，将“淡出”进入动画开始时间设置为“从上一项之后开始”。

4. 内容页5的制作过程

1）插入一张汽车图片、两张树图片（树1正常角度，树2顺时针旋转10°），摆放位置如图11-20f所示。

2）插入线条＼、矩形标注▭、爆炸型✹，并输入文字。摆放位置如图11-20f所示。

5. 内容页5的动画制作

实现汽车撞树后树倒下动画的操作过程如下。

1）选中小汽车图片，设置“飞入”进入动画，效果选项为“自左侧”。

2）选中正常角度的树1，设置“消失”退出动画（如图11-41所示）。

3）选中倾斜角度的树2，设置“出现”进入动画（如图11-42所示）。

4）设置树2进入动画开始时间为“从上一项开始”，设置树1退出动画开始时间为“从上一项之后开始”（如图 11-43 所示）。

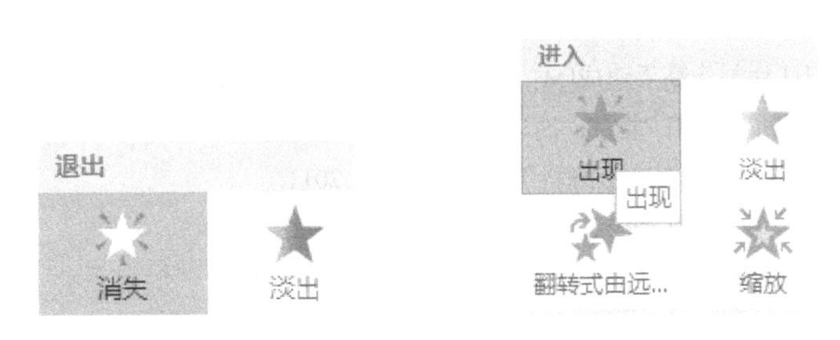

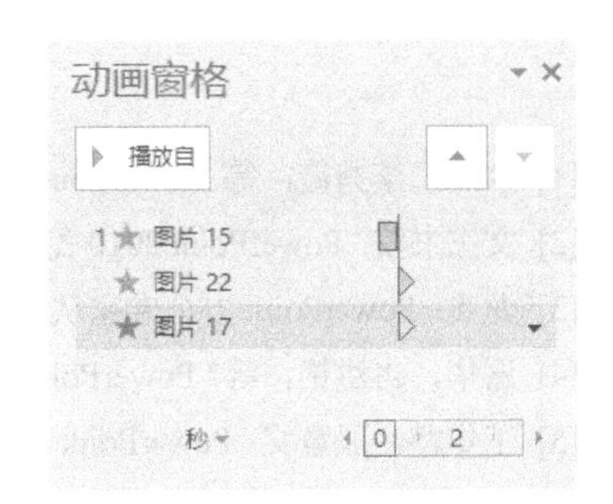

图 11-41　选择“消失”退出动画　　图 11-42　选择“出现”进入动画　　图 11-43　设置开始时间

实现提示信息动画的操作过程如下。

5）选中爆炸形状，设置“缩放”进入动画，如图 11-44 所示。

6）选中矩形标注形状，设置“飞入”进入动画。

7）选中爆炸型进入动画“缩放”，右击并选择“效果选项”命令，如图 11-45 所示，在弹出的“缩放”对话框将“声音”选项设置为“爆炸”，如图 11-46 所示，在“计时”选项卡中将“开始”设置为“上一动画之后”，如图 11-47 所示。

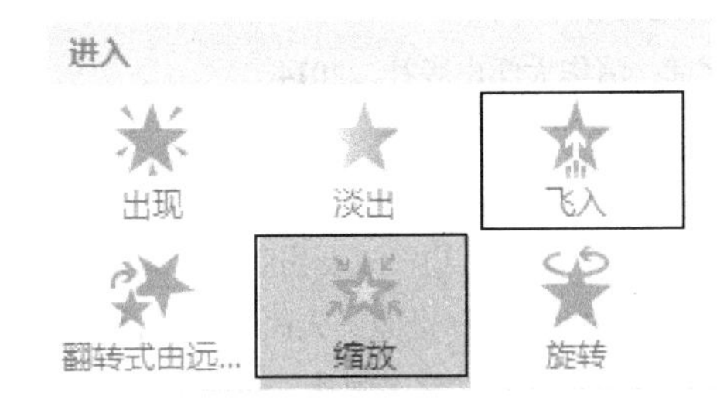

图 11-44　选择缩放、飞入动画

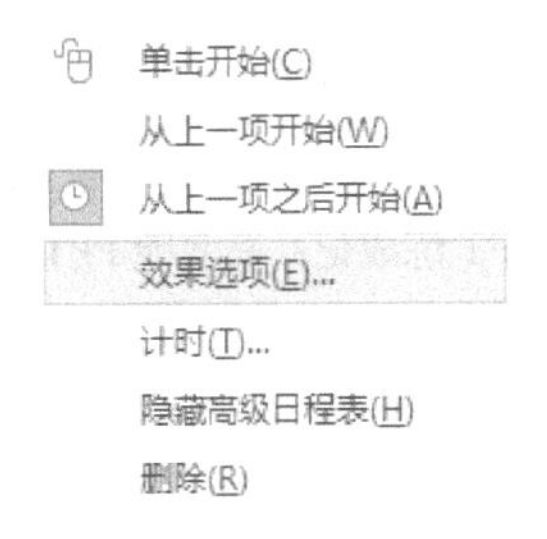

图 11-45　设置效果选项

图 11-46　设置动画声音

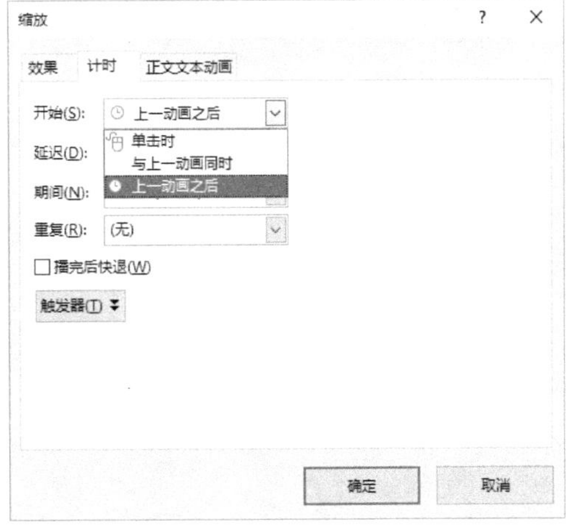

图 11-47　设置动画开始时间

参 考 文 献

[1] 余婕，李秀霞，等. PowerPoint 2010 幻灯片制作高手速成[M]. 北京：电子工业出版社，2013.
[2] 文杰书院. PowerPoint 2010 幻灯片设计与制作[M]. 北京：清华大学出版社，2013.
[3] 龙飞. PowerPoint 办公专家从入门到精通[M]. 上海：上海科学普及出版社，2011.
[4] 谢华，冉洪艳，等. PowerPoint 2010 标准教程[M]. 北京：清华大学出版社，2012.
[5] 王作鹏，殷慧文. PowerPoint 2010 从入门到精通[M]. 北京：人民邮电出版社，2013.
[6] 於文刚，刘万辉. Office 2010 办公软件高级应用实例教程[M]. 北京：机械工业出版社，2015.
[7] 陈婉君. 妙哉!PPT 就该这么学[M]. 北京：清华大学出版社，2015.
[8] 杨臻. PPT，要你好看[M]. 北京：电子工业出版社，2012.
[9] 杨臻. PPT，要你好看[M]. 2 版. 北京：电子工业出版社，2015.
[10] 前沿文化. 如何设计吸引人的 PPT[M]. 北京：科学出版社，2014.
[11] 李彤，郑向虹. 引人入胜：专业的商务 PPT 制作真经[M]. 北京：电子工业出版社，2014.
[12] 楚飞. 绝了，可以这样搞定 PPT[M]. 北京：人民邮电出版社，2014.
[13] 陈跃华. PowerPoint 2010 入门与进阶[M]. 北京：清华大学出版社，2013.
[14] 陈魁. PPT 动画传奇[M]. 北京：电子工业出版社，2014.
[15] 温鑫工作室. 执行力：PPT 原来可以这样[M]. 北京：清华大学出版社，2014.
[16] 陈魁. PPT 演义[M]. 北京：电子工业出版社，2014.
[17] 曹将. PPT 炼成记：高效能 PPT 达人的 10 堂必修课[M]. 北京：中国青年出版社，2014.
[18] 钱永庆，周蕾. PPT 高手之道：六步变身职场幻灯派[M]. 北京：电子工业出版社，2015.
[19] 秋叶. 和秋叶一起学 PPT：又快又好打造说服力幻灯片[M]. 2 版. 北京：人民邮电出版社，2014.
[20] 龙马高新教育. PowerPoint 2016 从入门到精通[M]. 北京：北京大学出版社，2016.
[21] 孙晓南. PowerPoint 2016 精美幻灯片制作[M]. 北京：电子工业出版社，2017.
[22] 朱军，曹勤. 中文版 PowerPoint 2016 幻灯片制作实用教程[M]. 北京：清华大学出版社，2017.
[23] 邱银春. PowerPoint 2016 从入门到精通[M]. 北京：中国铁道出版社，2019.